Scratch 3.0

少儿趣味

编 程

从入门 到精通

刘黎明 刘佳萱◎编著

北京大学出版社

PEKING UNIVERSITY PRESS

内 容 提 要

本书采用案例式学习方法，以喵小咪在户外游玩一天的经历为主线，贯穿不同的场景，用Scratch 3.0由浅入深地设计了16款互动小游戏和小程序。案例循序渐进、简明易懂，将抽象的编程思想巧妙地穿插在解决实际问题的进程中，让编程的趣味性与知识性相结合，符合青少年学习的特点。

全书共17章。第1章带领读者认识Scratch 3.0，并动手编出第1个小程序；第2~7章为入门篇，共设计5个小程序和1个总结，通过基础案例带领读者了解Scratch编程的入门知识；第8~13章为游戏篇，共设计6个小游戏，由浅入深地剖析了经典游戏编程的奥秘；第14~17章为进阶篇，共设计4个小程序，通过高级别难度案例的编写，强化编程的基本思想和设计理念。

本书适合对Scratch图形化编程感兴趣的青少年及家长阅读参考，也适合中小学信息技术课教师或培训机构使用。

图书在版编目(CIP)数据

Scratch 3.0少儿趣味编程从入门到精通 / 刘黎明，刘佳萱编著.—北京：北京大学出版社，2020.10
ISBN 978-7-301-31455-5

Ⅰ.①S… Ⅱ.①刘… ②刘… Ⅲ.①程序设计–少儿读物 Ⅳ.①TP311.1-49

中国版本图书馆CIP数据核字(2020)第125805号

书　　　名	**Scratch 3.0 少儿趣味编程从入门到精通**	
	SCRATCH 3.0 SHAOER QUWEI BIANCHENG CONG RUMEN DAO JINGTONG	
著作责任者	刘黎明　刘佳萱　编著	
责 任 编 辑	吴晓月　刘　云	
标 准 书 号	ISBN 978-7-301-31455-5	
出 版 发 行	北京大学出版社	
地　　　址	北京市海淀区成府路205号　100871	
网　　　址	http://www.pup.cn　　　新浪微博：@北京大学出版社	
电 子 信 箱	pup7@pup.cn	
电　　　话	邮购部 010-62752015　发行部 010-62750672　编辑部 010-62570390	
印 刷 者	北京宏伟双华印刷有限公司	
经 销 者	新华书店	
	787毫米×980毫米　16开本　27.5印张　517千字	
	2020年10月第1版　2020年10月第1次印刷	
印　　　数	1-4000册	
定　　　价	119.00元	

前言

为什么要写这本书?

2019 年,一个晴朗的周六,喵小咪不用去上学,它是这样度过一天的:前一天晚上关了闹钟,早上睡到自然醒;睁开眼后先找到妈妈的手机,看看班级群里有什么新消息,主要是看看同学群里小伙伴们都在干什么,都分享了哪些有趣的笑话或小游戏;洗漱过后,跟着妈妈一起到楼下的茶餐厅吃早餐,当然不用带现金,因为买什么都是手机支付;上午在家里看看书,妈妈顺手在网上交了这个月学校的午餐费;下午上围棋课,喵小咪已经考过五级了,无论是报名、上课、还是打比赛都是在网上进行,不需要总往培训学校跑;晚上,妈妈先在手机应用上在线选好座位,购买了两张最新上映的动画电影票,然后出门叫了网约车带着喵小咪开开心心去看电影了。

这是当下一个普通孩子的日常生活。今天,我们已经离不开电脑、离不开软件、离不开编程了。可能有人说我家里没有电脑。那你家里有没有手机、有没有平板电脑呢?今天的手机功能远远强于十年前的电脑,一部部手机其实就是一台台电脑,里面运行的都是软件和应用。这些软件跟通信技术相结合,已经深入地影响着我们生活的方方面面。

未来社会的发展还需要信息科技吗?

2030 年的一个周六,喵小咪不用去上班,它是这样度过一天的:闹钟已经自动启用周末模式,早上睡到自然醒;睁开眼后先找到床头柜上的智能眼镜,看看一晚上过去了,朋友群里小伙伴们都分享了什么有趣的视频、笑话或小游戏;起床来到衣柜前,衣柜已经根据今天的天气和活动安排，准备好了两套衣服，喵小咪选了其中一套穿上；洗漱过后，牙刷、洗脸盘和马桶已经检测和分析好了喵小咪的身体健康指数，各项都比较正常；打开冰箱门，取出今天的早餐，这是冰箱根据喵小咪喜欢的口味和前一天的健康状态，自动在线下单，清晨由机器人配送来的，保证了营养充分、美味可口；吃完早餐，有朋友在群里号召一起去游乐场玩，喵小咪看过游乐场精彩的 VR（虚拟现实技术）体验视频后，确定加入；确认后，游乐场自动授权取得喵小咪的个人信息及所在位置，按照喵小咪的出行习惯，即刻跟出租车公司约车，并预订了喵小咪喜欢的午餐；简单地收拾准备后，喵小咪走下楼，一辆无人驾驶出租车正缓缓驶来，载着喵小咪开始了快乐的一天。

为什么未来会是这样的？因为信息科技的发展，让我们日常生活的一切都数据化了，实时产生的信息被收集/整理/分类成为各种数据，通过编程处理/加工/组合/配对，一切都有电脑在实时地帮我们运算、判断、做决策，让生活更高效、更轻松。

现在多数的适龄父母，应该都是在中学阶段开始接触电脑，可能是从练习打字开始，也可能是从玩游戏开始，抑或是从最基础的编程开始。不管怎么样，这一代父母都可以称为信息时代的移民，他们从小时候玩陀螺、跳皮筋、抓蛐蛐到学会用电脑上网聊天、网购、找资料，再到人手一部手机，都移民到了信息时代。

新世纪出生的这代孩子，他们一睁眼来到的这个世界就是纷繁复杂的信息社会。他们是伴着各种电子设备、数字娱乐、移动互联成长起来的一代，他们就是这个信息时代的原住民。在这代孩子中，信息技术就像农业社会的镰刀和锄头一样，是最基本的生产工具。善用者将会获得更高的效率，会用者取得平均水平，不会者一定会落后被淘汰。因此，学会收集/分析/整理数据，学会利用编程来驾驭数据，来简化自己的学习和工作将成为一项基本技能。

面对这个高速发展中的时代，父母不能用传统的、原生家庭的方式来照搬自己小时候的教育模式，更不能因为自己当年学习编程使用的是 Basic、Pascal、C、Java 语言等等，觉得这些由英文和标点符号组成的程序，太过难懂和枯燥，所以认为学编程那是上大学以后的事情，这么早让孩子学这些太费脑。

我们要知道在过去几十年间，编程教育同样发生了翻天覆地的变化，特别是随着Scratch的出现和完善，全新的教育理念、思维模式、教学技能和教案设计，让编程真正可以走进中小学、甚至走进幼儿园。

Scratch 是 MIT（麻省理工学院）媒体实验室开发的一款面向青少年的图形化编程软件。使用者只需要将色彩丰富的指令积木进行组合，便可创作出多媒体程序、互动游戏、动画故事等作品。每一块积木都封装着一个特定的程序功能，使用者不用再关心语法，只需要像搭积木一样，通过拖曳就可以完成作品。这极大地降低了编程的门槛，让中小学甚至幼儿园阶段的孩子学习编程成为可能。

同时，Scratch 软件功能丰富，包含了常见的绝大多数编程概念，如顺序、循环、条件语句、变量和列表等，包括了动作、声音、外观等处理模块，还引入了事件、多线程、广播和同步等概念。这些丰富的功能都是使用指令积木封装好的，让使用者聚焦于思维的创意和问题的解决，再也不用担心语法错误和编码规则。对于孩子开发计算思维、拓展创造力、丰富动手操作能力、提高分析解决问题能力、培养勇于探索和抗挫折能力等，都起到了非常重要的作用。

Scratch 1.0 于 2007 年发布，2013 年 MIT 发布了 Scratch 2.0。随着 Scratch 2.0 取得巨大的成功，MIT 在 2019 年 1 月发布了最新版本——Scratch 3.0。Scratch 3.0 使用HTML5 编写，不需要任何插件就可以运行，是一个完全重新设计和实现的版本。它的功能更加完备，更适合新用户上手，是青少年和初学者学习编程的理想工具。

市面上介绍 Scratch 的文章或书籍大多以 Scratch 1.0 或 Scratch 2.0 为主，且大多数都是按成年人学习程序设计的方法和思路编写，往往包括大段的描述和语法分析，或者用很大篇幅罗列 Scratch 中各积木的功能，经常是概念和教条过多、启发性和趣味性不足。瑞士著名儿童心理学家让·皮亚杰（Jean Piaget）说过："人们会基于过往的经验和对世界的理解来构建知识（Constructing Knowledge），而不是获得知识（Acquiring Knowledge）。孩子理解周围的世界，不是通过学习大人所掌握的知识的'小孩子版'或只是作为一个空容器被灌输知识，而是作为一个活跃的个体与世界互动并构建出不断发展的理论。"

因此，青少年学习编程，不宜简单地将成年人学习程序设计的方式方法照搬照抄，而应该根据青少年学习的特点，将编程的趣味性与知识性相结合，让他们在丰富的人机互动中学习到编程的基本思想，体会到创造的乐趣。

作者在多年的教育科研和教学实践过程中，开发和积累了数百个为学生和家长喜闻乐见的 Scratch 操作案例。本书精选出 16 个案例，以喵小咪在户外游玩一天的经历为主线，贯穿不同的场景，由浅入深地带读者步入编程的美妙世界。案例循序渐进、简明易懂，每个案例的动手操作时间在半小时左右，在操作过程中读者能够提升学习编程的兴趣，同时也能够体验到满足感和成就感。

本书有何特色?

1. 案例式学习，全书共 16 个独立案例

为了提升初学者对编程的兴趣，进一步降低学习门槛，以喵小咪外出游玩为主线，作者为绝大多数章节都编排了独立的案例，让每一章的学习都从头开始设计、带着作品结束，以提升学习者的学习兴趣和成就感，取得阶段性的成果。

2. 启发式学习，将理论学习融入到解决问题的实践中

"不愤不启，不悱不发"是启发式教学的基本原则。面对抽象的"编程理念"，本书力图将它们融入到每个案例解决实际问题的过程中，以期加深初学者对理念的理解，让新知识从大脑中"长"出来，而不是生硬的"加"入其中。

3. 进阶探索，进一步分解案例的难度

本书中相对复杂的案例，都提供有两个版本：一个基础版、一个进阶版，将案例的难度做进一步的分解。对于动手操作感觉困难的读者，可以先读到基础版，获得阶

段性的成果，待能力提升后，再加入进阶版的内容。

4. 基础的软件工程思想

现代的工业化编程是一项集体活动，需要有很多的部门和人员来共同参与和协作。从初学开始，本书就逐渐融入软件工程的思想，培养读者分析问题、判断解决问题的能力，培养设计和归纳总结的能力等。

5. 详细、准确的操作说明和操作步骤

本书中案例来源于作者教育科研和教学实践过程中的开发和积累，所有操作说明和操作步骤，都经过多轮多次测试，力求表达准确、简单易懂、图示清晰，摒弃不适合文字描述的案例，让读者跟着操作说明就可以自己在电脑中实现。

6. 提供完善的技术支持和售后服务

本书提供了专门的技术支持邮箱：bjstorm@foxmail.com，以及微信公众号"师高编程"。读者在阅读本书过程中有任何疑问都可以通过该邮箱或微信公众号获得帮助。

本书内容及知识体系

第1章 初识 Scratch

带领读者认识 Scratch，了解 Scratch 3.0 环境的搭建。介绍 Scratch 3.0 软件的 4 个主要功能区：舞台区、角色列表区、指令区和编程区。并动手做出第一个程序：喵小咪出门玩。

第2章 蝴蝶飞满天

了解在 Scratch 3.0 中如何保存和新建项目、如何导入背景与角色，认识舞台区的直角坐标系。通过喵小咪观看蝴蝶飞行的案例编程，学习程序的循环执行、基础运动与声音的播放等。

第3章 跟蜻蜓交朋友

喵小咪在草丛中遇到带有金色翅膀的大蜻蜓。通过跟蜻蜓交朋友的案例，学习角色之间的对话，了解程序运行的先后顺序与等待时间。

第4章 路遇动物狂欢节

山口的平地上，正在上演一场动物狂欢节。通过复现喵小咪所观看到的场景，学习角色的造型概念，了解基本的造型动画，熟悉背景音乐的播放。

第5章 看飞行表演

湖面上有一架飞机正在进行飞行表演，飞机尾部拉出五彩的烟带。通过飞行表演的案例制作，学习画笔工具的使用，包括落笔、抬笔、设置画笔的粗细与颜色等，了解画笔工具与飞行动作的结合绘图。

第6章 激烈的赛跑

小运动场上即将进行一场动物赛跑，喵小咪受邀成为本场的裁判。通过赛跑的进程，了解速度在程序中的表达，学习角色的初始化和多角色间的协调同步，掌握音效的播放。

第7章 编程就像拍电影

总结前6个入门案例的学习内容，深入分析Scratch 3.0编程的共同点和规律，全面熟悉Scratch 3.0软件。同时，将编程的过程拆解为脚本、角色、背景、声音等素材的准备和编程串联的进程，帮助读者建立软件工程的基本思想。

第8章 飞船发射

由喵小咪担任指令长的飞船即将发射升空，飞船如何能做到由下向上升起，同时外形不断变化呢？通过案例制作，了解直角坐标系中的相对运动，认识角色造型的精确控制，并使用广播消息进行多角色间的同步。

第9章 到蒙哥家做客

喵小咪的好朋友蒙哥，把家安在地下洞穴中，要去蒙哥家做客可得花一番心思了：得穿过悠长的洞穴，避开层层障碍。通过对游戏编程，学习自己动手绘制背景，了解鼠标跟随事件的处理，认识碰撞侦测与计时器等。

第10章 猴子的盛宴

猴子家的香蕉熟了，正忙着采摘，可偏偏刺猬来捣乱。通过对游戏过程的编程，学习角色的克隆与复制，熟悉碰撞侦测与得分计算，了解随机数的原理和应用。

第11章　遇见潜水员

潜水员在海面跟喵小咪打完招呼后，潜入五彩缤纷的海底，自由地表演各种动作。通过案例，能够学习多场景转换，了解方向与角度，认识自定义积木对简化编程的作用。

第12章　大象头顶球

马戏团正在剧场演出，憨态可掬的大象竟然可以灵活地用头顶球，这么有趣的场面，喵小咪怎么可能错过呢！案例学习了用键盘控制角色，掌握了方向与角度的精确控制，认识了随机数在编程中的灵活运用。

第13章　溶洞中的小鸟

石钟乳林立的溶洞中，有一只小鸟自由地来回飞翔，还不时能采摘到转瞬即逝的钻石，令喵小咪钦佩不已。通过案例能够学习角色和背景的绘制，熟悉克隆中角色造型的变化，了解基础的逻辑运算，认识计时器的灵活使用。

第14章　精彩的自动驾驶

会自动驾驶的汽车引起了喵小咪极大的兴趣。读者通过自己动手制作一款带传感器的汽车，实现在不同路段的自动驾驶，能够深入理解碰撞侦测在编程中的应用，了解图层的概念，学习方向与角度的调整。

第15章　试试键盘游戏

了解过自动驾驶的奥秘后，喵小咪感到电脑学习迫在眉睫，准备先从键盘打字练习游戏开始。通过游戏案例编写，能够学习多场景编程，熟悉广播消息对多角色同步的作用，认识自制积木的重用功能等。

第16章　喵小咪回家去

喵小咪在外游玩了一天，准备翻越重重山峦回家去，如何表达出路途漫漫呢？案例通过多背景组合连贯运动，来学习直角坐标的拓展，了解角色的相对运动，认识弹跳与重力作用的模拟等。

第 17 章　跟猫妈妈一起盘点见闻

喵小咪回到家中，跟猫妈妈一起盘点一天的见闻和感受，回忆像泡泡一般一个个浮起，升到空中。通过案例的学习，能够认识列表和数组的使用，熟悉克隆中多造型的动态处理，学习变量在关系对应中的桥梁作用等。

适合阅读本书的读者

● 青少年学生及家长。

● 少儿编程教育工作者。

● STEAM 研发机构。

● STEAM 课程培训机构。

● 各年龄段的编程初学者。

阅读本书的建议

● 没有 Scratch 编程基础的读者，建议从第 1 章顺次阅读并演练每一个案例。

● 有一定 Scratch 编程基础的读者，可以根据实际情况有重点地选择阅读各个章节和案例操作。

● 本书适合任何渴望探索计算机科学的学习者，推荐老师（家长）和学生一起共读本书，共同完成案例。

● 本书中"注意"条目下的内容起提示或补充说明的作用，部分内容可能超出本书的讨论范围，读者若理解有困难，可自行补充相应知识。

资源下载

本书所涉及的项目源码、项目中用到的附加素材、操作视频已上传到百度网盘，供读者下载。请读者关注封底"博雅读书社"微信公众号，找到"资源下载"栏目，根据提示获取。

目录

1 初识 Scratch

1.1 Scratch 介绍 / 2

1.2 Scratch 3.0 环境搭建 / 4

1.3 Scratch 3.0 编程环境介绍 / 10

1.4 第一个程序：喵小咪出门玩 / 14

2 蝴蝶飞满天

2.1 新建与保存 / 22

2.2 添加背景与角色 / 24

2.3 认识坐标 / 27

2.4 为蝴蝶添加飞行代码 / 28

2.5 增加声音效果 / 34

2.6 完整的程序 / 38

3 跟蜻蜓交朋友

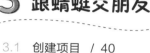

3.1 创建项目 / 40

3.2 添加背景和角色 / 41

3.3 设计互动对话 / 43

3.4 为角色添加对话代码 / 44

3.5 处理等待事件 / 47

3.6 完整的程序 / 51

4 路遇动物狂欢节

4.1 场景创设 / 53

4.2 添加背景和角色 / 54

4.3 认识造型 / 58

4.4 为红恐龙添加代码 / 59

4.5 增加音乐效果 / 62

4.6 为青恐龙添加代码 / 65

4.7 完整的程序 / 66

5 看飞行表演

5.1 添加背景和角色 / 68

5.2 画笔的作用 / 71

5.3 为飞机添加代码 / 73

5.4 拉出五彩的烟雾 / 76

5.5 来点欢呼声 / 81

5.6 完整的程序 / 84

6 激烈的赛跑

6.1 场景创设 / 86

6.2 初始化位置和大小 / 88

6.3 添加赛跑代码 / 93

6.4 多角色间的同步 / 97

6.5 来点喝彩声 / 102

6.6 完整的程序 / 105

7 编程就像拍电影

7.1 素材准备 / 108

7.2 编程串联 / 118

7.3 当好小导演 / 122

游戏篇

8 飞船发射

8.1 游戏流程分析 / 124

8.2 飞船升空 / 126

8.3 喵小咪发指令 / 130

8.4 更准确的同步 / 132

8.5 观众开始欢呼 / 135

8.6 进阶探索：造型的灵活使用 / 138

8.7 完整的程序 / 144

9 到蒙哥家做客

9.1 游戏流程分析 / 146

9.2 绘制游戏地图 / 146

9.3 创设障碍关卡 / 153

9.4 鼠标跟随 / 158

9.5 碰撞侦测 / 159

9.6 为障碍关卡添加代码 / 162

9.7 进阶探索：增强游戏氛围 / 167

9.8 完整的程序 / 171

10 猴子的盛宴

10.1　游戏流程分析 / 174

10.2　角色的鼠标控制 / 174

10.3　从天而降的香蕉 / 180

10.4　克隆让香蕉多到吃不完 / 181

10.5　碰撞侦测与计分 / 188

10.6　进阶探索：小偷刺猬 / 192

10.7　完整的程序 / 201

12 大象头顶球

12.1　游戏流程分析 / 230

12.2　有弹性的球 / 231

12.3　大象表演 / 236

12.4　给游戏计分 / 244

12.5　退出条件判断 / 247

12.6　进阶探索：增加礼物 / 251

12.7　完整的程序 / 255

11 遇见潜水员

11.1　游戏流程分析 / 203

11.2　初始化多场景游戏 / 204

11.3　方向与角度 / 208

11.4　背景动态切换 / 210

11.5　潜水员水下表演 / 216

11.6　进阶探索：动感海星 / 224

11.7　完整的程序 / 227

13 溶洞中的小鸟

13.1　游戏流程分析 / 258

13.2　绘制溶洞场景 / 259

13.3　绘制石钟乳 / 263

13.4　随机变化的关卡 / 264

13.5　小鸟飞行控制 / 272

13.6　碰撞侦测与计分 / 276

13.7　进阶探索：添加钻石 / 282

13.8　完整的程序 / 288

进阶篇

14 精彩的自动驾驶

14.1 游戏概要设计 / 292

14.2 绘制最简线路图 / 294

14.3 绘制带探测器的小车 / 297

14.4 为探测器编写代码 / 299

14.5 自动探路功能 / 301

14.6 完整的程序 / 302

14.7 进阶探索：赛车场驾驶 / 303

14.8 更多有趣的探索 / 308

14.9 最终程序脚本 / 308

16 喵·小·咪回家去

16.1 项目概要设计 / 359

16.2 初始化主角 / 360

16.3 绘制场景 / 361

16.4 角色移动 / 371

16.5 场景连贯循环 / 378

16.6 进阶探索：动作控制 / 383

16.7 碰撞侦测 / 388

16.8 最终程序脚本 / 399

15 试试键盘游戏

15.1 游戏概要设计 / 311

15.2 循环飞行的直升机 / 312

15.3 空投字母 / 316

15.4 键击命中 / 324

15.5 得分和音效 / 333

15.6 完整的程序 / 340

15.7 进阶探索：添加剧情介绍 / 342

15.8 最终程序脚本 / 355

17 跟猫妈妈一起盘点见闻

17.1 项目概要设计 / 402

17.2 场景创建 / 402

17.3 回忆的泡泡 / 406

17.4 列表存储 / 409

17.5 完整的程序 / 425

17.6 期待明天 / 426

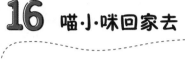

第1章

初识 Scratch

Scratch 是什么？它是那种搭搭积木就能做出自己的小游戏的工具吗？

没错！Scratch 就是一种把复杂的编程语言简化为搭积木的工具。使用者通过搭积木，就可以很轻松地创造出交互式故事、动画、游戏等。

Scratch 极大地降低了编程的门槛、提升了编程的乐趣，让全世界的孩子都可以轻松入门编程，掌握编程的基础逻辑和算法原理。

1.1 Scratch 介绍

Scratch 2007 年 5 月诞生于 MIT（麻省理工学院）媒体实验室。它是为青少年和其他初学者设计的图形化编程工具，已被翻译成 70 多种语言，在超过 150 个国家和地区被广泛使用。

1.1.1 Scratch 概览

这么说来，Scratch 好像非常"高大上"呀！它真的有这么强大吗？接下来就让我们揭开它的神秘面纱，看看 Scratch 到底"长得是什么样子"，看看 Scratch 编程到底是怎么个编法。Scratch 3.0 的主界面如图 1.1 所示。

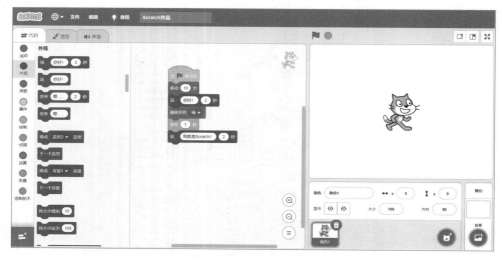

图 1.1　Scratch 3.0 主界面

Scratch 3.0 的主界面也可以称为集成开发环境（IDE）。它集成了积木仓库、拼搭的场所、展示和表现的舞台等操作功能；也集成了绘图创建程序、数字音乐播放和编辑、造型动画、视频侦测、文字朗诵等多媒体功能；还集成了基本的算术运算、关系运算、逻辑运算等编程基础功能。

那么，Scratch 编程是什么样子呢？图 1.2 中示例了用 Scratch 3.0 编出的一段程序。

观察程序样例可以发现，Scratch 程序跟我们传统上所说的 Python 程序、C 语言程序差别很大，并不是满屏的英文和标点符号。它看上去就像是五颜六色的积木组合。以图 1.2 所示的程序为例，一眼就可以读懂程序要表达的意思。内容大概是"当绿旗被点击"时，让角色"移动 10 步"，再"说 你好！ 2 秒"，然后"播放声音 喵"，再"等待 1 秒"，又"说 我就是 Scratch！ 2 秒"。

图 1.2　Scratch 程序样例

的确，Scratch 编程就是这么简单直接，只要你能认识每一块积木上的文字，基本上就可以开始编程了，是不是很有趣呢？

这么简单就能编程吗？ Scratch 会不会只是一个玩具呢？

当然不是！ Scratch 虽然入门简单，但是功能丰富全面。我们用 Scratch 可以实现轻松编程，创作出由简到繁、不同类型、不同复杂度的互动游戏、交互动画、情境绘本等。在这个过程中，需要用到科学、技术、工程、艺术、数学等众多学科的知识，通过动手操作，驱使青少年主动探究"积木"背后的"秘籍"，真正做到"在玩中学""带着兴趣学"，是 STEAM 教育理念一个极佳的实践方式。

那么，你想不想知道 Scratch 是怎么被设计出来的？为什么这样的设计更适合青少年编程入门呢？

1.1.2 Scratch 的意义

C 语言、C++ 语言、Java 语言、Python 语言等都是很多人耳熟能详的编程语言。之所以被称为语言，是因为它们最主要的作用，是让人能跟计算机交流、沟通。根据语言规则编写出来的程序，人和计算机彼此都能"听"得懂、能相互理解，人们也能通过编程指挥计算机工作、发挥计算机更大的作用。

因此，学习传统意义上的编程，第一件事就是要学会这门语言的语法规则，包括如何标识一句话结束、怎样赋值、有哪些关键字、如何输入输出等。

这些语法规则少则几十条、多则数百条，并且各个编程语言间的差别很大。在编程过程中需要绝对遵从各自的语法，一旦语法弄错，整个程序将无法运行，不能完成跟计算机之间的交互。

"先学语法，再学编程"，这无疑增加了学习的难度，相当于给编程学习架设了一道门槛。很多初学者也往往因为"记不住语法""总是语法出错"被挡在编程的门外。同时，编程的语法多用英文书写，对于非英语国家的学习者来说，门槛更高。

Scratch 的出现，彻底扭转了这一局面。

Scratch 借用拼搭积木的思想，把众多的语法指令包装在一块块不同颜色、不同形状的积木里，让人们可以通过拼搭积木来完成编程。

在 Scratch 中，人们只需要用鼠标从不同功能的模块中选择和拖曳积木，就可以组合、拼搭出一个个可以运行的程序，实现各种交互故事、动画、游戏、音乐和美术作品等。

每块积木都有各自的凸起和凹槽，非常形象，小朋友都会使用。因此，使用拖曳积木的方式能够组合出程序，再也不用担心语法问题，不用担心像学习其他语言那样因不熟悉语法而导致程序出错。Scratch 编程降低了门槛，减少了初学者的挫败感，让小学生也可以进行编程了。

同时，使用拖曳积木的方式编程，人们可以更专注于思考和解决问题，也更敢于进行尝试和总结，对于编程者开拓逻辑思维能力和理解算法原理非常有帮助。Scratch 中丰富的图像、动画、声音处理积木，也使编程的过程一改呆板的文字输入、输出，让编程变得轻松有趣。

学习编程的过程，可以是枯燥乏味的，也可以是妙趣横生的。现在，我们将要进入 Scratch 缤纷多彩的编程世界。在这里，我们将通过分析思考、编写代码、检查排错等步骤完成一个个有趣的项目，从而享受创意的美妙和成功的喜悦。你有没有迫不及待呢？

让我们马上出发，进入 Scratch 编程世界吧！

1.2 Scratch 3.0 环境搭建

Scratch 于 2007 年 5 月首次发布，Scratch 1.0 版本基于 Squeak 平台的 Smalltalk 语言开发，可运行于 Windows、Mac OS X 和 Debian/Ubuntu 等操作系统，包括了积木式编程的基本功能。

Scratch 2.0 于 2013 年 5 月发布，基于 Adobe Flash 平台开发，分为在线版本和离线版本，增加了克隆相关的积木组，支持可拓展积木。

Scratch 3.0 于 2019 年 1 月发布，基于 HTML5 技术开发，分为在线版本和桌面版本，可运行于 Windows、Mac OS X 等操作系统，增加了音乐、画笔、视频侦测、文字朗读、翻译等选择性下载扩展积木组。

1.2.1 Scratch 3.0 在线编辑器

Scratch 3.0 是历经十多年发展演化的一个版本，它最重要的特点就是能够提供更加方便易用的在线编辑功能。在联网的状态下，用户通过网络浏览器（如 Chrome、Firefox、IE、Edge 或 Safari 等）访问 MIT Scratch 官方网站的 Scratch 在线编辑器，就能够创作和管理应用程序，不需要在自己的电脑中下载和安装 Scratch 软件。

MIT Scratch 官方网站的网址为 https://scratch.mit.edu，使用网络浏览器访问 Scratch 官方网站，默认显示的是英文界面，如图 1.3 所示。

图 1.3　MIT Scratch 官方网站

注意：MIT Scratch 及其官网会不定期更新和改版，本书所列图示仅供参考。如果打开后看到的跟本书界面有所差异，请根据实际情况进行操作。

如果希望切换成中文显示，可以拖动页面滚动条到页面底部。页面底部有一个写着"English"的下拉列表框，如图 1.4 所示。单击"English"右边的倒三角形按钮，在弹出的列表中选择"简体中文"选项，就可以将界面切换成中文显示。

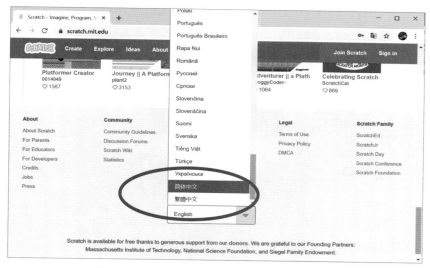

图 1.4　切换 MIT Scratch 官方网站的显示语言

切换后的中文界面如图 1.5 所示。

图 1.5   中文显示的 MIT Scratch 官方网站

单击"开始创作"按钮（或英文显示时的"Start Creating"按钮），就可以进入 Scratch 3.0 的在线编辑器，如图 1.6 所示，不用安装任何软件就可以直接开始编程。

> 对于初学者，这是使用 Scratch 3.0 最快捷的方法。如果需要，还可以注册一个 MIT Scratch 官方网站账号，已注册的用户可以把自己编写的 Scratch 程序或创作的 Scratch 项目分享到官方社区，与来自全球的编程爱好者交流和讨论。如果不想注册，可以直接跳到第 1.2.2 节。

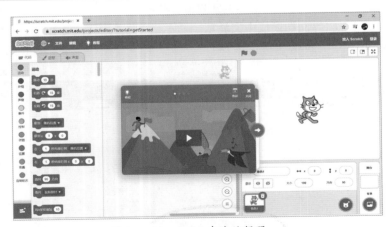

图 1.6   Scratch 3.0 在线编辑器

在 MIT Scratch 官方网站首页，单击右上角的"加入 Scratch 社区"（或英文显示时的"Join Scratch"）按钮，进入注册流程，如图 1.7 所示。

输入必须填写的内容，单击"下一步"按钮。经过如此几个步骤的注册填写之后，MIT Scratch 官方网站会给你的注册邮箱发送一封确认邮件，通过访问电子邮箱中的验证链接完成注册。

图 1.7　开始注册 MIT Scratch 官方网站账号

在 MIT Scratch 官方网站的首页，单击右上角"登录"按钮进行登录后，再次进入 Scratch 3.0 在线编辑器，可以发现在页面左下方出现一个"书包"，如图 1.8 所示。有了书包功能，就可以把常用的角色、造型、声音和代码等资源拖入存放，在需要时快速找到它们。

图 1.8　Scratch 3.0 的书包功能

注意：书包是 MIT Scratch 官方网站提供的一个可选功能，不是必需的，未注册或没有书包并不影响对本书的阅读和操作。

1.2.2　Scratch 3.0 离线安装

因为 MIT Scratch 官方网站服务器在美国，网络不好时，打开网址会比较慢，需要耐心等待才能加载完成，所以从方便性角度考虑，可以安装 Scratch 3.0 的离线桌面版本。

Scratch 3.0 离线桌面版本功能上跟在线版本基本一样，下载后可以安装在个人电脑上运行，使用时双击打开即可，并不需要访问网络。

当然，如果你能够快速地访问 MIT Scratch 官方网站，流畅地使用 Scratch 在线编辑器，那么可以跳过本小节的内容，在以后需要时再安装 Scratch 离线桌面版本。

接下来，介绍 Scratch 3.0 离线桌面版本的下载和安装方法。

将 MIT Scratch 官方网站首页滚动到页面底部，可以看到页面的中间"支持"下面有个"下载"（或英文显示的"Download"）链接，如图 1.9 所示。

图 1.9　MIT Scratch 官方网站的离线编程器链接

单击"下载"链接，进入 Scratch 桌面软件的介绍页面，如图 1.10 所示。

图 1.10　Scratch 3.0 桌面软件页面

通常情况下，MIT Scratch 官方网站会根据你使用的个人电脑，帮你选择 Windows 版本或是 Mac OS 等版本的软件，如果选择有误，你也可以单击"选择操作系统"后的按钮，找到正确的下载版本。

单击"直接下载"（或英文显示时的"Direct download"）链接，将软件下载到个人电脑，进行安装即可。下面简单地介绍在 Windows 10 操作系统中安装的过程。

❶ 下载安装文件。选择"Windows"选项，单击"直接下载"链接，下载安装文件，如图 1.11 所示。

❷ 安装 Scratch 3.0 桌面软件。找到下载的软件，双击 .exe 文件，即可进行安装。安装以后会在桌面上生成"Scratch Desktop"图标，双击图标，Scratch 3.0 桌面软件的运行界面如图 1.12 所示。

图 1.11　下载 Scratch 3.0 桌面软件

图 1.12　Scratch 3.0 桌面软件运行界面

注意：如果个人电脑使用 Windows 操作系统，MIT Scratch 官方网站推荐 Windows 10 以上的版本，经测试在 Windows 7 中也可以正常安装和使用，但是如果你使用的是 Windows XP 及以下操作系统，将无法安装。

如果你对个人电脑操作不熟悉，可以关注微信公众号"师高编程"，输入"Scratch 安装"，查看"在 Windows 系统中安装 Scratch 3.0"或"在 Mac OS 中安装 Scratch 3.0"，获取拓展资料。

❸ 设置 Scratch 3.0 编辑器，打开 Scratch 3.0 桌面软件，默认界面是英文的，那么如何调整为中文界面呢？

单击界面左上角的"地球"按钮，将弹出的下拉列表滚动到最底部，选中"简体中文"选项即可，如图 1.13 所示。

Scratch 3.0 桌面软件切换成中文显示后的界面，如图 1.14 所示。

图 1.13　选择界面的显示语言

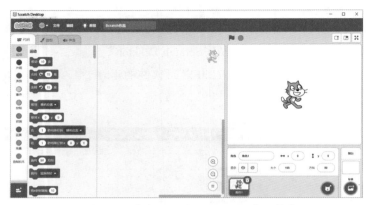

图 1.14　中文显示的 Scratch 3.0 桌面软件

1.3　Scratch 3.0 编程环境介绍

Scratch 3.0 是一个集成开发环境（IDE），界面上按钮和功能比较多，可以操作的地方也比较多。为了便于学习和明确指引，这里将 Scratch 3.0 的界面按照功能分成 4 个区，分别是指令区、编程区、舞台区和角色列表区，如图 1.15 所示。

图 1.15　Scratch 3.0 的 4 个功能分区

本书在介绍各种操作时，多数情况都会描述成类似于"拖取指令区中'运动'分类的'移动10 步'积木"这样的语句（即前一半是功能区定位，后一半是具体积木的定位），以方便读者准确理解操作步骤。

接下来简要介绍 4 个区的功能。如果你迫不及待地想开始编程，也可以跳过本节内容，直接进入第 1.4 节。

1.3.1 舞台区

舞台区位于 Scratch 3.0 的右上角，如图 1.16 所示。

舞台区是编程中跟"显示"相关的区域，就像一个剧院的舞台，华美的背景下各种角色都会在这个舞台上表演。同时，程序执行的结果会在这个舞台上展现。

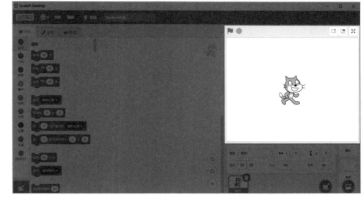

图 1.16　Scratch 3.0 的舞台区

舞台区左上方的"绿色旗帜"（以下简称"小绿旗"）是程序启动按钮，单击它开始执行程序。左上方的"红色圆球"是停止按钮，单击它可以停止程序的运行。

舞台区的右上角是"全屏"按钮，单击它，舞台会变大、扩展为全屏。"全屏"按钮左侧分别是"大舞台"按钮和"小舞台"按钮，单击不同的按钮可以看到舞台区的放大和缩小。

> 注意：理解和掌握软件操作的最好方法，是动手试一试！上面介绍的几个按钮，读者可以打开软件动手点一点，看看舞台区有什么变化？我们在学习后面介绍的案例时也是一样，可以一边看书，一边动手操作，这是最快的学习方法。

1.3.2 角色列表区

角色列表区位于舞台区的下方，如图 1.17所示。

编程过程中用到的所有角色，都会在角色列表区陈列出来。当我们需要对某一

图 1.17　Scratch 3.0 的角色列表区

个角色做操作时（也即指挥某一个角色做动作时），也需要在这个区域选中这个角色，后面的案例中会详细讲到。

角色列表区分左右两部分，左边是"角色"相关信息，右边是"舞台背景"信息。

在左边的"角色"信息框中，从上到下包括角色名称、角色坐标、角色显示与否、角色大小、角色方向，以及编程中用到的角色列表和"添加角色"按钮。

在右边的"舞台背景"框中，上部的长方形显示的是当前舞台区正在使用的背景图，下面是"添加背景"按钮。

具体功能简要描述如下，后面的章节中会详细讲到各项功能的应用。

- "角色 1"是当前角色的名称，在输入框内可以修改。
- "x"和"y"是角色在舞台区的位置，用坐标（x, y）来表示。
- "显示"右侧的两个按钮，分别用来控制当前角色在舞台区的显示和隐藏。
- "大小"用来控制当前角色在舞台区显示的大小，"40"表示 40%。
- "方向"用来控制当前角色在舞台区的旋转方向。
- "添加角色"按钮包括 4 个功能，即"选择一个角色""绘制""随机""上传角色"。
- "添加背景"按钮也包括 4 个功能，即"选择一个背景""绘制""随机""上传背景"。

1.3.3 指令区

指令区位于窗口的左侧，集合了 Scratch 3.0 提供的所有操作指令。每个指令都以积木的方式分类存放。不同的颜色代表不同类别的指令，有运动、外观、声音、事件、控制、侦测、运算、变量、自制积木等九大类，如图 1.18 所示。单击左侧的圆球，可以滚动到对应的分类。

每一块指令积木都有凸起和凹槽，不同的积木据此可以拼合在一起。编程时操作者拖放合适的积木到编程区，拼合出各种功能，从而完成想要实现的程序。能够熟练地使用这些积木，实现我们想要的效果，是阅读本书的首要目标，后面的各个章节会由简入繁逐步展开介绍。这里，先大致了解一下各个类别的概况。

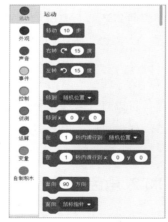

图 1.18　Scratch 3.0 的指令区

- 运动：运动类别的积木为深蓝色，包括移动位置、转动角度等运动相关的功能。
- 外观：外观类别的积木为深紫色，包括说话、造型、大小、特效等显示相关的功能。

- 声音：声音类别的积木为浅紫色，包括播放声音、音效处理、音量处理等功能。
- 事件：事件类别的积木为浅黄色，包括各种事件的获取和广播消息等相关的功能。
- 控制：控制类别的积木为深黄色，包括程序执行流程相关的分支、循环、终止及克隆等相关的功能。
- 侦测：侦测类别的积木为青绿色，包括鼠标、键盘等各种状态的侦测，以及计时器、登录用户等相关的功能。
- 运算：运算类别的积木为绿色，包括数学运算、逻辑运算及字符串操作等功能。
- 变量：变量类别的积木为棕黄色，包括变量和列表的定义及相关操作功能。
- 自制积木：自制积木类别为红色，可以根据需要定制自己的积木，类似于传统编程中的自定义函数或方法。

> 注意：本书由于篇幅所限，重点在于通过案例和游戏的实际操作来开发计算思维，可能不会对每一块积木都进行详细地介绍，要理解和掌握这些积木，读者还是要多动手尝试。

1.3.4 编程区

编程区位于窗口中央，是 Scratch 3.0 编程的核心区域。在指令区的顶部有"代码"、"造型"和"声音"3 个标签按钮，单击"代码"标签按钮在窗口中部会显示代码标签页，如图 1.19 所示。

图 1.19　代码标签页

在编程区的代码标签页中，可以拼搭积木，通过组合不同的指令积木，实现编程。

代码标签页的右上角通常会有一个半透明的图标，如图 1.19 中黄色的喵小咪。这个图标就是当前角色的图示，表示正在对这个角色或背景进行拼搭积木、进行编程。后面的章节会反复用到。

单击"造型"标签按钮，进入造型标签页，如图 1.20 所示。

造型是 Scratch 3.0 中非常重要的概念，角色动画主要通过不同造型的切换来实现，后面的章节会详细讲到。

在造型标签页中，可以对当前角色的造型进行编辑，包括添加造型、复制造型、修改造型、删除造型等各种操作。

单击"声音"标签按钮，进入声音标签页，如图 1.21 所示。

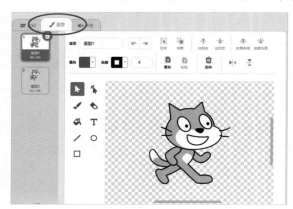

图 1.20　造型标签页

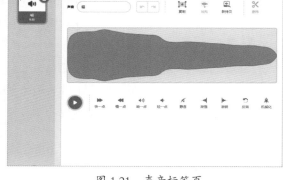

图 1.21　声音标签页

声音标签页用来处理当前角色所拥有的声音，包括添加声音、复制声音、修改声音、删除声音等。

通过本节的学习，相信你已经从整体上认识了 Scratch 3.0 的编程环境，了解了界面上有 4 个区及每个区的大致功能。但是，如果要精确掌握这些按钮都是怎么使用的，这些积木应该怎样拼搭才能产生有趣的效果，就请跟着喵小咪一起开启神奇的编程之旅吧！

1.4　第一个程序：喵小咪出门玩

喵小咪是谁？就是舞台区那只黄色的小猫了！隆重介绍一下，它的名字是喵小咪，是本书的主角！

今天吃过早饭，喵小咪得到妈妈的同意，可以出门去玩。喵小咪心里别提多高兴了，三步并做两步跑出了家门。快跟我一起去看看喵小咪吧！

1.4.1 认识背景

打开 Scratch 3.0 编辑器。现在舞台区只有喵小咪，四周光秃秃的，是不是看着有点奇怪呢？不用着急，一步一步跟我来做。

1 将鼠标移动到角色列表区的右下角，放在"添加背景"按钮上，在弹出的蓝色菜单中，单击"选择一个背景"按钮，如图 1.22 所示。

图 1.22　选择一个背景按钮

2 单击后，整个 Scratch 3.0 编辑器会切换到"选择一个背景"界面，如图 1.23 所示。

3 向下拖动右侧的滚动条，找到名为"Farm"的图片，如图 1.24 所示。

图 1.23　选择一个背景界面

图 1.24　找到"Farm"图片

4 单击选中"Farm"图片，Scratch 3.0 编辑器会自动切换回默认界面。

这时，可以看到舞台区已经发生了变化：喵小咪的四周不再是光秃秃的了，它正站在自己家门口，准备要出门了！如图 1.25 所示。

为什么会有这样的效果呢？这就是背景的作用！

背景通常是一幅图片，在"选择一个背景"界面中，找到一幅合适的图片，单击并返回到默认界面后，这幅背景图片就会铺满整个舞台区，让画面更加生动。

注意：角色列表区右侧的"舞台"部分，有个长方形的小图标，显示的就是当前舞台的背景图片，后面的章节会多次用到。

图 1.25　喵小咪站在家门口

1.4.2　了解角色

认识过背景，接下来再来仔细了解一下角色喵小咪。

在角色列表区的左下角，可以看到一只非常小的喵小咪！而且它下面的名称为"角色 1"，如图 1.26 所示。

本节开篇就介绍了喵小咪，它是本书的主角。而主角肯定是参与故事的角色之一。所以，Scratch 3.0 软件把喵小咪称为"角色 1"是没有问题的！

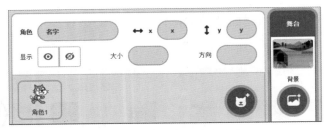

图 1.26　角色列表区的喵小咪

"角色 1"是 Scratch 3.0 软件给喵小咪取的名字，接下来把它修改一下，改成一个易于识别的名字。

❶　单击角色列表区左下角这只小小的喵小咪，如图 1.27 所示。可以看到，喵小咪的角色缩略图会以蓝框显示。

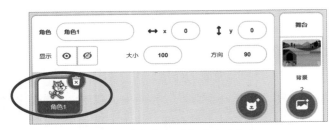

图 1.27　选中角色列表区的喵小咪

❷ 修改"角色"右侧输入框里的内容，输入"喵小咪"，并按回车键。可以看到小猫的名字已经由"角色1"修改成了"喵小咪"，如图 1.28 所示。

图 1.28　修改角色的名称

注意：参与故事的角色有时不只一个，本节目前只有喵小咪，后文会有更多的角色参与进来。

1.4.3　找到声音

喵小咪要出门玩了，它高兴不高兴？当然高兴了！高兴就要叫出来！

接下来，看看怎样让喵小咪叫出来？

❶ 确保在角色列表区已经选中"喵小咪"，也即喵小咪的角色缩略图外框变为蓝色，如图 1.29 所示。

图 1.29　在角色列表区选中喵小咪

注意：如何判断选中"喵小咪"？当"喵小咪"的角色缩略图外框变成蓝色即为选中。对比图 1.26 和图 1.29，就可以看出"选中"和"没有选中"的区别。

2 单击指令区顶部的"声音"标签按钮，进入声音标签页，如图 1.30 所示，可以看到紫色的声波图。

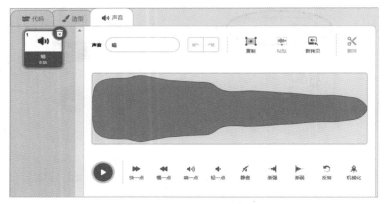

图 1.30　声音标签页

在声波图下方的圆圈中，有个蓝色的三角形符号。如果你打开了电脑的音箱，单击这个蓝色的三角形按钮，就可以试听喵小咪高兴的叫声。

在紫色声波图的左侧，有一个选中了的"小喇叭"按钮，按钮下部有一个"喵"字和数字"0.85"。"喵"是现在听到这个声音的名称，"0.85"是这段声音的长度，也即播放这段声音需要用时 0.85 秒。更多有趣的用法在后面的章节将会逐渐用到。

1.4.4　小绿旗的作用

1 确保在角色列表区已经选中"喵小咪"，也即喵小咪的角色缩略图外框变为蓝色，如图 1.31 所示。

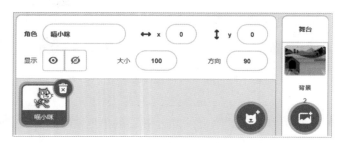

图 1.31　在角色列表区选中喵小咪

2 单击指令区顶部的"代码"标签按钮，进入代码标签页，如图 1.32 所示。

图 1.32　代码标签页

此时代码标签页的右上角，可以看到一个半透明的"喵小咪"图标。正如第 1.3.4 节所述，如果这个图标是"喵小咪"，就表明当前正在对"喵小咪"这个角色编程。

❸　在指令区中找到"移动 10 步"积木，单击并拖动到代码标签页，如图 1.33 所示。

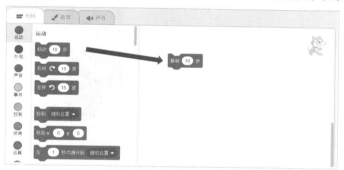

图 1.33　拖动运动积木到代码标签页

❹　在指令区单击浅紫色的圆形的"声音"按钮，找到"播放声音 喵"积木，单击并拖动到代码标签页，并且将它拼接在"移动 10 步"积木下方，如图 1.34 所示。

图 1.34　拖动声音积木到代码标签页

注意：每一块积木都有凸起和凹槽，把不同积木的凸起和凹槽对应起来，就可以拼搭成一个整体，实现编程。

5 在指令区单击浅黄色的圆形的"事件"按钮，找到"当绿旗被点击"积木，单击并拖动到代码标签页，并且将它拼接在"移动 10 步"积木上方，如图 1.35 所示。

到此，第一个程序就完成了！值得庆贺，让我们来启动试试吧！

6 单击舞台区顶部左上角的"小绿旗"按钮，就可以在舞台区看到程序运行的结果，如图 1.36 所示。

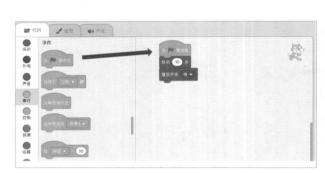

图 1.35　拖动事件积木到代码标签页

图 1.36　程序运行结果

你可以在电脑上实际操作一下，观察舞台区的运行效果。相信你可以看到，每单击一次"小绿旗"按钮，喵小咪就会开心地叫一声，并且向右走一段。连续单击，喵小咪会连续地向前走，直到舞台区的最右侧。

怎么样，通过搭积木编程让喵小咪往前走和发出叫声，聪明的你学会了吗？

第2章
蝴蝶飞满天

极目远眺，天空像被水洗过一样碧蓝，远处的群山如墨渲染过一般翠色欲流，山下的大池塘清澈见底，一条鹅卵石铺就的小路延伸到视线尽头。

咦？路边还有一大片花园呢，百花盛开，争奇斗艳，芳香沁人心脾，红的、黄的、粉的、紫的，引来满天的蝴蝶。迎着阳光，蝴蝶的翅膀熠熠生辉，忽上忽下地在花丛中翻飞。

哦，有一只小蝴蝶还飞到了喵小咪身边呢！

来，让我们一起用 Scratch 3.0 复现一下喵小咪眼前的场景吧。

2.1 新建与保存

想要在 Scratch 3.0 中复现"蝴蝶满天飞"的场景，那么舞台区中"喵小咪出门玩"的程序该怎么处理呢？

第一个程序"喵小咪出门玩"非常有意思。因为 Scratch 3.0 同一时间只能编辑一个程序，所以，如果想要以后还能打开"喵小咪出门玩"项目，就需要先把它保存到计算机上，这样就能在想看的时候，随时打开、调取。

计算机中通常用文件的形式来保存程序，在 Windows 10 中用折角书页的图标来表示 Scratch 3.0 的程序文件。每个 Scratch 3.0 程序都以".sb3"结尾，如图 2.1 所示。

图 2.1 中的 4 个".sb3"文件，就表示 4 个 Scratch 3.0 程序，需要用时，随时可以打开。所以，为了要复现"蝴蝶满天飞"的场景，就可以把"喵小咪出门玩"程序先保存起来，再新建一个空的项目，以便开始制作，方法如下。

图 2.1 一个 .sb3 文件表示一个 Scratch 3.0 程序

❶ 保存程序。单击 Scratch 3.0 界面右上角的"文件"按钮，在弹出的菜单中，选择"保存到电脑"选项，如图 2.2 所示。

❷ 保存到电脑。在弹出的"另存为"窗口中，输入文件名"1. 喵小咪出门玩"，并单击"保存"按钮，如图 2.3 所示。

图 2.2 把 Scratch 3.0 程序保存到电脑

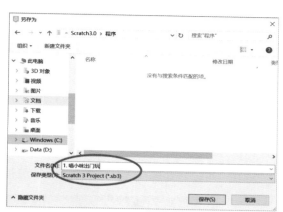

图 2.3 给保存的程序文件命名

注意：记住保存目录的路径，以方便后面能够顺利找到。本书所有案例可以保存到一个统一的目录中。

③ 打开电脑，在相应的目录下，可以看到刚刚保存的 ".sb3" 文件，如图 2.4 所示。

④ 新建项目。保存好程序 "喵小咪出门玩" 后，再次单击 Scratch 3.0 窗口左上角的 "文件" 菜单，在弹出的菜单中选择 "新作品" 选项，如图 2.5 所示。

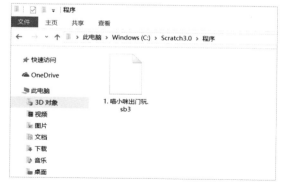

图 2.4 保存在电脑中的 Scratch 3.0 程序

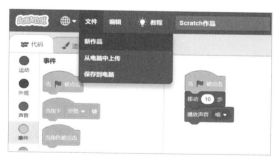

图 2.5 在 Scratch 3.0 中新建项目

⑤ 在弹出的确认提示框中单击 "确定" 按钮，如图 2.6 所示。

注意：为确保编程文件不丢失，在 Scratch 3.0 中新建项目都会弹出图 2.6 的提示框，若已经保存程序，可直接单击"确定"按钮，否则请先保存。

Scratch 3.0 中的"作品"通常也被称为"项目"，本书中多数情况下这两个词代表的意义一样。

图 2.6　确认新建作品

现在，可以看到舞台区、角色列表区、编程区都已清空，如图 2.7 所示。

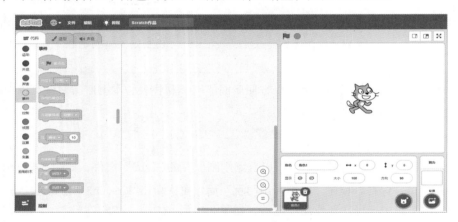

图 2.7　Scratch 3.0 新建作品

经过上述步骤，原来的作品"喵小咪出门玩"就保存好了，并且创建了一个新的作品，接下来在新作品中，开始制作新的项目"蝴蝶满天飞"。

2.2　添加背景与角色

由于喵小咪来到的是一片花园，选择的背景需要花朵多一点，这样才能吸引来蝴蝶。

在角色列表区的右侧，将鼠标移动到"舞台"下方的"添加背景"按钮上，在弹出的菜单中单击"选择一个背景"按钮，如图 2.8 所示。

图 2.8　添加背景

在弹出的"选择一个背景"界面中，单击"户外"按钮，如图 2.9 所示。

向下滚动，找到"Flowers"图标，如图 2.10 所示。

单击"Flowers"图标，回到主界面，可以看到，背景已经显示在舞台区了，如图 2.11 所示。

图 2.9 "户外"背景按钮

图 2.10 在户外分类中找到"Flowers"

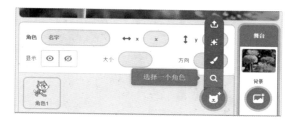

图 2.11 将背景添加到舞台区

背景花园已经成功导入，离主角登场还远吗？

这个案例的主角就是蝴蝶，接下来导入蝴蝶吧！

❶ 添加角色。在角色列表区，将鼠标移动到"添加角色"按钮上，在弹出的菜单中单击"选择一个角色"按钮，如图 2.12 所示。

❷ 选择分类。在"选择一个角色"界面，单击"动物"分类按钮，如图 2.13 所示。

❸ 选择角色。找到"Butterfly 1"图标，并单击。返回主界面后，在舞台区和"角色列表区"就可以看到"蝴蝶"，如图 2.14 所示。

图 2.12 添加角色

观察角色列表区，可以看出，在这个项目中有两个角色，一个是喵小咪，另一个是蝴蝶。

本案例的主角是蝴蝶，喵小咪暂时充当一个看客，看着蝴蝶忽上忽下地满天飞舞。所以，可以把喵小咪的位置移动到舞台区左下角，以免影响蝴蝶的表演。

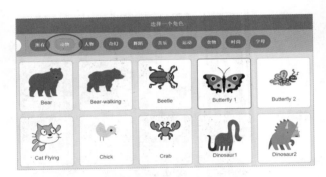

图 2.13 "动物"角色分类

图 2.14 将角色添加到舞台区

④ 选中喵小咪。在角色列表区单击"角色 1"缩略图选中喵小咪,如图 2.15 所示(选中的"角色 1"边框为蓝色)。选中就意味着,现在可以对喵小咪进行编程了。

⑤ 拖动喵小咪。在舞台区单击喵小咪,将它拖动到舞台区的左下角,如图 2.16 所示。

图 2.15 处于选中状态的"角色 1"

图 2.16 拖动喵小咪到左下角

认识坐标

要实现蝴蝶在花丛中飞舞，就需要先认识 Scratch 3.0 中的坐标。

Scratch 3.0 的舞台区宽 480 像素、高 360 像素，是以 (0,0) 为中心点（即原点）构成的一个平面直角坐标系。有两个交叉的坐标轴，其中横轴为 X 轴，取向右方向为正方向；纵轴为 Y 轴，取向上为正方向，如图 2.17 所示。

从舞台区正中心的 (x:0,y:0) 点开始，向右看，横方向的 x 值越来越大，从 0 到 240；向左看，横方向的 x 值越来越小，从 0 到 -240；向上看，纵方向的 y 值越来越大，从 0 到 180；向下看，纵方向的 y 值越来越小，从 0 到 -180。

如何在自己电脑上，看到如图 2.17 所示的直角坐标系呢？按下列步骤操作即可。

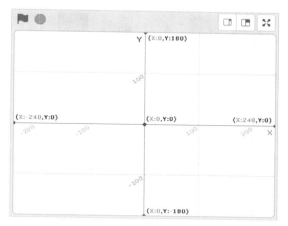

图 2.17　舞台区由平面直角坐标系构成

❶ 添加背景。移动鼠标到角色列表区右下角的"添加背景"按钮上，在弹出的菜单中单击"选择一个背景"按钮，如图 2.18 所示。

图 2.18　添加背景

❷ 选择背景。在"选择一个背景"界面，向下拖动滚动条，滚动到窗口的最下方，单击"Xy-grid"图标，如图 2.19 所示。

❸ 返回到 Scratch 3.0 主界面后，可以看到舞台区已经变成用坐标显示的样式了，如图 2.20 所示。

其中，黄色的是横坐标，用 x 表示；蓝色的是纵坐标，用 y 表示。

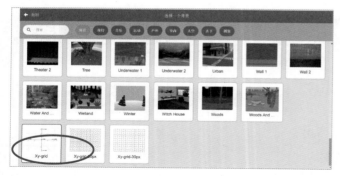

图 2.19　选择"Xy-grid"背景　　　　　　　　图 2.20　用坐标显示的舞台区

舞台区的任意一个点，都可以看成是 X 轴和 Y 轴垂线的一个交叉点，可以用类似 (x:111, y: 222) 的形式来表达。通过 x 值和 y 值的组合，舞台区的位置就可以精确地表达出来。如正中心点就是 (x:0, y:0)。同样可以标识出 (x:100, y:100)、(x:200, y:100)、(x:100, y:-100) 等位置。

如果你对直角坐标系的概念不熟悉，可以关注微信公众号"师高编程"，输入"直角坐标"，查看"直角坐标系"，获取拓展资料。

2.4 为蝴蝶添加飞行代码

认识了坐标就可以对蝴蝶进行编程，让蝴蝶可以在花丛中翩翩起舞。

① 选中蝴蝶。在角色列表区单击 "Butterfly 1"角色缩略图选中蝴蝶，如图 2.21 所示。

图 2.21　选中"蝴蝶"

注意：选中"蝴蝶"，就表示即将对"蝴蝶"进行编程，即后面的主要操作都是对"蝴蝶"进行。

② 添加开始积木。在指令区的最左侧，单击黄色的"事件"按钮，将"当绿旗被点击"积

木拖动到蝴蝶的代码标签页，如图 2.22 所示。

注意：代码标签页右上角有一个"蝴蝶"的小图标，表明此时正在对"蝴蝶"进行编程。

③ 添加运动积木。在指令区的最左侧，单击蓝色的"运动"分类按钮，将"在 1 秒内滑行到 x: y:"积木拖动到代码标签页，并拼接好，如图 2.23 所示。

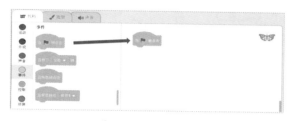

图 2.22　添加开始积木

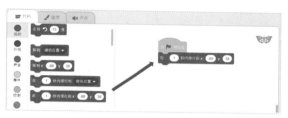

图 2.23　添加运动积木

注意：在你电脑上显示的"x:"和"y:"后面的值可能与图 2.23 所示的不一致，那没有关系，不会影响到后面的编程。

现在，统一将这两个值调整为"x:100 y:100"。只需要用鼠标单击这两个数字，就可以修改它们的值，如图 2.24 所示。

图 2.24　修改 x 和 y 的值

④ 试运行。单击舞台区左上角的"小绿旗"按钮，运行程序，可以看到蝴蝶缓缓地飞到了（x:100, y:100）这个位置，如图 2.25 所示。

注意：蝴蝶飞到 (x:100, y:100)，指的是蝴蝶这个角色的中心点对齐到 (x:100, y:100) 处。

如果再次单击"小绿旗"按钮运行程序，会发现蝴蝶待在原地不动。这是为什么呢？

图 2.25　蝴蝶飞到 (x:100, y:100)

代码标签页的"在 1 秒内滑行到 x:100 y:100"积木,是命令蝴蝶要在 1 秒内飞到 (x:100, y:100) 这个位置,在第一次单击"小绿旗"按钮运行时,蝴蝶从其他地方飞到了 (x:100, y:100) 处,你看蝴蝶的中心点,是不是正好落在 X 轴的 100 和 Y 轴的 100 交叉点呢?

当再次单击"小绿旗"按钮,命令蝴蝶要在 1 秒内飞到 (x:100, y:100) 时,并不是蝴蝶偷懒,而是它已经在 (x:100, y:100) 了,也就看不见蝴蝶做动作了!

那么,要让蝴蝶再次运动,需要怎么处理呢?请继续操作。

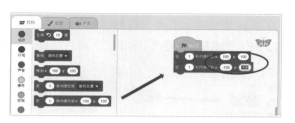

图 2.26　添加更多运动积木

5 添加更多运动积木。在蓝色的"运动"分类中,再拖动一个"在 1 秒内滑行到 x: y:"积木到蝴蝶的代码标签页,并拼接好,同时修改参数为 (x:-100, y:-100),如图 2.26 所示。

6 试运行。单击舞台区左上角的"小绿旗"按钮,运行程序,可以看到蝴蝶缓缓地飞到了 (x:-100, y:-100) 这个位置,如图 2.27 所示。

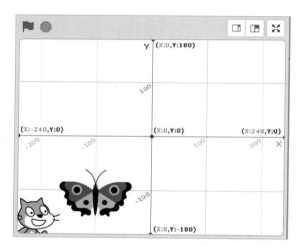

图 2.27　蝴蝶飞到 (x:-100, y:-100)

注意:如果再次单击"小绿旗"按钮运行,会发现蝴蝶已经可以来回地飞行,先飞到 (x:100, y:100) 处,再飞到 (x:-100, y:-100) 处。

7 添加更多运动积木。在蓝色的"运动"分类中,接着拖动两个"在 1 秒内滑行到 x: y:"积木到代码标签页,并拼接好,分别修改参数为 (x:-100, y:100) 和 (x:100, y:-100),如图 2.28 所示。

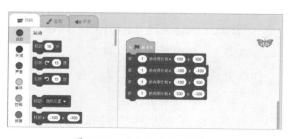

图 2.28　添加两个运动积木

注意：注意参数中有负号（–100）的和没有负号（100）的区别。

图 2.29 蝴蝶能飞到更多地方

8 试运行。单击舞台区左上角的"小绿旗"按钮，运行程序，可以看到蝴蝶能飞到更多地方了，除了之前的 (x:100, y:100) 处和 (x:-100, y:-100) 处外，还可以飞到 (x:-100, y:100) 处和 (x:100, y:-100) 处，如图 2.29 所示。

9 添加更多运动积木。在蓝色的"运动"分类中，再拖动一个"在 1 秒内滑行到x: y:"积木到代码标签页，并拼接好。你可以自己随意地修改 x 和 y 的值，比如修改为 (x:178, y:115)，如图 2.30 所示。

图 2.30 再添加一块运动积木

10 试运行。单击舞台区左上角的"小绿旗"按钮，运行程序，可以看到蝴蝶能够飞过上面提到的 4 个位置，还可按你的要求飞到 (x:178, y:115) 处，如图 2.31 所示。

通过上面的操作，可以看出，只要给 x 和 y 一个数值，就可以轻松地控制蝴蝶飞到舞台区的任何地方了。

观察舞台区的运行结果，发现还有一个问题：现在每单击一次"小绿旗"按钮运行程序，蝴蝶只飞 5 个地方就会停下来，并不会一直飞。这还是没有达到翩翩起舞的效果，那怎么办呢？请接着编程。

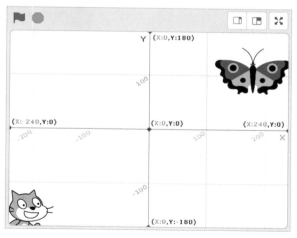

图 2.31 蝴蝶飞到 (x:178, y:115) 处

⑪ 添加重复执行积木。在指令区的最左侧，单击黄色的"控制"分类，将"重复执行"积木拖动到蝴蝶的代码标签页，并拼接好，如图 2.32 所示。

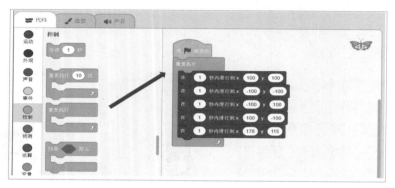

图 2.32　添加"重复执行"积木

注意："重复执行"积木有一个"大嘴巴"，俗称 C 型积木，里面可以装下很多其他的积木。试一试如何将前面拼好的积木都装到"大嘴巴"里，并且顺序保持不变。

⑫ 试运行。单击舞台区左上角的"小绿旗"按钮运行程序，可以看到蝴蝶在 5 个位置不断地重复飞行，看起来有种翩翩起舞的感觉，如图 2.33 所示。

图 2.33　蝴蝶在 5 个位置重复不断地飞行

注意：在图 2.33 中可以看到，单击"小绿旗"按钮运行程序以后，代码标签页拼接好的积木外围，就出现了一个黄色的框。如果单击小绿旗旁边红色的"停止"按钮，积木外围的黄框就会消失。这说明 Scratch 3.0 用积木外围的黄框表示这段程序正在运行，处于运行状态。

⑬ 选中舞台。单击角色列表区最右侧的"舞台"两个字，让"舞台"处于被蓝色包围的选中状态，如图 2.34 所示。

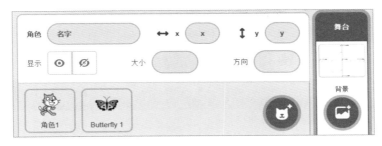

图 2.34　选中"舞台"

⑭ 切换背景。单击指令区上方的"背景"标签按钮，在背景标签页中单击编号为"2"的背景，如图 2.35 所示。

图 2.35　切换背景

⑮ 运行程序。选中编号为"2"的背景后，可以看到舞台区切换回了"Flowers"背景。此时单击舞台区左上角的"小绿旗"按钮运行，可以看到蝴蝶正在花丛中翻飞，喵小咪看得如痴如醉，如图 2.36 所示。

图 2.36　蝴蝶满天飞

2.5　增加声音效果

看着美丽的蝴蝶在花丛中飞舞，喵小咪心情非常好，接下来给这个美好场景配一点音乐吧！

❶ 选中背景。单击角色列表区最右侧的"舞台"两个字，让"舞台"处于被蓝色包围的选中状态，如图 2.37 所示。

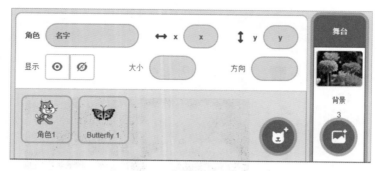

图 2.37　选中"背景"

❷ 添加声音。单击指令区上方的"声音"标签按钮，将鼠标移动到声音标签页左下角的蓝色的"添加声音"按钮上，在弹出的菜单中单击"选择一个声音"按钮，如图 2.38 所示。

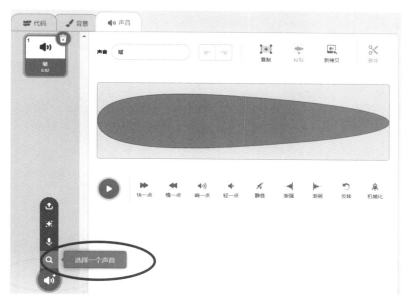

图 2.38 添加声音

❸ 选择分类。在"选择一个声音"界面，单击"可循环"按钮，如图 2.39 所示。

图 2.39 选择声音分类

❹ 选中声音。找到声音"Cave"并单击"Cave"图标，返回声音标签页，如图 2.40 所示。

❺ 回到代码标签页。单击指令区上方的"代码"标签按钮，回到代码标签页，如图 2.41 所示。

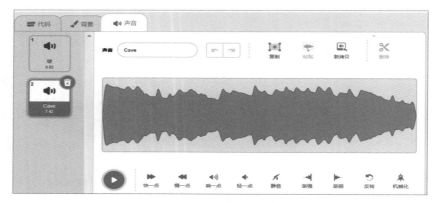

图 2.40　添加"Cave"声音

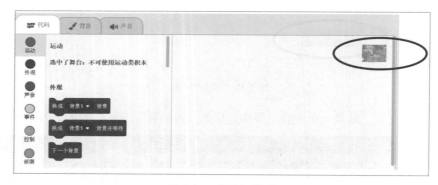

图 2.41　代码标签页

代码标签页为什么是空的呢？上一节中拖曳的积木、编的程序都到哪里去了？

读者在编程时，请留意代码标签页右上角的图标！图 2.41 右上角有一个花园的图标，也就是背景"Flowers"的图标，说明现在正在对"Flowers"进行编程！

而上一节所做的编程，都是针对蝴蝶，不是对"Flowers"的。因此这个代码标签页是空的，没有积木。

6　给背景编程。在指令区的最左侧，单击黄色的"事件"分类按钮，将"当绿旗被点击"积木拖动到代码标签页，如图 2.42 所示。

注意：代码标签页右上角的图标为"Flowers"，表明此时正对"Flowers"进行编程，应用的就是传统编程中面向对象的概念。

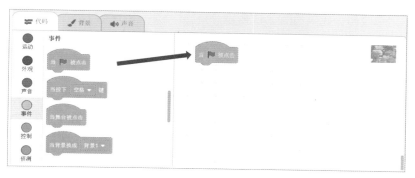

图 2.42 给背景编程

7 添加播放声音积木。在指令区的最左侧，单击紫色的"声音"分类按钮，将"播放声音'啵'等待播完"积木拖动到代码标签页，并拼接好，如图 2.43 所示。

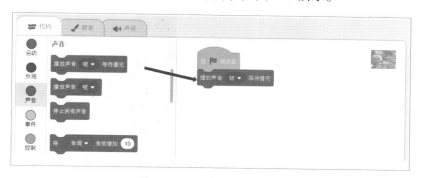

图 2.43 添加播放声音积木

8 修改声音。单击代码标签页"播放声音'啵'等待播完"积木中的"啵"字，在弹出的菜单中，选择"Cave"选项，如图 2.44 所示。

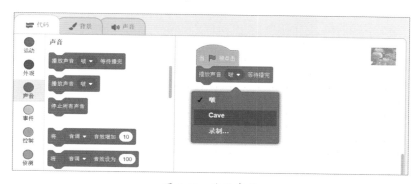

图 2.44 修改声音

选中以后，菜单收回，代码如图 2.45 所示。

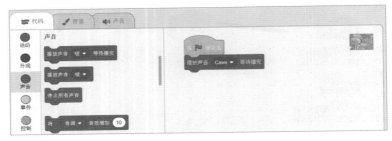

图 2.45　修改声音为"Cave"

9 运行程序。单击舞台区左上角的"小绿旗"按钮运行，不仅可以看到蝴蝶飞舞，还能听到美妙的音乐，如图 2.46 所示。

图 2.46　运行程序

2.6　完整的程序

"蝴蝶飞满天"学习的重点是认识舞台区的"坐标"，需要灵活应用"在 1 秒内滑行到 x: y:"积木，同时学习了程序的循环执行和背景音乐的播放，完整的程序分为两个部分。

一部分是对"蝴蝶"进行编程，控制蝴蝶的运动，程序如图 2.47 所示。

另一部分是对"背景"进行编程，播放声音，程序如图 2.48 所示。

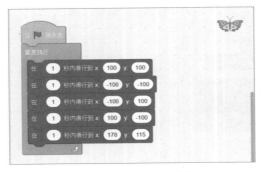

图 2.47　蝴蝶角色的程序

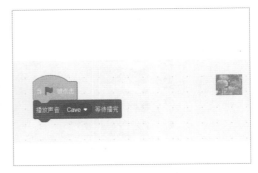

图 2.48　背景的程序

第3章

跟蜻蜓交朋友

跟蝴蝶玩了一会儿，喵小咪左顾右盼，竟然发现草丛中有一只大蜻蜓。

金色的翅膀在阳光下闪着光辉，真漂亮！

它时而向左、时而向右、时而悬停在空中，活像一架灵巧的直升飞机。

蜻蜓怎么有这么高超的飞行技能呢？喵小咪走过去想问个究竟。

3.1 创建项目

要复现喵小咪跟蜻蜓交朋友的场景，需要离开蝴蝶，再新建一个项目。

按第 2.1 节的方法，将蝴蝶的程序保存为"2.1 蝴蝶飞满天"。然后，单击 Scratch 3.0 窗口左上角的"文件"按钮，在弹出的菜单中，选择"新作品"选项创建出一个全新项目。

可以看到，舞台区、角色列表区、编程区都已清空，如图 3.1 所示。

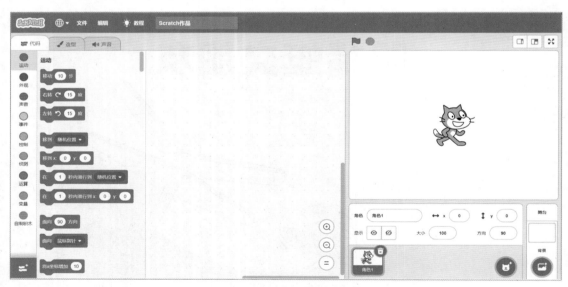

图 3.1 新建一个项目

接下来，在这个新创建的项目中，开始制作项目"跟蜻蜓交朋友"。

3.2 添加背景和角色

蜻蜓在草丛中飞舞。首先需要添加一个草丛的背景。

❶ 添加背景。在角色列表区右侧，将鼠标移动到舞台下方的"添加背景"按钮上，在弹出的菜单中单击"选择一个背景"按钮，如图3.2所示。

图3.2 添加背景

在弹出的"选择一个背景"界面中，单击"户外"分类按钮，如图3.3所示。

图3.3 选择"户外"分类中的"Forest"

找到绿色的"Forest"图标并单击，返回Scratch 3.0的主界面，可以看到舞台区里喵小咪已经来到了森林的草丛中，如图3.4所示。

蜻蜓在哪里？那只可爱的大蜻蜓呢？请继续跟我一起编程实现。

❷ 导入角色。把鼠标移到角色列表区右侧的"添加角色"按钮上，在弹出的菜单中，单击"选择一个角色"按钮，如图3.5所示。

图 3.4　添加背景

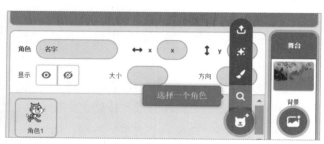

图 3.5　添加角色

在"选择一个角色"界面，单击"动物"分类按钮，如图 3.6 所示。

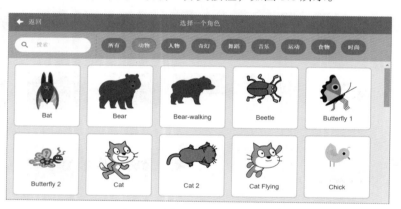

图 3.6　选择"动物"角色分类

拖动向下的滚动条，找到"Dragonfly"图标并单击，如图 3.7 所示。

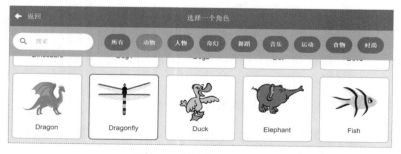

图 3.7　选择"Dragonfly"

回到 Scratch 3.0 主界面，可以看到蜻蜓已经来到了舞台区，如图 3.8 所示。

哇，它确实是一只漂亮的蜻蜓！接下来，调整一下蜻蜓和喵小咪的位置，以方便它们交流。在舞台区，用鼠标把喵小咪拖动到左侧，把蜻蜓拖动到右侧，如图 3.9 所示。

图 3.8 添加蜻蜓到舞台区

图 3.9 调整角色的位置

3.3 设计互动对话

面对本领强大的蜻蜓，喵小咪非常想跟它交朋友。于是，喵小咪来到蜻蜓身边，小声说道："你好，蜻蜓！"蜻蜓回答道："你好！"

"我叫喵小咪，你的飞行本领可真了不起呀！"

"谢谢！过奖了，你可以叫我蜻小蜓。"

"我们能做好朋友吗？蜻小蜓。"

"可以的！喵小咪。"

为了在 Scratch 3.0 中能更好地展示喵小咪和蜻蜓的对话，可以按说话角色和说话的先后顺序，把它们的语言重新排列一下，以便于编程，如表 3.1 所示。

表 3.1　模拟对话

	喵小咪		蜻蜓
1.1	你好，蜻蜓！	2.1	你好！
1.2	我叫喵小咪，你的飞行本领可真了不起呀！	2.2	谢谢！过奖了，你可以叫我蜻小蜓。
1.3	我们能做好朋友吗？蜻小蜓。	2.3	可以的！喵小咪。

通过表 3.1 可以看出，喵小咪先后说了 3 句话，蜻蜓回复了 3 句话，这 6 句话之间有先后承接关系，如果顺序弄乱了，就不能准确地重现两人的对话。接下来，按照这个顺序编程实现这段对话。

3.4　为角色添加对话代码

❶　选中喵小咪。在角色列表区选中"喵小咪"，对"喵小咪"进行编程，如图 3.10 所示。

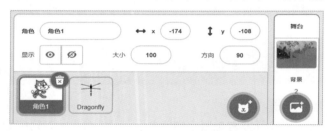

图 3.10　选中"喵小咪"

❷　为喵小咪添加开始积木。在指令区的最左侧，单击黄色的"事件"分类按钮，将"当绿旗被点击"积木拖动到"代码"窗口，如图 3.11 所示。

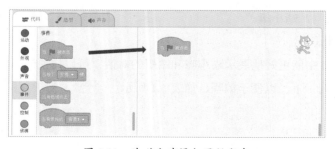

图 3.11　为喵小咪添加开始积木

❸ 添加说话积木。在指令区最左侧，单击紫色的"外观"分类，将"说 你好！2 秒"积木拖动到代码标签页，并拼接好，如图 3.12 所示。

图 3.12 添加说话积木

❹ 修改第 1 句话。单击代码标签页中积木中的"你好！"，修改为"你好，蜻蜓！"，如图 3.13 所示。

图 3.13 修改第 1 句话

❺ 试运行。单击舞台区左上角的"小绿旗"按钮运行程序，可以看到喵小咪说话的效果，如图 3.14 所示。

图 3.14 喵小咪说话的效果

⑥ 选中蜻蜓。在角色列表区选中"蜻蜓",对"蜻蜓"进行编程,如图 3.15 所示。

图 3.15　选中"蜻蜓"

⑦ 对蜻蜓进行编程。用同样的方法,将"当绿旗被点击"和"说 你好! 2 秒"积木拖动到代码标签页并拼接好,如图 3.16 所示。

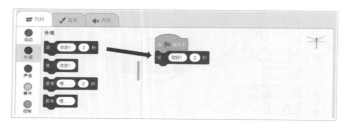

图 3.16　对"蜻蜓"进行编程

⑧ 运行程序。单击舞台区左上角的"小绿旗"按钮运行程序,可以看到喵小咪和蜻蜓说话的效果,如图 3.17 所示。

图 3.17　运行程序

通过分别对"喵小咪"和"蜻蜓"进行编程，现在两个小伙伴都可以说话了。

但是，它们几乎同时说话，而不是喵小咪先问候，问候完了，蜻蜓再回答。也就是说没有先后顺序，那怎么办呢？

3.5 处理等待事件

要让喵小咪和蜻蜓之间形成一问一答的效果，需要用到"等待"积木。

❶ 为蜻蜓编程。在指令区最左侧，单击黄色的"控制"分类按钮，将"等待 1 秒"积木拖动到代码标签页，并插在积木"说 你好！ 2 秒"之前，如图 3.18 所示。

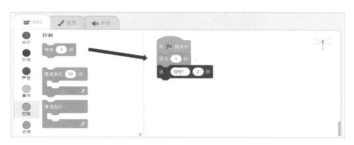

图 3.18　插入等待积木

注意：代码标签页右上角有一个"蜻蜓"图标，表示此时是在对"蜻蜓"进行编程。

❷ 试运行。单击舞台区左上角的"小绿旗"按钮运行，可以看到在喵小咪说"你好，蜻蜓！"的 1 秒后，蜻蜓回复"你好！"。

可见"等待 1 秒"已经生效了，但是蜻蜓回复得还是太快了，应该等待喵小咪说完，蜻蜓再回答。

❸ 调整等待时长。喵小咪要说"2 秒"时间。接下来，把蜻蜓的等待时间再延长一点，单击"1 秒"，修改为"2 秒"，如图 3.19 所示。

再次单击"小绿旗"按钮运行，可以看到在喵小咪说完"你好，蜻蜓！"后，蜻蜓马上回复"你好！"，衔接得非常好。之所以能实现衔接，是因为在喵小咪说话的 2 秒钟内，蜻蜓一直在等待。

图 3.19　调整等待时长

可以看到，要实现喵小咪和蜻蜓之间一问一答的准确衔接，利用好"等待"积木及设置好等待时长是关键。

④　再添加两句话。在角色列表区选中"喵小咪"，为喵小咪添加另外两句话。也就是再次找到紫色的"外观"分类并单击，将两个"说 你好！ 2 秒"积木拖动到"代码"窗口，并拼接好，如图 3.20 所示。

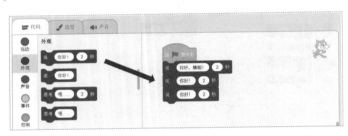

图 3.20　再添加两句话

⑤　修改说话的内容。将两块积木中的"你好！"分别修改为"我叫喵小咪，你的飞行本领可真了不起呀！"和"我们能做好朋友吗？蜻小蜓。"，如图 3.21 所示。

图 3.21　修改说话的内容

⑥　为蜻蜓再添加两句话。在角色列表区选中"蜻蜓"，为蜻蜓添加另外两句话，如图 3.22 所示。

图 3.22　为蜻蜓再添加两句话

7　修改说话的内容。将两块积木中的"你好！"分别修改为"谢谢！过奖了，你可以叫我蜻小蜓。"和"可以的！喵小咪。"，如图 3.23 所示。

图 3.23　修改说话的内容

8　试运行。单击舞台区左上角的"小绿旗"按钮运行程序，可以看到，除了前两句外，喵小咪和蜻蜓的话混在了一起，如图 3.24 所示。

图 3.24　对话混在了一起

它们说的话为什么会混在一起呢？这样就不像是交流了，而像是自说自话。

是的，不能抢着说话。既然是沟通，在自己说完一句以后，就需要等待对方回复。对方回复完了，才能继续说下一句。

因此，在喵小咪说完每一句话后，都应该"等待 2 秒"，等待蜻蜓回复。

同样，蜻蜓说完每一句话后，也都应该"等待 2 秒"，等喵小咪回复。

所以，应该在它俩每一句的间隙中，都加入一个"等待 2 秒"积木。

⑨ 为蜻蜓编程。拖动两块"控制"分类按钮中的"等待 1 秒"积木到代码标签页，插在积木"说"之间，并修改为"等待 2 秒"，如图 3.25 所示。

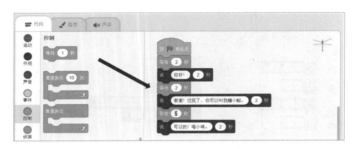

图 3.25　为蜻蜓添加等待积木

⑩ 为喵小咪编程。同样，拖动两块"控制"分类中的"等待 1 秒"积木到代码标签页，插在积木"说"之间，并修改为"等待 2 秒"，如图 3.26 所示。

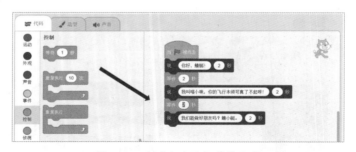

图 3.26　为喵小咪添加等待积木

⑪ 运行程序。单击舞台区左上角的"小绿旗"按钮运行，可以看到，喵小咪和蜻小蜓你一言我一语，聊得非常开心，如图 3.27 所示。

图 3.27 运行程序

3.6 完整的程序

"跟蜻蜓交朋友"学习的重点是应用"说 你好！1秒"和"等待1秒"积木，先让角色说话，再让角色间对话，完整的程序分为两个部分。

一部分是对"喵小咪"进行编程，控制喵小咪说话和等待，程序如图 3.28 所示。

另一部分是对"蜻蜓"进行编程，控制蜻小蜓说话和等待，程序如图 3.29 所示。

图 3.28 对"喵小咪"编程

图 3.29 对"蜻蜓"编程

第4章

路遇动物狂欢节

告别了蜻蜓，喵小咪继续在小路上走着。忽然，远处传来一阵阵声响，喵小咪把耳朵高高竖起，细细地听着，"哦！是鼓声！"

鼓声似乎是从山那边传过来的，好似还伴着琴声和阵阵的喝彩声。哇，一定是有什么节目吧！喵小咪加快了步伐，向着山口跑去。

刚绕过山口，眼前场景就让喵小咪惊奇地瞪大了双眼。"原来是一年一度的动物狂欢节！"喵小咪激动地发现。站在舞台中央的是红恐龙和青恐龙哥俩，正在伴着音乐节奏欢快地跳舞呢！

只见红恐龙抬起它的前腿，时而朝左、时而向右地不停跟观众互动、打招呼，看起来非常兴奋；再看它对面的青恐龙，甩动着大尾巴，手脚跟着节拍，正在引吭高歌唱得正欢。

接下来，我们使用 Scratch 3.0 来复现"动物狂欢节"的场景吧。

4.1 场景创设

学习过前面"蝴蝶飞满天"和"跟蜻蜓交朋友"两个案例，可以看出在 Scratch 3.0 中，要复现一个场景，需要像导演拍电影一样，提前准备好 4 个方面的内容，即背景、角色、声音和故事情节，然后再用编程的方法将它们串联起来。

在"动物狂欢节"这个场景中，除了喵小咪之外，还有红恐龙和青恐龙两个角色。背景是山口的一块平地，声音是一段节奏欢快的音乐，故事就是红恐龙和青恐龙在跳舞。

为了使场景更加清晰明确，用表格整理一下需要准备的素材，如表 4.1 所示。

表 4.1 动物狂欢节素材整理

素材	内容	图示
角色	红恐龙、青恐龙	Dinosaur2　Dinosaur4
背景	山口的一块平地	Jurassic

续表

素材	内容	图示
声音	节奏欢快的音乐	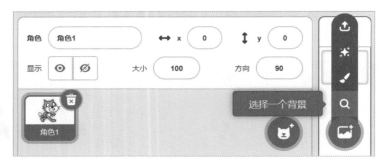 Classical Pi...
故事	红恐龙和青恐龙在跳舞	

4.2 添加背景和角色

理清思路后，接下来在 Scratch 3.0 中，像导演一样一步一步地拍出一段"动物狂欢节"的电影。

按第 2.1 节的方法，先将前面的编程保存到电脑。

然后，单击 Scratch 3.0 窗口左上角的"文件"按钮，在弹出的菜单中，选择"新作品"选项创建出一个新项目。此时，舞台区、角色列表区、编程区都已清空。

① 添加背景。将鼠标移动到角色列表区最右侧的"添加背景"按钮上，在弹出的菜单中单击"选择一个背景"按钮，如图 4.1 所示。

图 4.1　添加背景

② 选择户外分类。在"选择一个背景"界面中，单击"户外"分类按钮，如图 4.2 所示。

图 4.2 选择"户外"背景分类

③ 选择背景。向下拖动滚动条,找到"Jurassic"背景图标并单击,如图 4.3 所示。

④ 回到 Scratch 3.0 主界面后,可以看到舞台区已经切换为新背景,如图 4.4 所示。

图 4.3 选择"Jurassic"背景

图 4.4 成功导入背景

⑤ 添加角色。将鼠标移动到角色列表区右侧的"添加角色"图标上,在弹出的菜单中单击"选择一个角色"按钮,如图 4.5 所示。

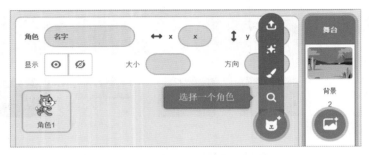

图 4.5 添加角色

6 选择动物分类。在"选择一个角色"界面中，单击"动物"分类按钮，如图 4.6 所示。

图 4.6 选择"动物"角色分类

7 选择红恐龙。拖动滚动条，找到"Dinosaur2"图标并单击，如图 4.7 所示。

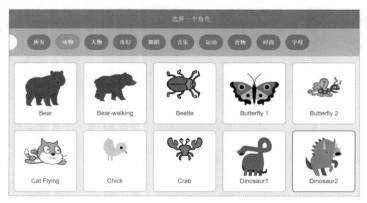

图 4.7 选择"Dinosaur2"图标

8 回到 Scratch 3.0 主界面，可以看到，舞台区中已经成功导入"红恐龙"，如图 4.8 所示。

9 再添加一个角色。重复（5）~（6）的步骤，找到"Dinosaur4"图标，从角色库中再导入一个新角色——"青恐龙"，如图 4.9 所示。

图 4.8 成功导入第 1 个角色

图 4.9 导入第 2 个角色

10 调整角色的位置。在舞台区单击各个角色，把"红恐龙"角色拖动到舞台区左侧、把"青恐龙"角色拖动到舞台区右侧，以便于它们进行表演。再把"喵小咪"角色拖动到舞台区的左下角，如图 4.10 所示。

> 注意：在"动物狂欢节"中，喵小咪是观众，没有什么戏份。我们把它移动到左下角，将舞台留给两位真正的主角。

图 4.10 调整角色的位置

调整好了角色的位置，接下来编程让恐龙们表演舞蹈。

4.3 认识造型

要让红恐龙翩翩起舞，需要先认识 Scratch 3.0 中角色的"造型"。Scratch 3.0 中一个角色可以有多个"造型"，以红恐龙为例，操作如下。

❶ 选中红恐龙。在角色列表区选中"红恐龙"，如图 4.11 所示。

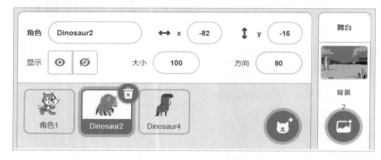

图 4.11　选中"红恐龙"

❷ 查看造型。单击指令区顶部的"造型"标签按钮，切换到红恐龙的造型标签页，如图 4.12 所示。

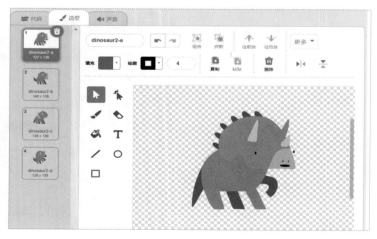

图 4.12　造型标签页

在造型标签页的左侧，从上至下排列着 4 个图标，分别编号为 1、2、3、4，代表"红恐龙"的 4 个不同动作，也就是 4 个不同的"造型"。

用鼠标单击造型图标，在右侧的编辑区可以看到该造型的大图。留意观察这 4 个造型，可以看到它们形态各异、动作不同，具体动作内容如表 4.2 所示。

表 4.2 "红恐龙"不同造型的动作

造型	动作说明	造型名称	造型	动作说明	造型名称
	前足抬起 尾巴下垂 面向右侧	1. dinosaur2-a		前足放下 尾巴下垂 面向左侧	3. dinosaur2-c
	前足放下 尾巴上扬 面向右侧	2. dinosaur2-b		前足抬起 尾巴上扬 面向右侧	4. dinosaur2-d

通过表 4.2 可以看出，不同的造型就是不同的动作。要让红恐龙做出不同的动作，只要在这些造型之间切换就可以。

4.4 为红恐龙添加代码

接下来，给"红恐龙"编程，利用造型的切换，实现红恐龙跳舞的动作。首先，单击指令区顶部的"代码"标签按钮，回到代码标签页，进行编程。

❶ 选中红恐龙。在角色列表区选中"Dinosaur2"，如图 4.13 所示。

图 4.13 选中红恐龙

② 下一个造型。在指令区的最左侧，单击紫色的"外观"分类按钮，拖动"下一个造型"积木到代码标签页，如图 4.14 所示。

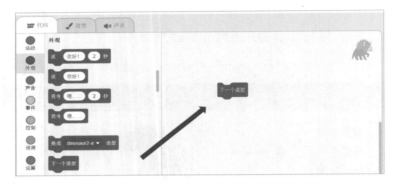

图 4.14　将"下一个造型"积木拖到代码标签页

单击代码标签页的"下一个造型"积木，可以发现，每单击一次"红恐龙"都会动一下，也就是会切换到 4 个造型中的"下一个"。

③ 添加启动积木。在指令区的最左侧，单击黄色的"事件"分类按钮，把"当绿旗被点击"积木拖动到代码标签页，并跟"下一个造型"积木拼接在一起，如图 4.15 所示。

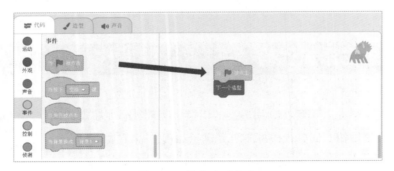

图 4.15　添加启动积木

④ 试运行。单击舞台区左上角的"小绿旗"按钮，运行这个程序，可以看到红恐龙造型的变化，如图 4.16 所示。

观察舞台区的运行结果可以看到，每单击一次"小绿旗"按钮，红恐龙就会动一下，很有意思吧！

但是，红恐龙为什么不会自己一直动、一直跳舞呢？为什么要单击一次"小绿旗"按钮它才动一下呢？它是不是有点懒？

聪明的你想一想，怎么样才能让红恐龙一直动呢？

在"蝴蝶飞满天"案例中，为了让蝴蝶能一直飞舞，用到过"重复执行"积木，这里红恐龙的情况完全一样，也可以使用"重复执行"积木。

5 重复执行。在指令区的最左侧，单击黄色的"控制"分类，把"重复执行"积木拖动到代码标签页。"重复执行"是 C 型积木，在 C 型开口中可以插入其他积木，重新拼装这 3 块积木，如图 4.17 所示。

单击舞台区左上角的"小绿旗"按钮，运行这个程序，可以看到红恐龙这次在飞快地运动。只是，它是不是动得也太快了! 快得不正常!

图 4.16　红恐龙造型变化

怎样能够让红恐龙慢一点并按正常的速度动呢? 想一想，在"跟蜻蜓交朋友"案例中，是怎样让蜻蜓说话的速度慢下来的呢?

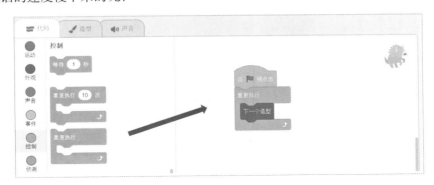

图 4.17　拼合 3 块积木

6 等待 1 秒。在指令区单击"控制"分类按钮，然后单击"等待 1 秒"积木，拖动到代码标签页。单击数字"1"，把它修改成"0.3"，拼接到"下一个造型"积木下方，如图 4.18 所示。

通过"等待 0.3 秒"积木，让红恐龙在每一次切换到新造型以后，都暂停 0.3 秒，让观众在视觉上有一个暂留的时间，这样看起来红恐龙就不会跳得太快了。

注意：人脑对于动作的反应速度一般在零点几秒。所以，这里把 0.3 秒设为一个参考值，你也可以根据自己的爱好任意设置。

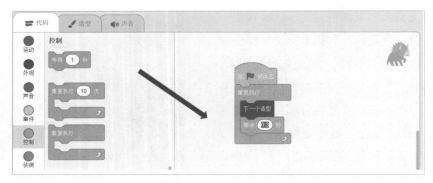

图 4.18　等待 0.3 秒

单击舞台区左上角的"小绿旗"按钮运行程序，可以看到这次红恐龙自己跳舞跳得很好！速度不快也不慢！

接下来，给会跳舞的红恐龙加点音乐吧。

4.5　增加音乐效果

❶　选中红恐龙。在添加音乐之前，请先确认在角色列表区选中"Dinosaur2"，也就是红恐龙，如图 4.19 所示。

图 4.19　选中红恐龙

> 注意：在 Scratch 3.0 中声音都是绑定角色的，所以在选择声音之前务必选择正确的角色。

❷　切换到声音标签页。单击指令区顶部的"声音"标签按钮，切换到声音标签页，如图

4.20 所示。

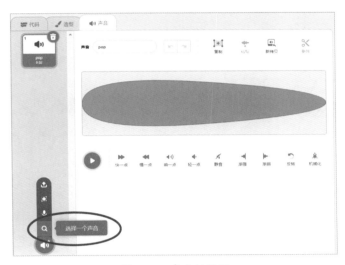

图 4.20 声音标签页

将鼠标移动到左下角的"添加声音"按钮上，在弹出的菜单中单击"选择一个声音"按钮。

❸ 选择声音。在"选择一个声音"界面中，单击"可循环"分类按钮，然后选择音乐图标"Classical Piano"，如图 4.21 所示。

图 4.21 选择"Classical Piano"图标

注意：把鼠标移动到声音图标上，会自动播放这段声音，以供试听。

4 回到声音标签页可以看到红恐龙多了声音"Classical Piano"，如图 4.22 所示。

图 4.22　成功添加声音

在声音标签页单击蓝色的三角形按钮可以试听这段音乐（单击其他紫色按钮可以对该声音进行编辑，这里暂不操作，读者可以自行尝试）。

单击指令区顶部的"代码"标签按钮，返回到代码标签页，对红恐龙进行编程。

5 播放声音。在指令区的最左侧，单击紫色的"声音"分类按钮，把"播放声音 pop 等待播完"积木拖动到代码标签页。

单击"pop"右边的倒三角形按钮，在弹出的声音选择菜单中选择"Classical Piano"选项，也就是要为红恐龙添加的音乐，如图 4.23 所示。

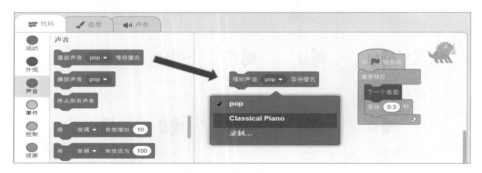

图 4.23　播放声音积木

6 添加开始事件。为了让"Classical Piano"能按需播放，在指令区单击黄色的"事件"分类按钮，把"当绿旗被点击"积木拖动到代码标签页，并跟"播放声音 Classical Piano 等待播完"积木拼接在一起，如图 4.24 所示。

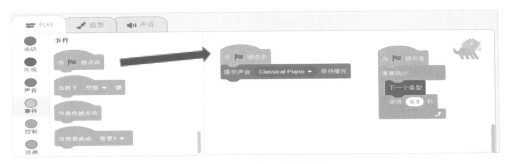

图 4.24　拼接播放声音积木

这次再单击舞台区左上角的"小绿旗"按钮,可以看到红恐龙能伴着音乐翩翩起舞了!

4.6　为青恐龙添加代码

红恐龙已经玩得很开心了,接下来为青恐龙编程,让青恐龙也能载歌载舞。

1 选中青恐龙。在角色列表区选中"Dinosaur4",也就是青恐龙,如图 4.25 所示。

图 4.25　选中青恐龙

2 下一个造型。跟红恐龙的编程思路一样,在指令区单击"外观"分类按钮,拖动"下一个造型"积木到代码标签页,再单击"控制"分类按钮,然后拖动"重复执行"积木到代码标签页。再单击"事件"分类按钮,然后拖动"当绿旗被点击"积木到代码标签页,并按需要拼接好,如图 4.26 所示。

3 试运行。单击舞台区左上角的"小绿旗"按钮运行程序,可以看到青恐龙也能自己翩翩起舞了!

但是，好像青恐龙也跳得太快了，眼花缭乱！跟前面的红恐龙一样，得想办法让它跳得慢一点，聪明的你快自己动手试试吧！

❹ 等待 1 秒。在指令区单击"控制"分类按钮，在其分类下拖动"等待 1 秒"积木到代码标签页，并修改为"等待 0.3 秒"，如图 4.27 所示。

图 4.26　为青恐龙编程

图 4.27　添加等待积木

单击舞台区左上角的"小绿旗"按钮运行程序，将会发现大家在"动物狂欢节"玩得挺开心！

伴着美妙的音乐，喵小咪一个劲地鼓掌，心想："我也得学学舞蹈，它们跳得可真好呀！"

4.7　完整的程序

"动物狂欢节"学习的重点是利用"造型"创建"角色动画"，要配合使用"下一个造型"和"等待 1 秒"积木，完整的程序分为两个部分。

一部分是对"红恐龙"编程，包括了播放音乐和造型动画，如图 4.28 所示。

另一部分是对"青恐龙"编程，实现造型动画，如图 4.29 所示。

图 4.28　对"红恐龙"编程

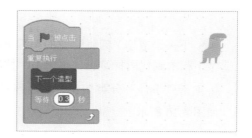

图 4.29　对"青恐龙"编程

第5章

看飞行表演

从热闹非凡的狂欢节人群中挤出来，还没走多远，喵小咪就发现很多路人不时地仰头望向天空，更有一阵阵喧闹的轰鸣声从远处传来。

"哇，喷红烟了！哦不，是绿烟！还有蓝烟！"

"哈哈，真好玩！"

喵小咪循着声音跑过去，想要看个究竟。哦，山脚下宽阔的湖面上，一架红色的飞机正在盘旋。原来是飞机表演！

看，飞机在天空中翱翔，一会儿喷出红色的烟雾，一会儿喷出绿色烟雾，好看极了！

接下来，在 Scratch 3.0 中复现一个精彩的"飞行表演"。

5.1 添加背景和角色

在 Scratch 3.0 主界面的左上角，选择"文件"→"新作品"选项，创建一个新作品，如图 5.1 所示。

由于飞行表演需要很大的场地，而且发生在宽阔的湖面上，首先要找到一个有湖面的、场面比较大的背景。

❶ 添加背景。将鼠标移动到"角色列表区"右侧的"添加背景"按钮上，在弹出的菜单中单击"选择一个背景"按钮，如图 5.2 所示。

图 5.1　创建一个新作品

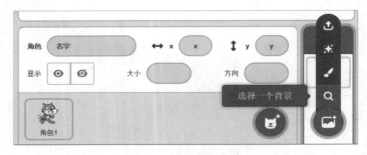

图 5.2　选择一个背景

2 选择户外分类。在"选择一个背景"界面，单击"户外"分类按钮，找到"Boardwalk"图标，如图 5.3 所示。

图 5.3 选择"户外"分类中的"Boardwalk"

3 选中背景。单击"Boardwalk"按钮，返回到 Scratch 3.0 主界面，可以看到舞台区已经换成湖面的背景了，如图 5.4 所示。

接下来，用鼠标把舞台区的喵小咪拖动到左下角，让它安静地做个观众吧。

前面的章节中所有的角色，不管是蝴蝶还是蜻蜓，都是从角色库中导入的。

但是，对于飞行表演中最重要的角色飞机来说，在 Scratch 3.0 角色库自带的 328 个角色中并没有适合的。所以，本节的飞机需要从自己的电脑中上传。

图 5.4 创建一个空项目

4 导入飞机。将鼠标移动到角色列表区的"添加角色"按钮上，在弹出的菜单中单击"上传角色"按钮，如图 5.5 所示。

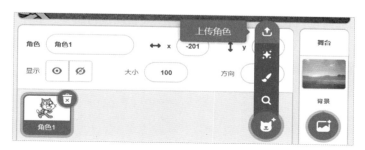

图 5.5 上传角色

5 选择素材。在弹出的"打开"窗口中，选择本书素材库中第 5 章的"飞机 .png"，并单击"打开"按钮，如图 5.6 所示。

6 返回 Scratch 3.0 主界面后，可以看到舞台区已经成功导入飞机，如图 5.7 所示。

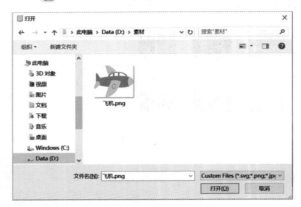

图 5.6　飞机素材

图 5.7　成功导入飞机

但是，默认导入的飞机的体型有点大，在舞台区占据了太多的空间，下面编程让飞机"瘦瘦身"！

在指令区的"外观"分类下，有个积木叫作"将大小设为 100"，如图 5.8 所示。

图 5.8　"将大小设为 100"积木

"将大小设为 100"中 100 的意思是 100%（百分之一百），也就是按照角色实际的尺寸来显示。

但是注意，这个 100 是可以修改的，如果修改为 50（也就是"将大小设为 50"），就会把角色的尺寸缩小为 50% 进行显示。同样，也可修改为 30% 的尺寸、70% 的尺寸。

利用"将大小设为 100"这个积木，就可以来调整角色的大小了！

7 选中飞机。在角色列表区选中"飞机"，对"飞机"进行编程，如图 5.9 所示。

8 设定大小。从指令区的"事件"分类下，拖动"当绿旗被点击"积木到飞机的代码标签页；再从"外观"分类下，拖取"将大小设定为 100"积木，并修改"100"为"50"；与"当绿旗被点击"积木相拼合，如图 5.10 所示。

图 5.9 选中"飞机"

图 5.10 设定大小

9 试运行。单击舞台区左上角的"小绿旗"按钮运行，可以看到飞机的大小变得比较合适了，如图 5.11 所示。

接下来，我们继续编程，让飞机能够飞起来，并且拉出五彩的烟雾。

图 5.11 角色大小合适

5.2 画笔的作用

要让飞机在所经过的地方拉出烟雾，需要用到 Scratch 3.0 的"画笔"功能。

与之前的版本不同，在 Scratch 3.0 中"画笔"并不是默认出现在指令区，而是需要作为"扩展功能"手动加进来。

1 在 Scratch 3.0 主界面的左下角，单击"添加扩展"按钮，如图 5.12 所示。

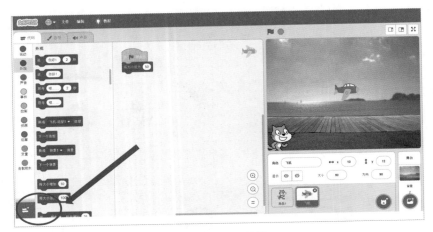

图 5.12　添加扩展

2　在弹出的"选择一个扩展"窗口，单击"画笔"
按钮，如图 5.13 所示。

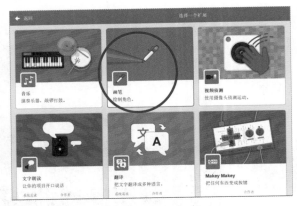

图 5.13　选择"画笔"扩展

3　返回 Scratch 3.0 主界面以后，可以看到"指令区"
增加了"画笔"分类，如图 5.14 所示。

"画笔"分类的积木为绿色，用来在舞台区画出各种线
条。最常用的积木为"全部擦除""落笔""抬笔"等，按
照使用频率将其功能列出，如表 5.1 所示。

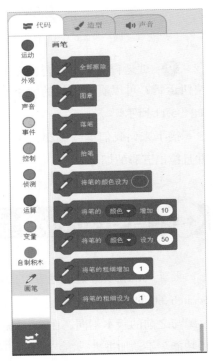

图 5.14　成功添加"画笔"分类

表 5.1 "画笔"分类中的积木及其功能

编号	积木	功能
1	全部擦除	将舞台区所画的所有线条清除
2	落笔	下笔，开始画
3	抬笔	收笔，结束画
4	将笔的颜色设为	设定画笔的颜色，单击"颜色圆圈"按钮可以调整颜色
5	将笔的粗细设为 1	设定笔的粗细
6	将笔的粗细增加 1	用数值修改画笔的粗细
7	将笔的颜色增加 10	用数值修改画笔的颜色、饱和度、亮度、透明度等
8	将笔的颜色设为 50	设置画笔的颜色、饱和度、亮度、透明度等
9	图章	像盖章一样重复某个图形

5.3 为飞机添加代码

接下来，我们要完成两项任务：让飞机动起来，可以从舞台区的左侧飞到右侧；在飞行的过程中，拉出烟雾效果。

1 设定初始位置。单击舞台区的飞机，拖动到舞台区的左上方，准备飞行，如图 5.15 所示。

2 移动到初始位置。从指令区的"运动"分类选择"移动到 x: y:"积木，拖动到飞机的代码标签页，并拼合好，如图 5.16 所示。

注意：关于"移动到 x: y:"积木中 x 和 y 的数值，图 5.16 中所示可能与你电脑上的不同，没有关系，这个数值会根据飞机被拖动的位置而变动，下面调整为统一的数值。

3 调整坐标位置。单击代码标签页中"移动到 x: y:"积木的 x 和 y 值，修改成两个整十数，如"x: –170 y: 60"，如图 5.17 所示。

图 5.15　设定初始位置

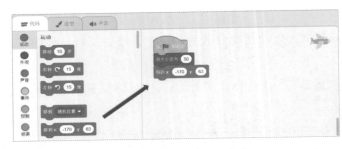

图 5.16　移动到初始位置

图 5.17　调整坐标位置

④ 添加运动功能。从指令区的"运动"分类中将"移动 10 步"积木拖到代码标签页，再从"控制"分类中拖一个"重复执行 10 次"积木，拼合在一起如图 5.18 所示。

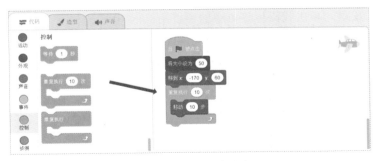

图 5.18   添加运动功能

注意："重复执行 10 次"也是一个 C 型积木，可以把其他积木添加到 C 型的开口中。

在"蝴蝶飞满天"和"动物狂欢节"程序中都用到了"重复执行"积木，可以重复执行 C 型开口中插入的积木。这里出现的"重复执行 10 次"有什么不同呢？聪明的你想一想。

"重复执行"会永远不停歇地执行 C 型开口中的积木，除非手动单击舞台区左上角红色的"停止"按钮。

"重复执行 10 次"有次数的限制，只会执行 10 次 C 型开口中的积木，执行满 10 次就自动停止。

在"飞行表演"中飞机从舞台区的左侧起飞，飞到右侧即可，并不需要永不停歇地飞行，所以，选择使用"重复执行 10 次"积木。拼合以后的程序表示：把"移动 10 次"这个积木"重复执行 10 次"。

图 5.19   飞机飞行

⑤ 试运行。单击舞台区左上角的"小绿旗"按钮运行，可以看到飞机从舞台区的左侧开始飞行，如图 5.19 所示。

但是，可以发现，飞机只飞行了一小段就停了下来。每次单击"小绿旗"按钮，都会从起始点开始飞行，但总是飞一小段就停止，为什么呢？

这说明"重复执行"的次数太少，需要增加"重复执行"的次数。

6 增加飞行次数。单击代码标签页中的"重复执行 10 次"积木，将"10"修改为"30"，如图 5.20 所示。

7 运行程序。再次单击舞台区左上角的"小绿旗"按钮运行，可以看到这次飞机顺利飞到舞台区的右侧了，如图 5.21 所示。

到此，第一项任务"让飞机运动起来，可以从舞台区的左侧飞到右侧"就已经编程完成。下面，来完成第二项编程任务，即"在飞行的过程中，拉出烟雾效果"。

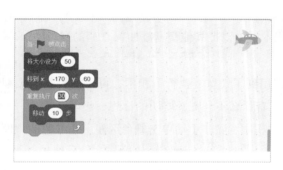

图 5.20　增加飞行次数

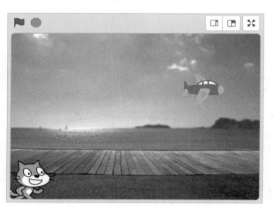

图 5.21　飞机完整飞行

5.4 拉出五彩的烟雾

要让飞机在空中画出五彩的烟雾，就需要用到 5.2 节介绍的"画笔"积木。

1 对"飞机"编程。在指令区的"画笔"分类中，拖动"落笔"和"抬笔"两个积木到代码标签页，并拼合在"重复执行 30 次"积木的前后，如图 5.22 所示。

如同练习书法时，需要注意落笔和抬笔，才能写好书法。使用 Scratch 3.0 的"画笔"积木，也需要配合好落笔和抬笔。"落笔"积木表示开始画图，"抬笔"积木表示画图结束。

2 试运行。单击舞台区左上角的"小绿旗"按钮运行，可以看到飞机在空中画出了一条蓝色的线段，如图 5.23 所示。

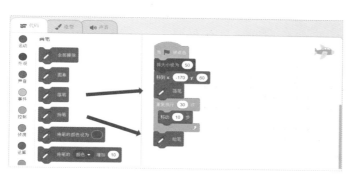

图 5.22 "落笔"和"抬笔"

图 5.23 画出一条线段

注意：默认情况下，飞机画出的线段颜色和粗细，是随机选择的，在你电脑上画出的颜色和粗细可能跟图 5.23 所示的不一样。

接下来仔细读一下图 5.22 所示的程序代码，看看飞机是如何一边飞行，一边画线。

当绿旗被点击时，先把飞机大小设定为 50%，再移动到 "x: −170 y: 60" 这个位置，然后 "落笔" 开始画画（使用的颜色和粗细随机选择），飞机 "重复执行 30 次"，每次往前 "移动 10 步"，随着飞机向前移动，它所经过舞台区的每一点，都用线段画出来，画完以后 "抬笔"，结束程序运行。

注意：读程序代码，是学习编程的基本技能，通过阅读程序，可以培养逻辑思维能力和空间想象能力。

飞机只能画出细细的蓝色线段吗？当然不是！接下来，编程添加积木，修改画线段的颜色和粗细。

❸ 设定画笔。在指令区的 "画笔" 分类中，拖动 "将笔的颜色设为" 和 "将笔的粗细设为" 两个积木到代码标签页，并拼合在 "落笔" 积木之前，如图 5.24 所示。

- "将笔的颜色设为" 积木可以用来设定画笔所使用的颜色。
- "将笔的粗细设为" 积木用来设定画笔的粗细。

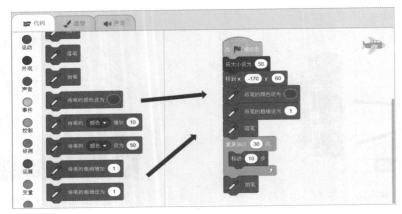

图 5.24　设定画笔

④ 修改画笔颜色。单击代码标签页中"将笔的颜色设为"积木上的颜色圆形，在弹出的颜色选择菜单中拖动滑竿，调整"颜色、饱和度、亮度"3 个值为"0、88、92"，选取一个大红色，如图 5.25 所示。

⑤ 修改画笔粗细。单击代码标签页中"将笔的粗细设为 1"积木上的"1"，修改为"5"，如图 5.26 所示。

图 5.25　修改画笔颜色

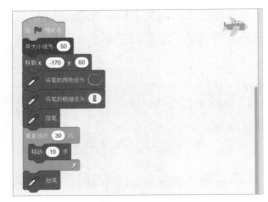

图 5.26　修改画笔粗细

⑥ 试运行。单击舞台区左上角的"小绿旗"按钮运行，可以看到飞机在空中画出了一条更粗的红色的线段，如图 5.27 所示。

但是，细心的你可以发现，在飞行过程中，飞机的前部仍然有一条蓝色的线段，非常不协调，如图 5.28 所示。

图 5.27 画出一条红色粗线

图 5.28 飞机前部有一条线段

为什么前部会出现线段呢？仔细观察会发现，这条蓝色的线段正是上一次运行程序时画出的。

当再次单击"小绿旗"按钮运行时，飞机回到了起始位置，但是蓝色线段并没有被擦除，仍然留在舞台上。所以，看起来像是在飞机前部一直有条蓝色的线段。

为了防止这种情况，就需要在画红线段之前，将舞台区所有的线段全部擦除。

❼ 擦除原画。在指令区的"画笔"分类中找到"全部擦除"积木，拖动到代码标签页，并拼合在"将笔的粗细设为 5"积木之前，如图 5.29 所示。

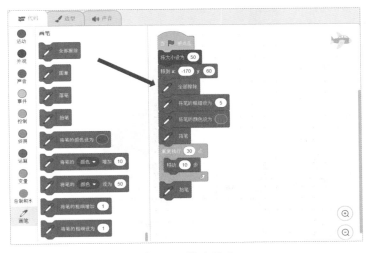

图 5.29 擦除原画

单击舞台区左上角的"小绿旗"按钮运行，可以看到飞机顺利地拉出一条红色的烟雾，前面再也没有蓝线了，如图 5.30 所示。

注意：在"落笔"准备画图之前，添加一个"全部擦除"积木，可以清除舞台区之前画的所有线段，不会对新的运行造成影响。

图 5.30　飞机拉出红色的烟雾

飞机已经顺利地拉地了一条红色的烟雾，如果想要拉出黄色、紫色等其他颜色的烟雾，只需要修改"将笔的颜色设为"积木中的颜色即可。聪明的你赶快动手试试吧！

但是，如果要想拉出五彩烟雾，也就是一段红色、一段黄色、一段紫色，那应该怎么办呢？

这种情况再用"将笔的颜色设为"就无能为力了。要动态地改变画笔的颜色，就要学会用数值来修改，可以使用"将笔的颜色增加 10"积木。

⑧　动态修改画笔的颜色。在指令区的"画笔"分类下，把"将笔的颜色增加 10"积木拖到飞机的代码标签页，并拼合在"重复执行 30 次"积木内部，如图 5.31 所示。

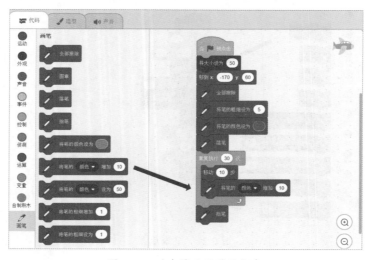

图 5.31　动态修改画笔的颜色

9 运行程序。单击舞台区左上角的"小绿旗"按钮运行，可以看到飞机拉出漂亮的五彩烟雾，如图 5.32 所示。

电脑中的颜色其实都是用数值来表示的，"将笔的颜色增加 10"积木每运行一次就会修改一次颜色的数值，也就是每运行一次就会换一个不同的颜色。

所以执行这段程序就能看到，飞机每移动 10步，就会换一个不同的颜色画线段，看起来就是拉出五彩烟雾的效果了。

图 5.32 飞机拉出五彩的烟雾

5.5 来点欢呼声

如此精彩的飞行表演，喵小咪看得兴奋极了！情不自禁地跟着人群一起鼓掌欢呼。下面补上这段欢呼的程序。

1 选中喵小咪。在角色列表区选中"喵小咪"，对"喵小咪"进行编程，如图 5.33 所示。

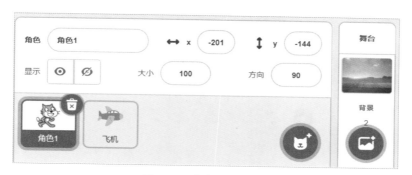

图 5.33 选中"喵小咪"

2 准备添加声音。单击指令区顶部的"声音"标签按钮，进入声音标签页，如图 5.34 所示。

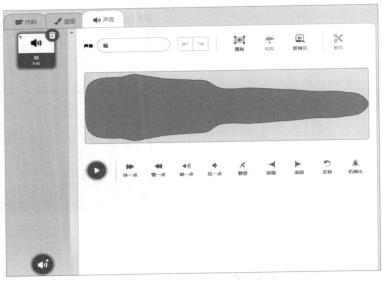

图 5.34 声音标签页

3 添加声音。将鼠标移动到声音标签页左下角的"添加声音"按钮上，在弹出的菜单上单击"选择一个声音"按钮，如图 5.35 所示。

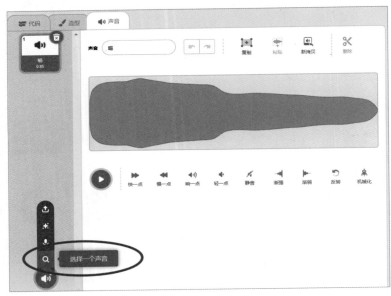

图 5.35 添加声音

❹ 选择"Goal Cheer"。在"选择一个声音"界面中，单击"人声"分类按钮，找到"Goal Cheer"声音并单击，如图 5.36 所示。

图 5.36 选择"Goal Cheer"

❺ 回到声音标签页后，可以看到喵小咪已经多了"Goal Cheer"这个声音，单击蓝色三角形按钮可以试听，如图 5.37 所示。

图 5.37 添加"Goal Cheer"声音

❻ 添加好声音，可以单击指令区顶部的"代码"标签按钮，回到代码标签页。

❼ 添加播放声音积木。从指令区的"事件"分类中拖动"当绿旗被点击"积木到代码标签页，再从"声音"分类中找到"播放声音 喵 等待播完"积木拖到代码标签页，并拼合好，如图 5.38 所示。

❽ 修改声音。单击代码标签页中"喵"右侧的倒三角形按钮，在弹出的菜单中选择"Goal Cheer"选项，如图 5.39 所示。

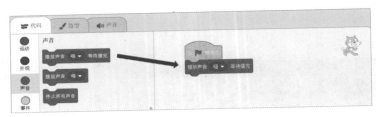

图 5.38　添加播放声音积木

图 5.39　选择"Goal Cheer"选项

9 运行程序。单击舞台区左上角的"小绿旗"按钮运行，可以看到在飞机拉出漂亮的五彩烟雾的同时，人群中爆发出欢呼声和喝彩声。

5.6　完整的程序

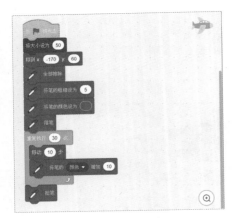

图 5.40　对"飞机"编程

"看飞行表演"学习的重点是"画笔"的使用和外部角色的导入。想要画出满意的图形，就要配合使用"画笔"分类中的多个积木，完整的程序分为两个部分。

一部分是对"飞机"进行编程，如图 5.40 所示。

另一部分是对"喵小咪"进行编程，实现声音的播放，如图 5.41 所示。

图 5.41　对"喵小咪"编程

第6章
激烈的赛跑

"加油！""加油！"这时，一阵阵热烈的加油声和欢呼声吸引了喵小咪的注意。

难道是有什么比赛吗？喵小咪可最喜欢看比赛了！

果然，小运动场上长颈鹿、斑马、小狗跃跃欲试，准备要开始新一轮的赛跑比赛了。

看到喵小咪一路小跑而来，长颈鹿说："喵小咪，我们要比赛了，你来给我们做裁判吧！"

"好的，没问题！"喵小咪高兴地答道。

6.1 场景创设

在 Scratch 3.0 窗口中选择"文件"→"新作品"选项，新建一个空项目，如图 6.1 所示。

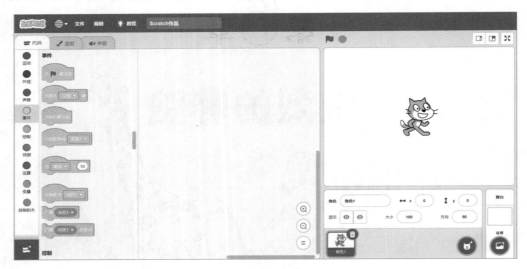

图 6.1 创建一个空项目

❶ 给舞台区选择一个背景。可以在"户外"分类中选择"Savanna"选项，如图 6.2 所示。

❷ 在角色列表区添加 3 个角色。分别选择"动物"分类中的"Giraffe"、"Zebra"和"Dog2"选项，也即"长颈鹿"、"斑马"和"小狗"，如图 6.3 所示。

图 6.2　导入 "Savanna" 背景

图 6.3　添加 3 个角色

由于动物们个头都比较大，Scratch 3.0 小小的舞台区已经显得比较拥挤了。我们需要合理安排一下动物们的位置和大小，以便于比赛。

首先，比赛是从左向右赛跑，一开始时，需要先把 3 位运动员都安排在舞台区最左侧的起跑位置。同时，3 个运动员应该分开赛道，不能挤在一起。

裁判喵小咪位于舞台区的中央靠上的位置，方便发令和观察运动员是否有犯规的行为。舞台位置布局设计如图 6.4 所示。

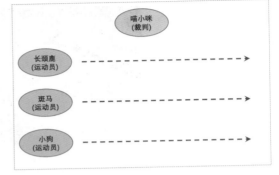

图 6.4　舞台位置布局设计

6.2　初始化位置和大小

接下来，按照"舞台位置布局设计"来初始化每个角色的位置和大小。

1 选中并拖动小狗。用鼠标选中舞台区的"小狗"，将它拖到左下角，如图 6.5 所示。

通过图 6.5 可以看出，小狗的位置已经按舞台位置布局设计拖到了"舞台区"的左侧，但是它个头太大了，需要调整一下小狗的大小。可是怎么调整小狗的大小呢？聪明的你有没有想到什么好办法？

在第 5 章的"看飞行表演"中，从电脑中上传的飞机体型也很大，在使用"将大小设定为"积木后，便很好地调整了飞机的大小。

2 调整小狗的大小。拖动"当绿旗被点击"积木到小狗的代码标签页，再从指令区的"外观"分类中，拖一个"将大小设定为 100"积木，并拼合好，如图 6.6 所示。

图 6.5　选中并拖动

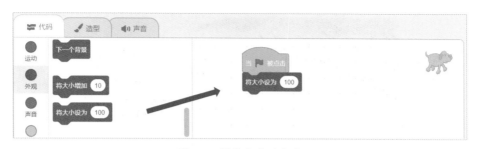

图 6.6　调整小狗的大小

"将大小设定为 100"的意思是将小狗的大小设定为 100%。单击其中的"100"，修改为 50，也就是按 50% 的尺寸来显示小狗，如图 6.7 所示。

图 6.7　设定小狗的显示尺寸

单击舞台区左上角的"小绿旗"按钮运行，可以看到小狗已经变成原来的一半大了，非常合适，如图 6.8 所示。

❸ 微调小狗的位置。再次在舞台区用鼠标拖动小狗，让小狗处于舞台区的左下角，如图 6.9 所示。

图 6.8　初始化小狗的大小

图 6.9　初始化小狗的位置

❹ 使用"移到"积木。从指令区的"运动"分类中，拖动"移到 x: y:"积木到小狗的代码标签页，并拼接好，如图 6.10 所示。

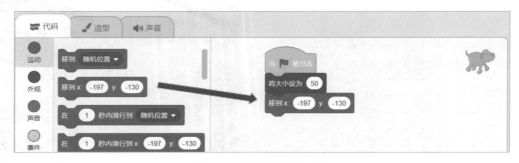

图 6.10　使用"移到"积木

注意：这里"移动到 x:-197 y:-130"积木中的"-197"和"-130"是小狗当前所处位置的坐标，可能跟你电脑上的数值不一样，下面统一修改为整十数。

5 调整为整十数。单击代码标签页中 x 和 y 后面的输入框，把这两个坐标值调整为整十数，比如"x: -200 y: -130"，如图 6.11 所示。

图 6.11 调整为整十数

单击舞台区左上角的"小绿旗"按钮运行一下，可以看到小狗现在无论是大小，还是位置，都比较合适了。

接下来，用相同的方法，初始化其他几个角色的位置和大小。

6 初始化斑马的大小和位置。在角色列表区选中"斑马"，为"斑马"编程。按照给小狗编程同样的方法，将斑马的大小设定为 50%，同时将位置移动到屏幕左侧，如图 6.12 所示。

图 6.12 给"斑马"编程

单击舞台区左上角的"小绿旗"按钮运行一下，可以看到斑马的位置和大小都非常适合了，如图 6.13 所示。

7 初始化长颈鹿的大小和位置。在角色列表区选中"长颈鹿"，为"长颈鹿"编程。按照给斑马编程同样的方法，将长颈鹿的大小设定为 50%，同时将位置移动到屏幕左侧，如图 6.14 所示。

图 6.13　初始化斑马的大小和位置

图 6.14　给"长颈鹿"编程

单击舞台区左上角的"小绿旗"按钮运行一下，可以看到长颈鹿的位置和大小都非常适合了，如图 6.15 所示。

3 个"运动员"都已经准备就绪，只有喵小咪还地站在舞台中央，个子还很大，是不是有点突兀呢？

接下来，调整一下喵小咪的位置和大小。

8 初始化喵小咪的大小和位置。在角色列表区选中"喵小咪"，为"喵小咪"编程。按照给其他动物编程同样的方法，将喵小咪的大小设定为 50%，同时将位置移动到屏幕中间偏上处，如图 6.16 所示。

单击舞台区左上角的"小绿旗"按钮运行一下，可以看到喵小咪的位置和大小都非常适合当个裁判了，如图 6.17 所示。

图 6.15　初始化长颈鹿的大小和位置

到这里，舞台上 4 个角色都已经各就各位，接下来，可以编程让各位运动员试试身手了。

图 6.16 给"喵小咪"编程

图 6.17 初始化喵小咪的大小和位置

6.3 添加赛跑代码

赛跑是动物们的强项,大家都想一马当先,拿个冠军,让我们拭目以待吧!

① 为小狗编程。在角色列表区选中"小狗",准备为"小狗"编程,如图 6.18 所示。

图 6.18 为"小狗"编程

怎样才能让小狗从左向右运动呢?聪明的你有没有想到什么好办法?

回顾一下在"蝴蝶飞满天"中学习过的直角坐标系,小狗要从左向右运动,只是 x 坐标越来越大,y 坐标不会发生变化。

② 切换到坐标背景。按照本书第 2.3 节的方法,添加背景"Xy-grid",切换后的舞台区如图 6.19 所示。

回顾一下，在"飞行表演"案例中让飞机从左向右运动，使用的是"移动10步"积木。这里也可以用类似的方法让小狗运动。

❸ 让小狗运动。在小狗的代码标签页，增加"重复执行"和"移动10步"积木，并拼合起来，如图6.20所示。

单击舞台区左上角的"小绿旗"图标运行，可以看到，小狗已经可以从左侧向右侧运动了。

但是，小狗好像是滑到右侧，而不是跑到右侧的，因为它的腿并没有做出任何动作。

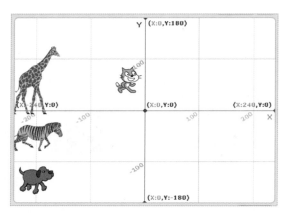

图 6.19　切换到坐标背景

应该如何让小狗的腿做出跑步的动作呢？聪明的你有没有想到什么好办法？

在"动物狂欢节"案例中为了让红恐龙跳舞，使用了角色的造型。通过造型的切换，让红恐龙的脚和头都活动起来。在这里，也可以查看一下小狗这个角色的造型，如果有跟跑步相关的造型，就可以让小狗做出跑步的动作！

❹ 查看造型。选中小狗，单击指令区顶部的"造型"标签按钮，打开小狗的造型标签页，可以看到小狗有多个造型，如图6.21所示。

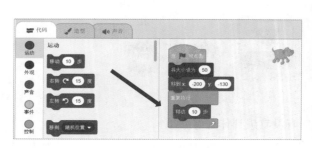

图 6.20　让小狗运动

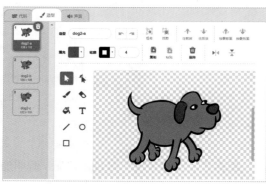

图 6.21　小狗角色的造型

依次单击左侧的3个造型，通过右侧的大图可以看到，这3个造型都跟小狗的走路动作相关。所以，在这里可以为小狗添加跑步的造型动画。

⑤ 添加造型动画。从指令区分别拖动"下一个造型"、"重复执行"和"当绿旗被点击"积木到小狗的代码标签页，并拼合到一起，如图6.22所示。

单击舞台区左上角的"小绿旗"按钮运行，可以看到，小狗已经可以从左侧跑到右侧了。

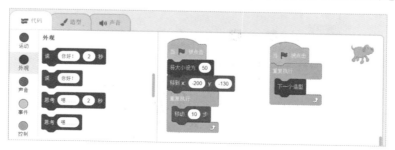

图 6.22　添加造型动画

⑥ 用同样的方法为"斑马"编程。注意，首先要在角色列表区选中斑马，如图6.23所示。

图 6.23　选中"斑马"

⑦ 让斑马开始运动。为斑马添加"移动10步"和"重复执行"积木，并拼合在一起，如图6.24所示。

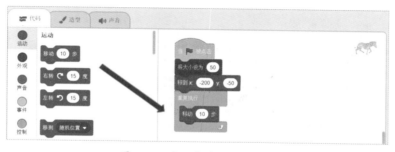

图 6.24　为斑马添加运动代码

单击指令区顶部的"造型"标签按钮，在打开的造型标签页，可以看到斑马也有多个造型，如图 6.25 所示。

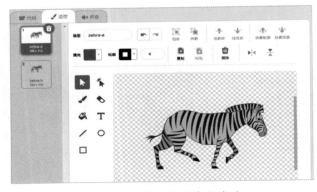

图 6.25　查看斑马的多个造型

⑧ 添加造型动画。为斑马添加"当绿旗被点击"、"重复执行"和"下一个造型"积木，并拼合好，如图 6.26 所示。

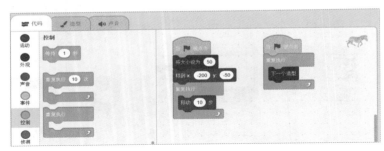

图 6.26　为斑马添加造型动画

⑨ 让长颈鹿开始运动。用同样的方法为"长颈鹿"编程，添加运动代码，如图 6.27 所示。

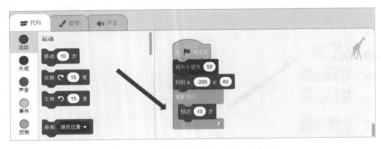

图 6.27　为长颈鹿添加运动代码

单击指令区顶部的"造型"标签按钮，在长颈鹿的造型标签页，观察长颈鹿的造型，可以看到长颈鹿也有不同的走路造型。

⑩ 为长颈鹿添加造型动画。用同样的方法为长颈鹿添加造型动画代码，如图6.28所示。

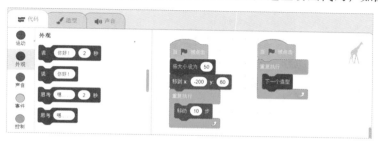

图 6.28　为长颈鹿添加造型动画

⑪ 运行程序。单击舞台区左上角的"小绿旗"按钮运行，可以看到，3位"运动员"整齐地从左边跑到右边，如图6.29所示。

3位运动员跑步的动作都非常标准，也很整齐。但是有以下两个问题。

- 运动员的速度都一样，大家分不出胜负。怎么改变它们的速度呢？

- 单击"小绿旗"按钮就开始运行，裁判的作用完全没有体现出来。那裁判怎样才能起到作用呢？

图 6.29　3位运动员跑步

6.4 多角色间的同步

6.4.1 改变运动速度

正常情况下，长颈鹿身高腿长，跑步的速度应该比小狗要快得多；而斑马一向以奔跑见长，速度应该比长颈鹿更快。

所以，这 3 位运动员跑动的速度应该是：斑马 > 长颈鹿 > 小狗。也就是说斑马最快、长颈鹿次之、小狗最慢。那如何调整它们跑步的速度呢？聪明的你有没有想出什么好办法？

"移动 10 步"积木中的"10"是可以修改的！数值越大移动的速度就越快。相反，数值小移动速度就慢了。

按照这个规则，让斑马的速度不变，仍然是"10"；长颈鹿跑得慢一点，修改它的速度为"5"，如图 6.30 所示。

同样，小狗跑得更慢，修改它的速度为"2"，如图 6.31 所示。

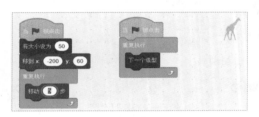

图 6.30　修改长颈鹿的跑步速度

图 6.31　修改小狗的跑步速度

单击舞台区左上角的"小绿旗"按钮运行，可以看出，这回 3 位运动员的跑步速度果然不一样了。斑马可谓一马当先，冲在最前面，长颈鹿紧随其后，小狗速度最慢，如图 6.32 所示。

6.4.2　体现裁判功能

裁判最重要的功能是数出"3、2、1"，让运动员们能做好准备，在同一时间出发。接下来，对"喵小咪"进行编程，让裁判能数出"3、2、1"。

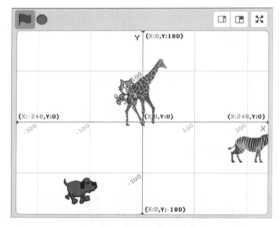

图 6.32　3 位运动员跑步

❶　选中喵小咪。在角色列表区选中"喵小咪"，对"喵小咪"进行编程，如图 6.33 所示。

❷　让喵小咪说话。从"外观"分类中拖动 3 块"说　你好　2 秒"积木到喵小咪的代码标签页，并与之前的积木拼合起来，如图 6.34 所示。

图 6.33 选中"喵小咪"

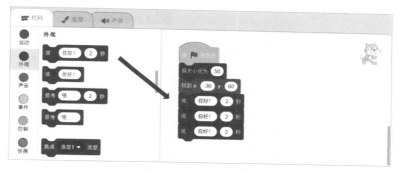

图 6.34 让喵小咪说话

❸ 开始数数。修改 3 块"说 你好 2 秒"积木中"说话"的内容分别为"3""2""1",并且将时间统一为 1 秒，如图 6.35 所示。

图 6.35 开始数数

❹ 试运行。单击舞台区左上角的"小绿旗"按钮运行程序，可以看出，喵小咪准确地数出"3、2、1"，如图 6.36 所示。

但是，从图 6.36 可以看出，运动员们并没有听喵小咪这个裁判的，喵小咪的"3、2、1"还没有数完，已经有运动员跑过终点线，这可怎么办呢？聪明的你有没有想到什么好办法？

在"跟蜻蜓交朋友"案例中，为了实现喵小咪和蜻蜓你一言我一语的对话，为了控制说话的节奏，使用了"等待 1 秒"积木。

同样，这里为了实现运动员和裁判之间的同步，可以使用"等待 1 秒"积木。

裁判数"3、2、1"需要 3 秒钟时间，在裁判数完以后，运动员们才能开始跑步。所以，每

图 6.36　喵小咪数数

个运动员的跑步程序在启动时，都需要先"等待 3 秒"，这样才能实现跟裁判的指令同步。下面逐一编程实现。

5　为"小狗"编程。在角色列表区选中"小狗"，在代码标签页添加"等待 1 秒"积木，并拼合在"重复执行"积木之前，如图 6.37 所示。

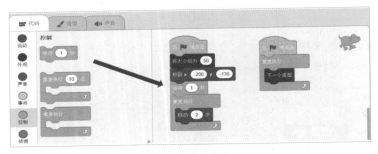

图 6.37　为"小狗"编程

裁判数出"3、2、1"需要 3 秒，为了跟裁判一致，小狗需要等待 3 秒！接下来，单击小狗代码标签页中的"等待 1 秒"积木，将"1"改为"3"，如图 6.38 所示。

单击舞台区左上角的"小绿旗"按钮运行，可以看到小狗没有抢跑，等到裁判数完"3、2、1"才开始跑，很守规则。

但是，小狗跑步时腿部运动的动画，还是在一单击"小绿旗"按钮就开始动了，显得很没有耐心，很着急，怎么办呢？聪明的你有没有什么高招呢？

跑步的动作，是由小狗的第二组积木控制的，图 6.38 中让第一组积木等待了 3 秒，但是第二组积木并没有等待。因此需要给第二组积木也添加一个"等待 1 秒"积木，并且同样修改为"等待 3 秒"，如图 6.39 所示。

图 6.38　第一组等待 3 秒

图 6.39　第二组也等待 3 秒

单击"小绿旗"按钮运行，可以看到，这次小狗跟裁判的节奏完全一致，不急不躁，符合预期。

6　为"长颈鹿"编程。用同样的方法，为长颈鹿添加两个"等待 1 秒"积木，并且修改为"等待 3 秒"，如图 6.40 所示。

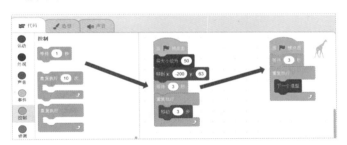

图 6.40　为长颈鹿添加等待积木

单击"小绿旗"按钮运行，可以看到长颈鹿也非常守规则了，跑得很好。

7　为"斑马"编程。用同样的方法，为斑马添加两个"等待 1 秒"积木，并且修改为"等待 3 秒"，如图 6.41 所示。

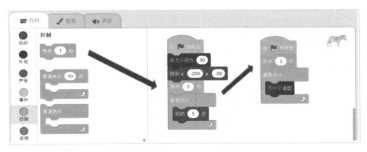

图 6.41　为斑马添加等待积木

将背景切换回"Savanna",单击"小绿旗"按钮运行,可以看到斑马也不急不躁,非常守规则,跑得很好。

6.5 来点喝彩声

比赛场上,只见裁判喵小咪数完"3、2、1",运动员们就开始争先恐后地奋力赛跑。

咦,好像还缺少点什么? 对呀,还缺少点喝彩声! 来,说干就干!

1 选中喵小咪。在角色列表区选中"喵小咪",为"喵小咪"编程。

2 添加声音。单击"指令区"顶部的"声音"标签按钮,进入声音标签页。将鼠标移动到声音标签页左下角的"添加声音"按钮上,在弹出的菜单中单击"选择一个声音"按钮,如图 6.42 所示。

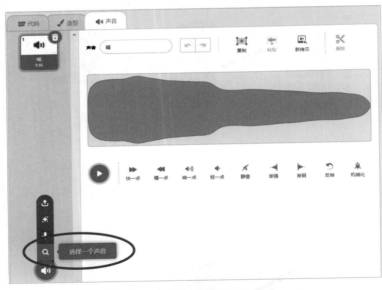

图 6.42　喵小咪的声音标签页

3 选择"人声"分类。单击声音标签页左下角的"选择一个声音"按钮,在弹出的"选择一个声音"界面单击"人声"分类按钮,如图 6.43 所示。

4 选中"Cheer"。找到"Cheer"声音图标,并单击。回到声音标签页,如图 6.44 所示。

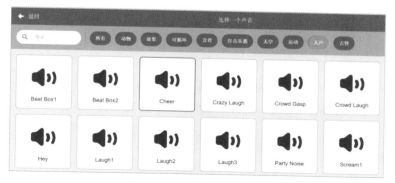

图 6.43　选择"人声"分类

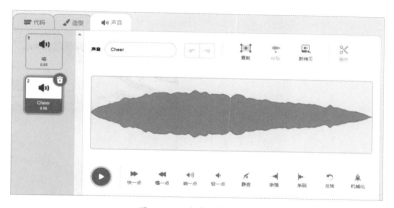

图 6.44　选中"Cheer"

⑤　播放声音。单击右上角的"代码"标签按钮，返回到代码标签页。在"声音"分类中找到"播放声音 喵 等待播完"积木，拖动到代码标签页，并拼合好，如图 6.45 所示。

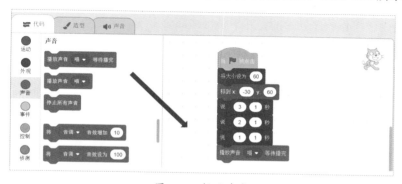

图 6.45　播放声音

单击舞台区左上角的"小绿旗"按钮运行，可以听到喵小咪在数完"3、2、1"后，会"喵"的叫一声。

为什么会是"喵喵"声呢？不是应该发出喝彩声吗？聪明的你知道原因是什么吗？

⑥ 播放"Cheer"。单击代码标签页中"播放声音 喵 等待播完"积木中的倒三角形按钮，在弹出的菜单中选择"Cheer"选项，切换成"播放声音 Cheer 等待播完"，如图 6.46 所示。

单击舞台区左上角的"小绿旗"按钮运行，可以听到喵小咪在数完"3、2、1"后，会发出喝彩声，效果非常好。

还有一个问题。在运行时，你可能会发现喵小咪有抢镜的情况，也就是裁判可能会挡在赛道上，如图 6.47 所示。

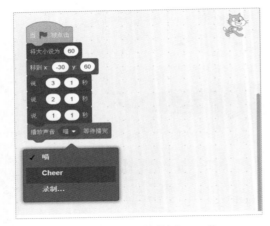

图 6.46　选择"Cheer"

图 6.47　裁判挡在了赛道上

注意观察喵小咪在图 6.47 中的位置，可以看到它跑到长颈鹿的上面来了，挡住了长颈鹿。

这种情况是由于操作顺序导致的，并不是每次都会出现。但是为了追求完美，防止出现类似情况，下面对喵小咪增加一些编程，确保稳定。

⑦ 选中喵小咪。在角色列表区选中"喵小咪"，为"喵小咪"编程。

⑧ 在指令区的"外观"分类中找到"移到最前面"积木，拖动到喵小咪的代码标签页，并拼合在"当绿旗被点击"积木下面，如图 6.48 所示。

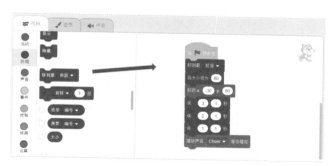

图 6.48　调整喵小咪的显示层级

⑨　移到最后面。单击代码标签页中积木中"前面"旁边的倒三角形按钮，选择"后面"
选项，如图 6.49 所示。

"移到最后面"积木的意思，就是让喵小咪每次运行时都移动到最后面，这样就不会挡住长颈
鹿跑步了，如图 6.50 所示。

图 6.49　移到最后面

图 6.50　将喵小咪调整到最后面

6.6　完整的程序

"激烈的赛跑"学习的重点是速度的变化和多角色间的同步。需要为 4 个角色编程。

对"喵小咪"进行编程，主要包括位置、大小、数数字和欢呼 4 个部分，完整的程序如图 6.51
所示。

对"小狗"进行编程,主要包括位置、大小、等待同步、跑步和动画,如图 6.52 所示。

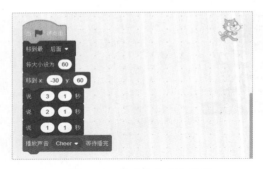

图 6.51 对"喵小咪"编程

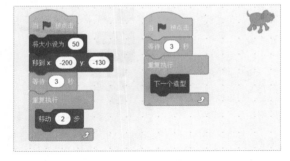

图 6.52 对"小狗"编程

对"长颈鹿"进行编程,主要包括位置、大小、等待同步、跑步和动画,如图 6.53 所示。

对"斑马"进行编程,主要包括位置、大小、等待同步、跑步和动画,如图 6.54 所示。

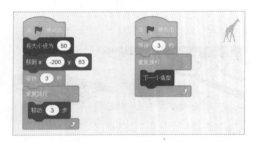

图 6.53 对"长颈鹿"编程

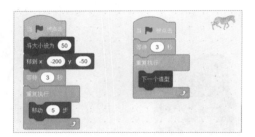

图 6.54 对"斑马"编程

第 7 章

编程就像拍电影

通过前面 6 个案例的学习和操作，聪明的你从对 Scratch 3.0 一无所知，到初步成为一个编程小高手，已经会自己编程 6 个小故事，非常了不起！

接下来，总结一下，看看编程这件事，有没有一些规律可言。

平常，大家都会去在电影院看电影，也会看各种有趣的动画。请你开动脑筋想一想，这些电影和动画是怎么来的？

是不是得先有一个脚本，也就是要先想好故事情节，然后再找场地来进行拍摄？对了，还需要找好演员，再让这些演员按故事情节开始表演，最后配上声音，对不对？

再仔细想想，这个过程，是不是跟"编程"一模一样。先想好喵小咪看到的故事情节，再找到合适的背景和对应的角色，然后编程让这些角色表演动作，最后配上声音。

是的！编程就像拍电影，聪明的你就是导演！编程的过程，就是导演组织和安排整个电影拍摄的过程。

简要概括一下，可以把编程分为素材准备和编程串联两个步骤。

7.1　素材准备

Scratch 编程中的素材包括脚本（也就是故事情节）、角色（也就是演员）、背景（也就是场地）、声音（也就是配音）。下面分 4 个部分来介绍在 Scratch 3.0 中如何准备这些素材。

7.1.1　脚本准备

所谓的电影脚本，就是故事情节。可以来自一个寓言故事，比如《狼和小羊》《小蝌蚪找妈妈》等；也可以来自一个生活场景，比如妈妈的生日、玩具聚会等；还可以来自一个游戏，比如《吃豆人》《飞机大战》等；甚至可以是一个学科问题，比如五大洲拼图、100 以内的质数等。

脚本来源可谓是非常丰富，只要想得到，就没有做不到。但是对于初学入门阶段，脚本宜尽量简洁，角色关系不宜太复杂。

准备脚本的方法，通常是一段文字描述或图表描述。比如本书中每一个案例的开头，都会交代喵小咪的所见所感，就是在进行脚本准备。

7.1.2 角色准备

好的脚本应该有好的角色来实现。有了合适的角色，才能有效地展现故事情节。对于角色的来源，一般有以下 3 个途径。

1 从角色库中选择。Scratch 3.0 内置了 328 个角色，共分为 9 个分类。其中动物类 69 个、人物类 53 个、奇幻类 37 个、舞蹈类 9 个、音乐类 18 个、运动类 21 个、食物类 23 个、时尚类 14 个、字母 78 个（分类不唯一），如图 7.1 所示。

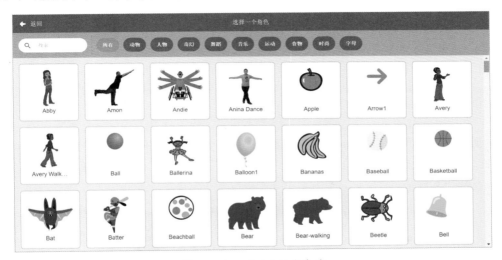

图 7.1　Scratch 3.0 的角色库

角色库中的 328 个角色，基本上包括了日常生活中的大多数情况，而且相当数量的角色有各种各样的造型动画，方便用户的使用。

2 上传角色。当角色库中没有适合的角色时，可以从自己的电脑中上传准备好的角色，正如"看飞行表演"案例中的飞机一样，单击"添加角色"按钮，在弹出的菜单中选择"上传角色"选项，然后从本机中选择合适的文件上传即可，如图 7.2 所示。

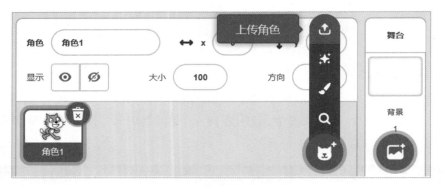

图 7.2　上传角色

注意：Scratch 3.0 仅支持 svg、png、jpg、jpeg、sprite2 和 sprite3 格式的角色文件。

❸　绘制自己的角色。Scratch 3.0 自带绘图功能，当角色库中没有适合的角色时，可以利用绘图功能，自己来绘制合适的角色。单击"添加角色"按钮，在弹出的菜单中单击"绘制"按钮即可，如图 7.3 所示。

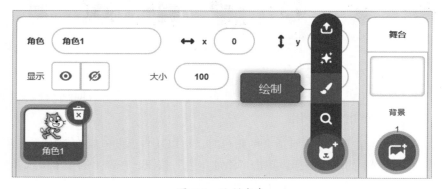

图 7.3　绘制角色

Scratch 3.0 软件中有自带的角色绘图编辑器，并会显示在造型标签页中，如图 7.4 所示。

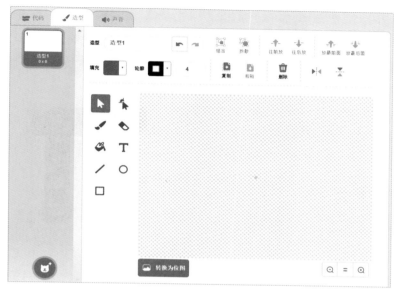

图 7.4 Scratch 3.0 角色绘图编辑器

7.1.3 背景准备

背景就是故事情节展开的场景，角色需要放到适当的场景中，才能丰满地展现故事情节。跟角色的来源相似，背景的来源主要也有 3 个途径。

1 从背景库中选择。Scratch 3.0 内置了 85 个背景，分为 8 个分类。其中奇幻类 6 个、音乐类 4 个、运动类 8 个、户外类 45 个、室内类 12 个、太空类 9 个、水下类 2 个、图案类 5 个（分类不唯一），如图 7.5 所示。

图 7.5 Scratch 3.0 的背景库

背景库中自带的85个背景图，涵盖了常用的大部分场景，创建项目时可以自由选择合适的背景。

❷ 上传背景。当背景库中没有适合的背景时，可以从自己的电脑上传背景，将鼠标移动到"添加背景"按钮上，在弹出的菜单中单击"上传背景"按钮，从本机中选择文件上传即可，如图7.6所示。

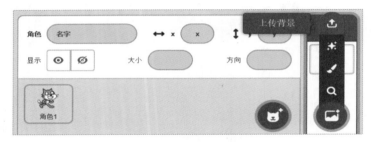

图 7.6　上传背景

> 注意：Scratch 3.0 舞台区大小为 480×360 像素，所以上传的背景图片最好尺寸为 480×360 或者比例为 4:3，否则会出现不能铺满舞台区的问题。
>
> 同时，Scratch 3.0 仅支持 svg、png、jpg、jpeg 格式的背景文件。

❸ 自己绘制背景。Scratch 3.0 提供了自己绘制背景的绘图功能，对于一些特殊的背景，单击"添加背景"按钮，在弹出菜单中单击"绘制"按钮，即可以自己绘制背景，如图7.7所示。

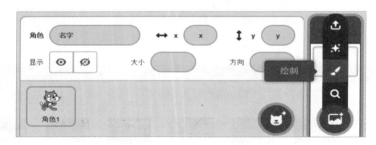

图 7.7　自己绘制背景

Scratch 3.0 自带的背景绘图编辑器与角色绘图编辑器在功能上基本一致，在背景标签页中显示，如图7.8所示。

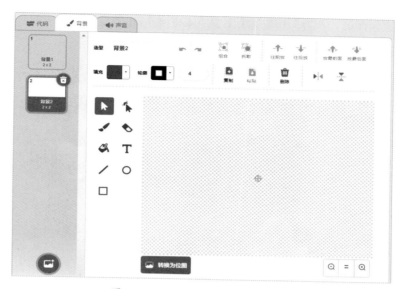

图 7.8　Scratch 3.0 背景绘图编辑器

7.1.4　声音准备

适当的声音，往往能增强编程作品的氛围、增加编程作品的意境。声音素材的来源也主要有 3 个途径。

❶ 从声音库中选择。Scratch 3.0 的声音是绑定在角色或者背景上的，选择的声音只能供特定的角色或背景使用。因此，只有先选中了角色或背景才能选择声音。

以喵小咪为例，必须先在角色列表区中选中"喵小咪"，如图 7.9 所示。

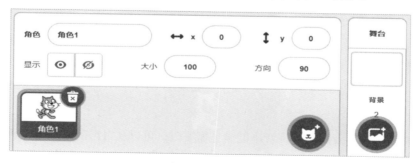

图 7.9　选中角色

再单击指令区顶部的"声音"标签按钮，才可以看到喵小咪这个角色所拥有的声音。默认情况下 Scratch 3.0 为喵小咪添加了一个名叫"喵"的声音，如图 7.10 所示。

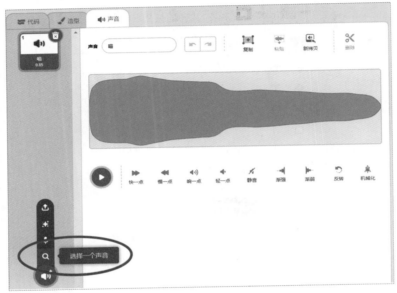

图 7.10　角色所拥有的声音

> 注意：声音标签页中紫色的部分是当前声音的波形图，单击波形图下方的蓝色三角形按钮，可以播放声音。蓝色三角形按钮右侧提供了 7 个对声音进行编程的功能按钮，分别是"快一点"、"慢一点"、"回声"、"响一点"、"轻一点"、"渐强"、"减弱"、"反转"和"机械化"。

将鼠标移动到"添加声音"按钮，单击"选择一个声音"按钮，可以从声音库中选择声音。Scratch 3.0 内置了 354 个声音，分为 9 个分类。其中动物类 26 个、效果类 93 个、可循环类 55 个、音符类 74 个、打击乐器类 33 个、太空类 13 个、太空类 10 个、人声类 20 个、古怪类 24 个（分类不唯一），如图 7.11 所示。

❷　上传声音。当声音库中的声音不能满足需要时，可以从自己的电脑上传声音，将鼠标移动到声音标签页左下角的"添加声音"按钮，在弹出的菜单中单击"上传声音"按钮即可从本机选择上传，如图 7.12 所示。

图 7.11 Scratch 3.0 的声音库

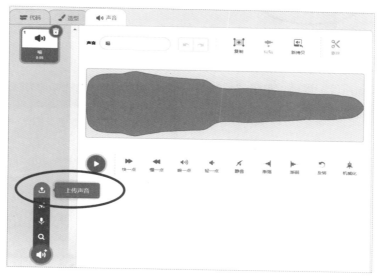

图 7.12 上传声音

注意：Scratch 3.0 仅支持 mp3 和 wav 格式的声音文件。

❸ 自己录制声音。Scratch 3.0 支持自己录制声音作为角色的配音或背景声音。在声音标签页，将鼠标移动到"添加声音"按钮，在弹出的菜单中单击"录制"按钮即可，如图 7.13 所示。

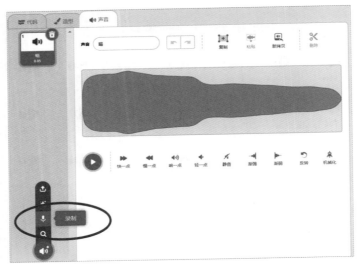

图 7.13　自己录制声音

在弹出的"录制声音"界面，单击"录制"按钮即可开始录制自己的声音，如图 7.14 所示。

> 注意：录制时需要打开电脑的麦克风。当麦克风工作正常时，左侧的声音条会自动侦测声音的高低，绿色区域为正常音高、黄色区域表示声音稍高、红色区域表示声音过高。

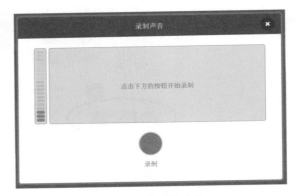

图 7.14　检测麦克风

录制完毕后，单击"停止录制"按钮即可停止录音，如图 7.15 所示。

"停止录音"后进入试听和编辑界面，如图 7.16 所示。

单击"播放"按钮可以试听刚刚录制的声音。如果不满意，可以单击"重新录制"按钮再录制一遍；如果满意，单击"保存"按钮就可以保存使用了。

在声音波形图的两侧有两个橙色的滑动条，左侧的表示声音开始，右侧的表示声音结束，用鼠标单击滑动条可以拖动声音开始和结束的位置，对刚刚录制的声音做初步编辑，如图 7.17 所示。

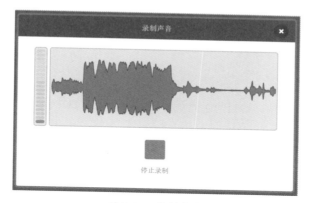

图 7.15　录制声音

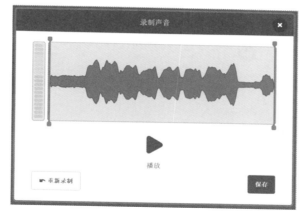

图 7.16　试听录音

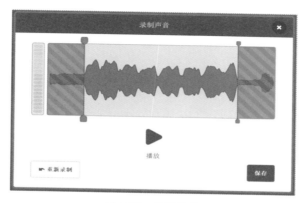

图 7.17　编辑录音

注意：这时单击"播放"按钮，只播放从开始滑动条到结束滑动条之间的声音，两头会自动滤掉。

单击"保存"按钮，保存好的当前录音就可以在角色或背景中使用了，如图 7.18 所示。

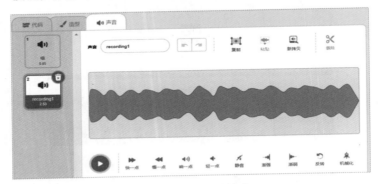

图 7.18　成功添加声音

注意：对于自己录制的声音，可以在声音标签页单击蓝色三角形按钮试听及进行其他的编辑。

7.2　编程串联

准备好了"脚本"、"角色"、"背景"和"声音"这四大素材，接下来就是用编程把它们串联起来，完成整个作品了。

编程串联的过程有以下几个注意事项。

7.2.1 面向对象

Scratch 3.0 支持面向对象的编程思想，即所有的程序都跟角色或背景相绑定。因此在编程之前，需要确认已经在角色列表区选中了正确的角色（所谓选中，就是角色图标被蓝色包围），如图 7.19 所示。

图 7.19 选中角色

在角色列表区，如果选中的是背景，就可以对背景进行编程，如图 7.20 所示。

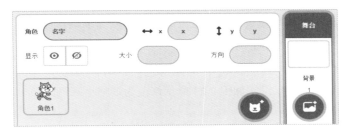

图 7.20 选中"背景"

注意：对背景进行编程，通常用来处理一些公共事件，如背景音乐的播放、消息处理、游戏主循环等，后面的章节会用到。

7.2.2 支持多线程

指令区中"事件"分类里的多数积木都是程序运行的起始点，包括"当绿旗被点击""当按下空格键""当舞台被点击""当背景换成背景 1""当响度 >10""当接收到消息 1"，如图 7.21 所示。

Scratch 3.0 支持多线程，也就是说同一个角色或者背景支持多个程序起始点。例如，同一个角色，可以有多个"当绿旗被点击"引导的程序块，当舞台区的"小绿旗"按钮被

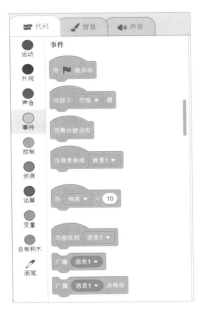

图 7.21 事件分类中的积木

119

单击时，会同时启动并执行这几个程序块。在"激烈的
赛跑"中对"小狗"的编程，就是两组"当绿旗被点
击"同时执行，一组负责位置移动、另一组负责造型动
画，如图 7.22 所示。

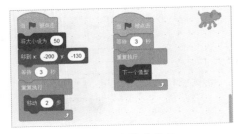

图 7.22　支持多线程

7.2.3　正确命名

正确命名在编程中非常重要。在 Scratch 3.0 中会涉
及到"角色命名""背景命名""声音命名""变量命名""消息命名"等。随着编程的复杂度增加，
在乐趣增加的同时，积木的使用量也会越来越多，如何清晰、准确地命名程序中用到的素材和变
量，对于程序的稳定性和可读性都非常重要。

❶　角色的命名。在角色列表区选中具体角色后，可以修改角色名称，以喵小咪为例，
Scratch 3.0 默认的名称为"角色 1"，如图 7.23 所示修改为"喵小咪"。

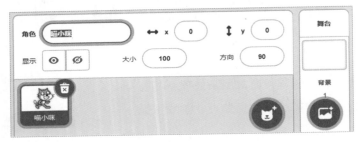

图 7.23　修改角色名称

❷　背景的命名。在角色列表区选中"背景"后，可以在背景标签页的"造型"输入框中修
改背景的名称，如图 7.24 所示。

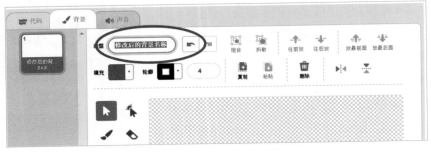

图 7.24　修改背景名称

❸ 声音的命名。在声音标签页中单击"声音"后面的输入框，可以修改声音名称，如图 7.25 所示。

图 7.25 修改声音名称

"变量命名""消息命名"等其他的命名，在后面的章节使用到时再具体介绍。关键点就是命名要清晰、准确，尽量简洁。

7.2.4 扩展分类

Scratch 3.0 的指令区除了常用的"运动""外观""声音""事件""控制""侦测""运算""变量""自制积木"9 个分类之外。还可以添加扩展分类，扩展分类中有更多的积木可用。

图 7.26 "添加扩展"按钮

在指令区的左下角单击"添加扩展"按钮，如图 7.26 所示。

在弹出的"选择一个扩展"界面，可以添加"音乐""画笔""视频侦测""文字朗读""翻译""Makey Makey""micro:bit""LEGO MINDSTORMS EV3""LEGO Education WeDo 2.0"等分类，如图 7.27 所示。

注意：扩展分类添加到指令区以后，只在当前 Scratch 3.0 窗口有效，关闭 Scratch 3.0 窗口重新打开时，需要再次添加。

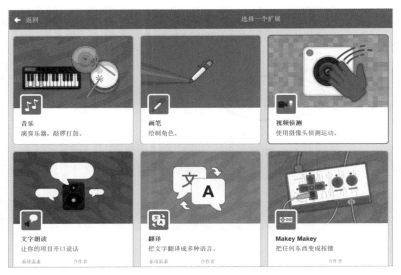

图 7.27　选择一个扩展

7.3　当好小·导演

用 Scratch 3.0 编程，就像导演拍电影，准备好各式各样的素材、再用程序串联起来，电影就拍好了！

每一个学习 Scratch 3.0 的编程入门者，都是一个"小导演"。从原来只是"看别人拍好的电影"（用别人编好的软件、玩别人做好的游戏），到"自己拍电影"（自己编写软件、自己制作游戏），是一个非常神奇的过程。

经过前面章节的学习，聪明的你已经会自己动手编程 6 个案例了，已经初步具备小高手的编程能力，祝贺你！

接下来，请你继续当好"小导演"，继续跟着喵小咪一起去历险吧！

第8章

飞船发射

一朵朵礼花在空中绽放，吸引了喵小咪的注意。四周的小动物也叽叽喳喳地讨论："……好像是飞船要发射了……"

"什么？要发射飞船了？这可是难得一见的大事情，我还没有看过飞船发射呢！"喵小咪紧随着小动物们，向礼花绽放的方向走去。在一片沙地上，果然有高大的飞船正耸立着，蓄势待发。航天员正在跟大家互动，介绍飞船各种有趣的知识。喵小咪也听得入了迷。

"现场的朋友们，你们谁有发令的经验，欢迎踊跃报名，成为我们今天飞船发射的指挥员。"

"我——"，喵小咪听闻立即举手回答。

航天员看到人群中的喵小咪，高声说道："好，有请这位成为我们今天的指挥员！"

8.1 游戏流程分析

指挥员喵小咪就位，航天员已经入舱，飞船马上就要发射了！要在 Scratch 3.0 中复现这个场景，需要有 3 个角色：飞船、指挥员喵小咪、观众。

由指挥员喵小咪发口令："3、2、1，发射！"当数完 1 以后飞船开始发射，由下而上腾空而起。喵小咪和观众则爆发出欢呼和掌声、同时开始载歌载舞，进行庆贺。

有了基本的故事情节，接下来像导演拍电影一样，来分别准备背景、角色、声音，用编程将它们串联起来，实现故事情节吧。

❶ 新建一个项目，导入背景。飞船发射是在一块开阔的沙地上进行。在 Scratch 3.0 的"角色列表区"右下角，单击"选择一个背景"按钮，在背景库中选择"Desert"选项，导入背景如图 8.1 所示。

❷ 导入主角"宇宙飞船"。在角色列表区，单击"选择一个角色"按钮，在角色库中选择"Rocketship"选项，导入后舞台区如图 8.2 所示。

图 8.1　导入"Desert"背景

❸ 导入群众，观看飞船的发射。在角色列表区单击"选择一个角色"按钮，在角色库的"人物"分类中选择"Ballerina"选项（角色库是按照角色名称的首字母 A、B、C 等排序的，拖动窗

口滚动条到 R 开头的角色区域, 比较容易找到 "Rocketship"), 导入后舞台区如图 8.3 所示。

图 8.2 导入 "Rocketship" 角色

图 8.3 导入 "Ballerina" 角色

④ 调整角色的位置。将 3 个角色都拖动到舞台区的下部, 看起来更像是在地面上。其中飞船处于中间, 指挥员在左, 群众在右, 如图 8.4 所示。

图 8.4 调整角色的位置

5 修改角色名称。在角色列表区中，分别单击每一个角色，修改"角色"输入框的内容，将它们分别命名为"喵小咪"、"飞船"和"观众"，如图8.5所示。

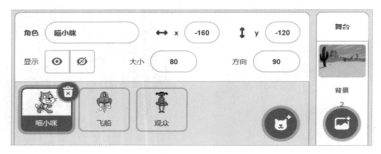

图8.5 修改角色名称

8.2 飞船升空

准备好了背景和角色，接下来编程实现这个案例的核心功能——让飞船升空。前面案例中的角色，都是从左向右运动，使用的积木是"运动"分类中的"移动10步"。而"移动10步"积木在默认情况下，只能从左向右运动，这样就极大地限制了角色的表现力。

要实现飞船"从下向上"的起飞运动，需要先复习一下前面学到的"直角坐标系"。

移动鼠标到角色列表区右下角的"添加背景"按钮，在弹出的菜单中单击"选择一个背景"按钮，从背景库中选择"Xy-grid"选项，如图8.6所示。

在"Xy-grid"所显示的直角坐标系中，可以看到黄色的横轴（即x轴）从左到右越来越大，即从x=-240直到x=240；而蓝色的纵轴（即y轴）从下到上越来越大，即从y=-180到y=180。

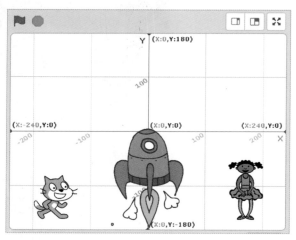

图8.6 选择直角坐标背景

为了弄清楚飞船向上飞行的奥秘，接下来先来做一个"飞行小试验"。

❶ 设置第一个位置。从指令区的"运动"分类下，找到"移动到 x: y:"积木，拖动到飞船的代码标签页，并修改坐标为 (x=0,y=-80)。

单击"小绿旗"按钮运行，可以看到飞船此时位于舞台区的底部，如图 8.7 所示。

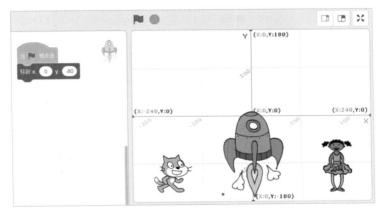

图 8.7　飞船的第一个位置

❷ 设置第二个位置。在指令区的"控制"分类中，找到"等待 1 秒"积木，拖动到飞船的代码标签页；再从"运动"分类中，拖动"移动到 x: y:"积木，拼合好，并修改坐标为 (x=0,y=0)。

单击"小绿旗"按钮运行，可以看到飞船等待 1 秒后上升到舞台区的中央，如图 8.8 所示。

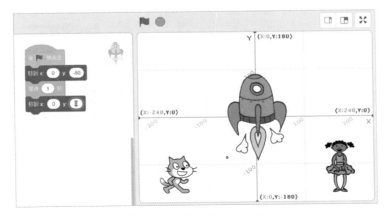

图 8.8　飞船的第二个位置

3 设置第 3 个位置。重复上一步，再拖动一个"等待 1 秒"和一个"移动到 x: y:"积木，拼合好，并修改坐标为 (x=0,y=80)。

单击"小绿旗"按钮运行，可以看到飞船再等待 1 秒后继续上升到舞台区的顶部，如图 8.9 所示。

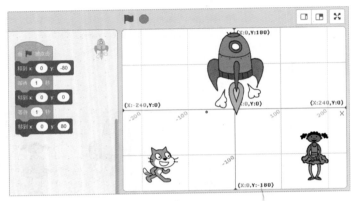

图 8.9 飞船的第三个位置

通过这个小实验，聪明的你可以发现：要实现飞船从下向上运动，只需要让 y 变大即可，而 x 不需要变化，当 y 越来越大时，飞船越升越高。

当把飞船的位置设置为 (x=0,y=−80) 时，飞船处于舞台区的底部；增加 y 的值，当 y 增加到 0，也就是 (x=0,y=0) 时，可以感觉到飞船在直线上升；当增加 y 的值到 80，也就是 (x=0,y=80) 时，飞船升得更高。

既然向上升时 x 值都是 0，且不用变化！那么，就可以引入一个"只会修改 y 值"的新积木，单击"指令区"的"运动"分类按钮，可以找到"将 y 坐标增加 10"积木，如图 8.10 所示。

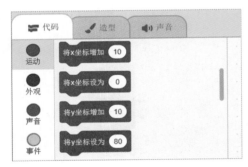

图 8.10 "将 y 坐标增加 10"积木

4 修改飞船的程序。将后两个"移动到 x: y:"积木替换为"将 y 坐标增加 10"。如图 8.11 所示。

单击"小绿旗"按钮运行，可以看到飞船同样可以缓缓地上升。这个"替换"成功验证了"将 y 坐标增加 10"积木的确可以控制飞船向上运行。

但是，飞船向上运动的速度太慢，如何才能让飞船更快地一直向上升呢，聪明的你有没有想出更好的办法？

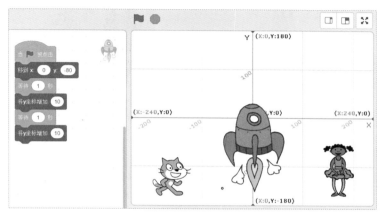

图 8.11 应用"将 y 坐标增加 10"积木

5 重复执行。拖取指令区中"控制"分类中的"重复执行"积木，来多次执行"将 y 坐标增加 10"积木。

单击"小绿旗"按钮运行，也可以看到飞船从舞台区的底部开始，执行向上升，如图 8.12 所示。

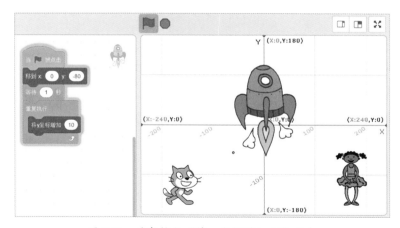

图 8.12 重复执行"将 y 坐标增加 10"积木

配合使用"重复执行"和"将 y 坐标增加 10"积木，不用再去写很多的 y 值，就可以让飞船持续地向上飞行。

接下来单击角色列表区的"背景",在背景标签页选择"Desert"背景,把背景切换回"Desert",准备给其他角色编程,如图 8.13 所示。

8.3 喵小咪发指令

完成了飞船上升,接下来为指挥员喵小咪编程,让喵小咪能发出指令,指挥飞船发射。

图 8.13 切回"Desert"背景

❶ 选中喵小咪。在角色列表区选中"喵小咪",准备对"喵小咪"编程,如图 8.14 所示。

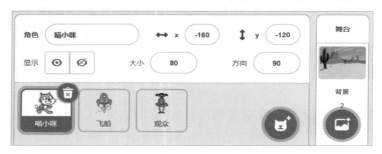

图 8.14 选中"喵小咪"

❷ 初始化大小。由于喵小咪在舞台区所占尺寸比较大,需要调整一下喵小咪的大小,以适合舞台区的显示效果。在指令区单击"外观"分类按钮,找到"将大小设为 100"积木,拖动到代码标签页,并且将"100"修改为"80",如图 8.15 所示。

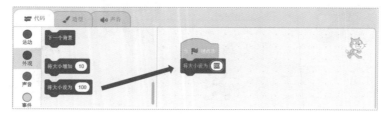

图 8.15 初始化喵小咪的大小

"将大小设为 80"积木会把喵小咪的大小设置为默认尺寸的 80%。

❸ 初始化位置。在指令区单击"运动"分类按导,找到"移动到 x: y:"积木,拖动到代码

标签页，并且将 x 和 y 两个数字调整为整十数，如 x=-160，y=-120，如图 8.16 所示。

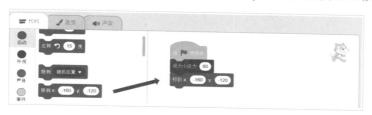

图 8.16　初始化喵小咪的位置

❹　开始倒计时。在指令区单击"外观"分类按钮，找到"说 你好！2 秒"积木，拖动 5 个到代码标签页，并依次修改说的内容和时长为"说 倒计时开始！1 秒""说 3 1 秒""说 2 1 秒""说 1 1 秒""说 发射！1 秒"，如图 8.17 所示。

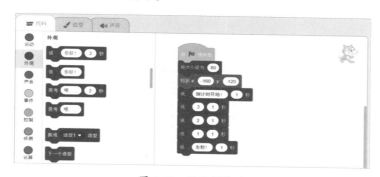

图 8.17　开始倒计时

❺　试运行。单击"舞台区"左上角的"小绿旗"按钮运行程序，效果如图 8.18 所示。

通过试运行可以看到，喵小咪能顺利地指挥发令倒计时，但是飞船似乎并没有听喵小咪的口令，而是自顾自地往上跑。这可怎么办呢？

其实这个问题跟第 6 章"激烈的赛跑"案例一样。在"激烈的赛跑"案例中，喵小咪这个裁判一开始也没有得到运动员们的重视，总有运动员抢跑，后来是怎么调整的呢？聪明的你有没有想出好办法？

对了，是使用"等待 1 秒"积木进行"同步"。

图 8.18　试运行

131

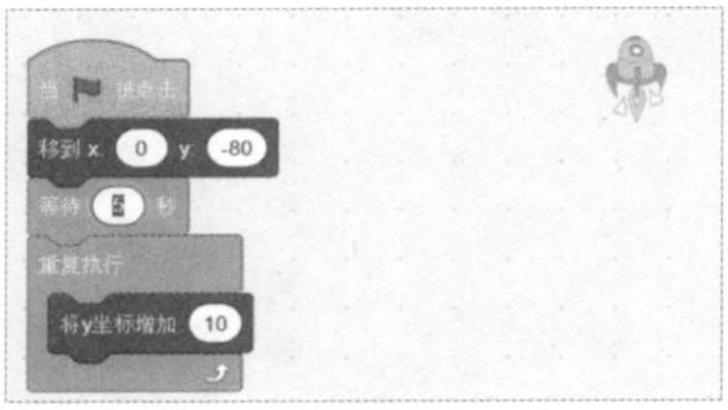

图 8.19 等待 5 秒

❻ 角色间的同步。喵小咪一共说了 5 句话，共花费了 5秒钟。修改“飞船”程序中的“等待1秒”为“等待5秒”，如图 8.19 所示。

❼ 试运行。单击舞台区左上角的“小绿旗”按钮运行程序，可以看到这次喵小咪和飞船配合得非常好：喵小咪发指令时，飞船一直在等待，等到喵小咪说完“发射！”后，飞船才开始升空。

8.4 更准确的同步

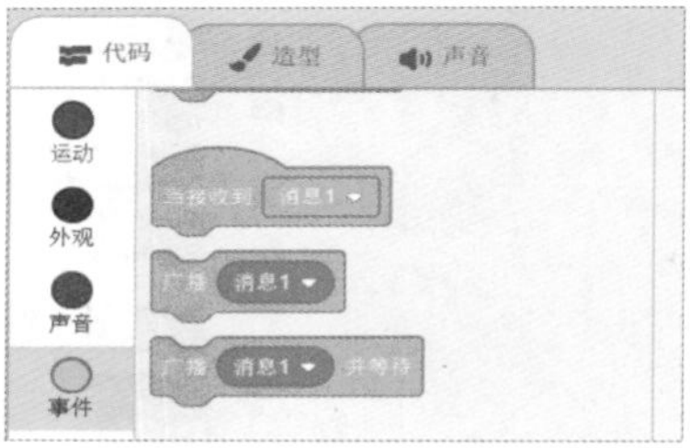

图 8.20 广播系列积木

使用“等待 1 秒”积木，通过修改等待的时长，可以让喵小咪和飞船之间做到同步。但是，编程时需要计算喵小咪发指令的时长，以便确定需要等待几秒。那么，有没有更简便、更准确的方法能实现不同角色之间的同步呢?

考察一下指令区的“事件”分类，可以找到“广播 消息 1”和“当接收到 消息 1”积木，如图 8.20 所示。

这组积木被称为“广播”系列积木，就像学校里的“广播站”一样，通过发送“广播”来通知消息。

任何一个角色都可以使用“广播 消息 1”积木发出一个名为“消息 1”的广播。这个“消息 1”一旦发出，编程中的所有角色和背景都可以收到这个消息，并且使用“当接收到 消息 1”积木做出响应。就像同学们可以通过学校的“广播站”广播一条“寻物启事”一样，全校的师生都能收到这则消息，同时，也都可以做出响应。广播系列积木具体功能如表 8.1 所示。

表 8.1 广播系列积木的功能

编号	积木	作用
1	广播 消息 1	发出“消息 1”，继续进行后续的操作
2	当接收到 消息 1	项目中的任何角色或背景在接收到“消息 1”时都可以做出响应
3	广播 消息 1 并等待	发出“消息 1”，等待

了解了"广播"系列积木，接下来，使用"广播 消息1"积木来改造喵小咪和飞船之间的同步关系。

❶ 发出广播。选中喵小咪，拖取"事件"分类的"广播 消息1"积木到喵小咪的代码标签页，拼合到最后一句话后面，如图 8.21 所示。

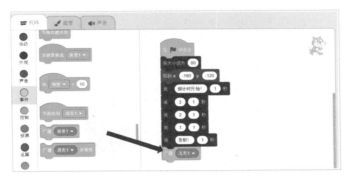

图 8.21　发出广播

让我们来阅读一下这段代码："当绿旗被点击"时，先初始化喵小咪的大小和位置，再开始倒计时发指令。在喵小咪说完最后一句话"发射！"以后，会发出一个广播，广播的内容是"消息1"。

❷ 接收广播。选中飞船，拖取"事件"分类的"当接收到 消息1"积木到飞船的代码标签页，为飞船添加接收广播的功能，如图 8.22 所示。

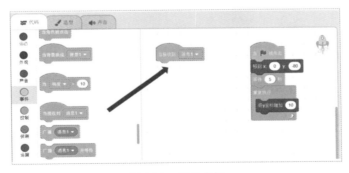

图 8.22　接收广播

观察上图可以发现，"当接收到 消息1"积木是一个圆顶"戴帽子"的"事件"积木，并不能拼合到其他积木的下面，只能作为"事件开始"使用。那么，"当接收到 消息1"时需要做什么操作呢？聪明的你想一想。

没错，"消息1"是在数完倒计时以后发出的，那么当接收到消息1时，飞船就应该马上起飞了！

❸ 调整程序。将飞行相关的程序整体拖曳到"当接收到 消息1"积木下面，如图8.23所示。

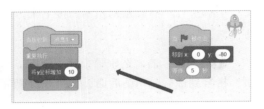

图 8.23　调整程序

这样调整以后，"当绿旗被点击"时会初始化飞船的位置，然后"等待5秒"，但是只要"当接收到 消息1"，飞船马上"重复执行"向上升。

❹ 试运行。单击舞台区左上角的"小绿旗"按钮运行程序，可以看到，"广播 消息1"积木工作良好，在喵小咪说完"发射！"以后，飞船马上就升空了，如图8.24所示。

图 8.24　广播消息

有了"广播"系列积木，"等待5秒"积木就没有什么作用了。接下来删除"等待5秒"积木。

❺ 删除等待。拖动"等待5秒"放到指令区的任何一个地方，就可以删除该积木，如图8.25所示。

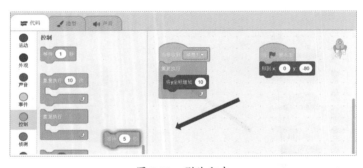

图 8.25　删除积木

注意：要删除代码标签页中的积木，只要将这个积木拖曳到指令区的任何一个地方即可。

8.5 观众开始欢呼

飞船顺利升空，观众非常高兴，开始鼓掌欢呼、载歌载舞。接下来，编程实现观众的效果。

❶ 选中观众。在角色列表区选中"观众"，开始对观众进行设置和编程，如图 8.26 所示。

图 8.26　选中"观众"

❷ 添加声音。单击指令区顶部的"声音"标签按钮，为观众添加一个声音。选择"人声"
分类中的"Cheer"声音，如图 8.27 所示。

图 8.27　添加"Cheer"声音

注意：单击上图中的蓝色三角形按钮可以试听这段声音；如果有兴趣，聪明的你也可以参考第 7.1.4 节中的方法自己录制一段声音。

欢呼的声音已经添加好了，接下来的问题是：在什么时候播放这段声音呢？

"当绿旗被点击"时播放肯定是不合适的，因为喵小咪还没有数完倒计时、飞船也还没有升空。因此，应该在飞船升空以后，"马上播放"这段鼓掌欢呼。但是，怎么能编程做到"马上"呢？聪明的你有没有想到什么好办法？

❸ 播放声音。单击指令区顶部的"代码"标签按钮返回观众的代码标签页。从"指令区"的"事件"分类中，拖出"当接收到 消息1"积木，再从"声音"分类中拖出"播放声音 pop 等待播完"积木，并拼合好。同时，修改声音"pop"为"Cheer"，如图 8.28 所示。

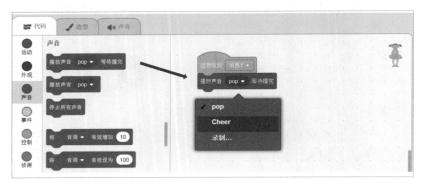

图 8.28　播放声音

原来，当喵小咪发出"广播 消息1"以后，不仅是飞船可以接收到"消息1"，这个项目中所有的参与者都可以接收到"消息1"，观众当然也是可以收到的。

所以，给观众编程时，使用"当接收到 消息1"积木，就可以很好地实现"马上播放"，做到跟其他角色之间的同步。

❹ 试运行。单击舞台区左上角的"小绿旗"按钮运行程序，可以看到当喵小咪倒计时结束时，飞船开始升空，同时，观众中爆发出欢呼声。

观察舞台区的运行效果也可以看到，这里观众只发出了声音，并没有做出任何的动作。接下来考查一下观众角色，看看能不能给观众增加一些动作？

❺ 单击指令区顶部的"造型"标签按钮，进入观众的造型标签页，如图 8.29 所示。

在图 8.29 中可以看到观众有 4 个造型，并且每个造型都是不同的舞蹈动作，非常适合"欢呼"时使用。

单击指令区顶部的"代码"标签按钮，返回观众的代码标签页。

图 8.29　观众的造型

6　为观众增加动作。从指令区的"事件"分类中，拖取"当接收到 消息 1"积木，再从"外观"分类中拖取"下一个造型"积木、从"控制"分类中拖取"重复执行"和"等待 1 秒"积木到观众的代码标签页，修改"等待 1 秒"为"等待 0.3 秒"并拼合好，如图 8.30 所示。

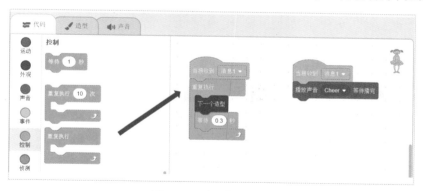

图 8.30　增加舞蹈动作

在同一个角色中，"当接收到 消息 1"积木引导的程序块可以支持多个。当"喵小咪"发出"消息 1"时，观众代码中的两组"当接收到 消息 1"积木都会被触发、执行，同时播放声音和展示舞姿。

7 运行程序。单击舞台区左上角的"小绿旗"按钮运行，可以看到喵小咪倒计时一结束，飞船马上就升空，同时观众开始欢呼和舞蹈，如图 8.31 所示。

到此，"飞船发射"的 1.0 版本（基础版本）就编程完成了。指挥员喵小咪发出倒计时、飞船收到消息指令后顺利升空、观众兴高采烈，各个角色之间衔接得非常好。

图 8:31　多个角色间的同步

8.6　进阶探索：造型的灵活使用

为了把飞船上升的动作做得更逼真、更生动，接下来提高难度，做一个 2.0 版本（提高版本）。首先考察一下"飞船"角色的造型。

1 选中飞船。在角色列表区选中"飞船"。

2 查看造型。单击指令区顶部的"造型"标签按钮，查看飞船的造型，如图 8.32 所示。

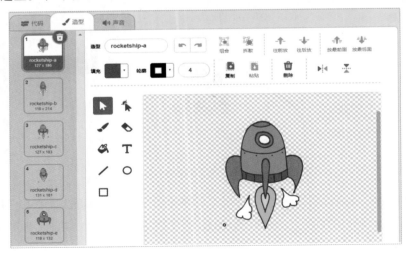

图 8.32　飞船的造型

可以看到，飞船一共有 5 个造型。单击左侧的图标，在右侧可以看到造型的大图。这 5 个造型分别代表了飞船在不同飞行阶段的状态，如表 8.2 所示。

表 8.2 "飞船"不同造型的动作

造型	动作说明	造型名称	调整名称
	火焰中 支架张开 体积较小	1. rocketship-a	1
	火焰小 支架收拢 体积较小	2. rocketship-b	4
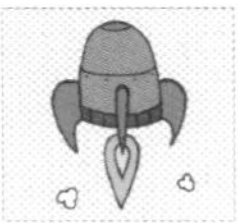	火焰中 支架张开 体积较小	3. rocketship-c	2
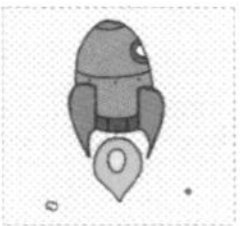	火焰大 支架收拢 体积较小	4. rocketship-d	3
	无火焰 支架张开 体积较大	5. rocketship-e	准备

仔细观察这 5 个造型，可以看出来，飞船在火焰的样式、支架张开的状态、飞船体积大小等方面都有所不同。很显然，"5. rocketship-e"表示的是飞船还没有起飞的状态，即无火焰、支架张开、体积较大；而"1. rocketship-a"和"3. rocketship-c"表示的是飞船即将起飞的状态，即火焰中等、支架仍然张开、体积由于升高到空中而缩小；"4. rocketship-d"和"2. rocketship-b"表示的是飞船越飞越高的状态，即火焰变小、支架收拢、体积较小。

因此，根据上面的分析，我们来调整一下各个造型的名称和位置。

❸ 修改造型名称。选择编号为"5"的造型，单击"造型"右边的输入框，将造型名称由"rocketship-e"修改为"准备"，如图 8.33 所示。

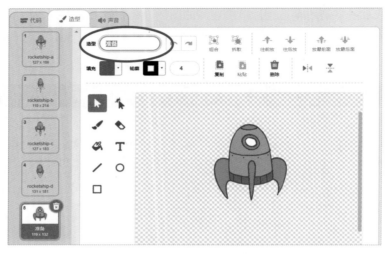

图 8.33 "准备"造型

④ 调整造型编号。"准备"造型是飞船的最开始状态，用鼠标拖动"准备"造型到第 1 个位置，将"准备"造型的编号调整为 1，如图 8.34 所示。

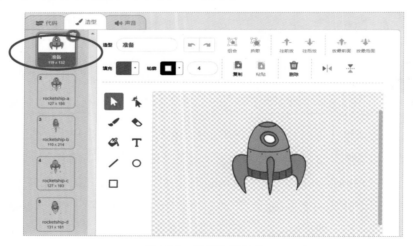

图 8.34 调整造型编号

⑤ 用同样的方法，调整其他造型的名称和编号。参考表 8.2，将"rocketship-a"改名为"1"，且拖到第 2 个位置；"rocketship-c"改名为"2"，且拖到第 3 个位置；"rocketship-d"改名为"3"，且拖到第 4 个位置；"rocketship-b"改名为"4"，且拖到第 5 个位置，如图 8.35 所示。

整理好造型的名称和编号顺序以后，就可以给飞船设置飞行动画。在"指令区"的"外观"分类中，有两个跟造型切换相关的积木，如图 8.36 所示。

图 8.36　跟造型相关的积木

"下一个造型"积木在前面的章节中多次用到，可以用来循环切换角色中的各个造型。

"换成　准备　造型"积木，可以在程序运行中切换到任意一个造型，对于造型的名称，可以单击倒三角形按钮进行选择，以飞船角色为例，单击"准备"右侧的倒三角形按钮，如图 8.37 所示。

在弹出菜单中，可供选择的"准备""1""2""3""4"都是前面设置好的"飞船"的造型名称，选中即可切换。

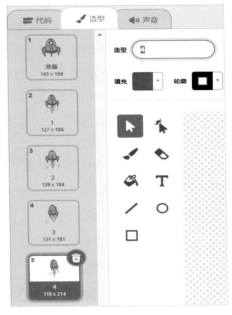

图 8.35　调整其他造型的名称和编号

❻ 切换造型。在指令区的"外观"分类下，拖取"换成　准备　造型"积木到飞船的代码标签页，并拼合好，如图 8.38 所示。

图 8.37　切换造型选项

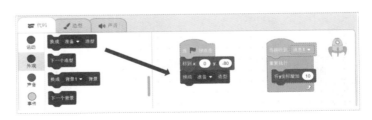

图 8.38　换成指定造型

单击舞台区左上角的"小绿旗"按钮，运行程序，可以看到飞船已经切换为"准备"造型，如图 8.39 所示。

7 调整飞船的大小和初始位置。在"指令区"的"外观"分类下拖取"将大小设定为100"积木到飞船的代码标签页，修改"100"为"80"，即按80%的大小显示飞船；同时将飞船的初始位置向下调整一些，修改"移到x:0 y:-80"为"移到 x:0 y:-130"，让显示更加真实，如图8.40所示。

试运行。单击舞台区左上角的"小绿旗"按钮运行程序，可以看到飞船的大小和初始位置已经调整好，如图8.41所示。

图 8.39 切换为"准备"造型

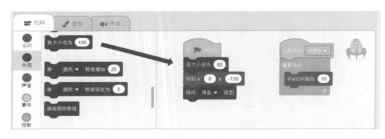

图 8.40 初始化飞船的位置和大小

但是，同时也会发现在喵小咪说完倒计时以后，飞船会以"准备"造型起飞，没有火焰喷射、起落架也没有收起，如图8.42所示。

图 8.41 飞船的大小和位置

图 8.42 飞船起飞不会喷射火焰

可见，飞船以"准备"造型起飞，会不够形象，也没有充分利用到飞船所具有的造型。接下来编程解决这个问题。

8 添加点火造型。从指令区的"外观"分类下，拖取"换成 准备 造型"积木到飞船的代码标签页，拼合到"重复执行"积木之前；并修改"准备"为"1"，如图8.43所示。

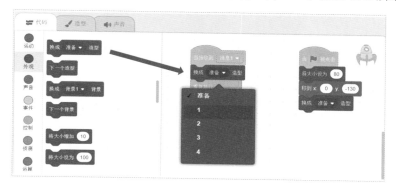

图8.43 添加点火造型

通过表8.2可以知道，名称为"1"的造型，会喷射火焰。

阅读一下这段代码："当绿旗被点击"时，先初始化飞船的大小和位置，再切换成不喷火焰的"准备"造型；"当接收到 消息1"时，表示应该起飞了，这时切换成"1"号造型，开始喷射火焰，向上升起。

9 试运行。单击舞台区左上角的"小绿旗"按钮运行程序，会发现这次飞船在升空的过程中有火焰喷出了，效果非常好，如图8.44所示。

图8.44 飞船上升时喷射火焰

前文分析过，飞船有5个造型，"准备"造型用于起飞前的准备状态。"1"～"4"造型用于起飞的不同状态。但是本书出于篇幅和难度考虑，案例中仅使用了"1"造型。

如果你希望利用上全部的"1"～"4"造型，做出更逼真的飞行效果，可以自行探索，或关注微信公众号"师高编程"，输入"飞船发射"，下载高级版的《飞船发射》程序。

8.7 完整的程序

　　"飞船发射"学习的重点是了解直角坐标系中的"位置移动"、广播"消息"同步，以及"造型"的灵活使用等，需要使用"将y坐标增加10""广播　消息1""换成　准备　造型"等积木，完整的程序分为3个部分。

　　第一部分是对"喵小咪"进行编程，重点是"广播"消息，程序如图8.45所示。

　　第二部分是对"飞船"进行编程，重点是同步消息处理和造型的灵活切换，程序如图8.46所示。

　　第三部分是对"观众"进行编程，重点是多个"当接收到　消息1"的同步处理，程序如图8.47所示。

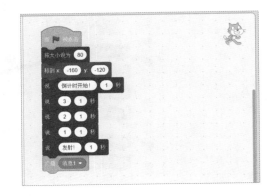

图 8.45　对"喵小咪"编程

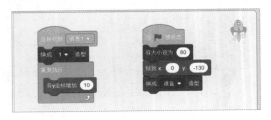

图 8.46　对"飞船"编程

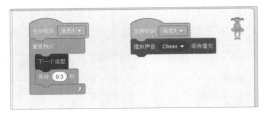

图 8.47　对"观众"编程

第9章

到蒙哥家做客

飞船越飞越高，变成一个小白点，终于消失在苍穹中，围观的人们也逐渐散去，沙地又恢复了往日的平静。喵小咪沿着小山丘往前行进，忽然听到一声高喊："喵小咪，你怎么跑这儿来了？"

喵小咪回过头来，看到山丘顶上露出一个小圆脑袋，原来是好朋友蒙哥。

"我刚才在看飞船发射呢！"

"哦，我看到飞船发射了。我家就在这山丘下，你到我家玩玩吧，我又买了好多新玩具！"

"好呀！"

9.1 游戏流程分析

蒙哥（又名猫鼬），多活跃于沙漠地区，为了抵抗炎热和天敌，一般生活在自己挖掘的大型多入口网状洞穴中。到蒙哥家做客，就是要跟着蒙哥一起进入地下洞穴，如图 9.1 所示。

地下洞穴比较狭窄昏暗，还有一些机关守护，比如来回游移的小青蛇、旋转的魔帚等，如果不小心碰到洞壁或者这些机关，游戏将结束。要复现这个场景并让喵小咪能顺利进入蒙哥家，除了喵小咪外，还需要有小青蛇、魔帚和房子 3 个角色。

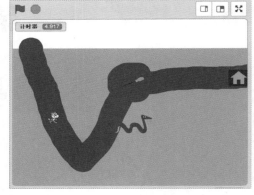

图 9.1　到蒙哥家做客

同时，为了让喵小咪能够灵活地选择道路、避开机关，在游戏中就需要使用"鼠标引导"喵小咪前进，鼠标移动到哪里、喵小咪就跟到哪里，以提高玩家操作的灵活度。

那么，喵小咪能顺利通过这些关卡，进入到蒙哥家里吗？

9.2 绘制游戏地图

蒙哥家住在迂回曲折的地下洞穴中，冬暖夏凉。然而背景库中并没有合适的背景图片。这里首先新建一个项目，再着手来自己绘制一张进入蒙哥家的路线图。

1 选中背景。在 Scratch 3.0 角色列表区的右下角，选中"背景"，如图 9.2 所示。

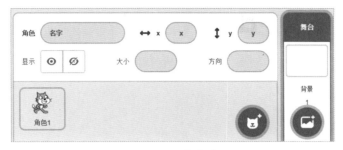

图 9.2 选中背景

2 背景标签页。单击"指令区"右上角的"背景"标签按钮，打开背景标签页，如图 9.3 所示。

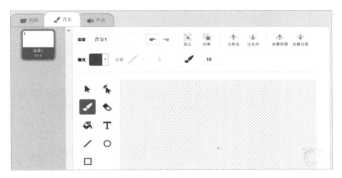

图 9.3 背景标签页

这个界面是 Scratch 3.0 自带的绘图编辑器，绘图编辑器由 3 个部分构成：操作区、工具区、设置区，如图 9.4 所示。

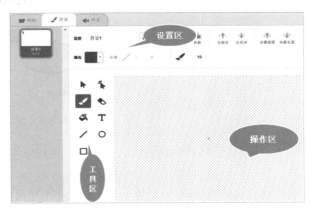

图 9.4 绘图编辑器的 3 个部分

❸ 区分天地，画白色的天空和灰色的土地。在工具区选中"矩形"，如图 9.5 所示。

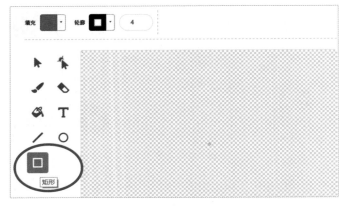

图 9.5　选中"矩形"

单击设置区中"填充"右侧的倒三角形按钮，在弹出的菜单中拖动滑竿，调整填充的颜色值为"颜色0、饱和度0、亮度80"，如图 9.6 所示。

单击设置区中"轮廓"右侧的三角形符号，在弹出的菜单中单击左下角的红色对角线按钮，如图 9.7 所示。

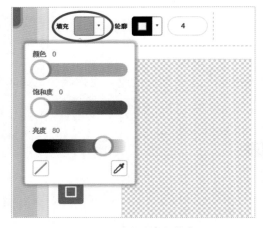

图 9.6　设置填充颜色

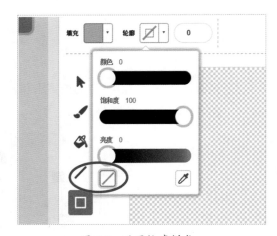

图 9.7　设置轮廓样式

这样设置表示：将使用"矩形"在操作区画出一个矩形，并使用灰色填充，大小不限，不需要轮廓，如图 9.8 所示。

用鼠标拖动矩形上、下、左、右的边框可以调整大小，形成一个地面的效果，如图 9.9 所示。

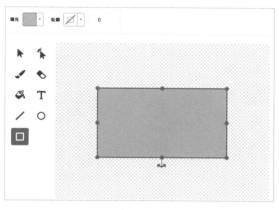

图 9.8　在操作区画一个矩形

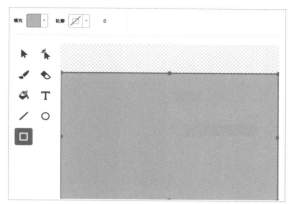

图 9.9　调整矩形的边框

观察舞台区，可以看到区分天地的效果已经基本实现，舞台区中白色的是天空、灰色的是土地。因为游戏场景是在地下，所以土地所占画面的比例更大，如图 9.10 所示。

❹ 绘制洞穴。在工具区选中"画笔"，如图 9.11 所示。

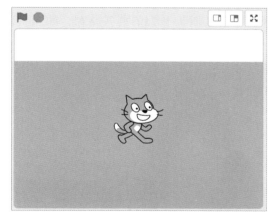
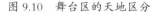

图 9.10　舞台区的天地区分

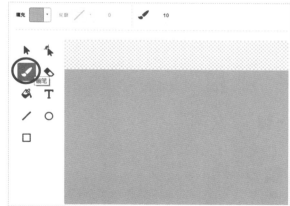

图 9.11　选中"画笔"

单击工具区"填充"右侧的倒三角形按钮，在弹出的菜单中拖动滑竿，调整填充的颜色值为"颜色 72、饱和度 60、亮度 100"，如图 9.12 所示。

单击设置区最右侧小画笔旁边的输入框，修改画笔的粗细为"100"，如图 9.13 所示。

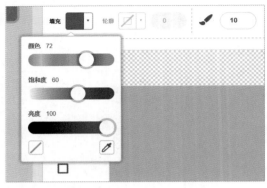

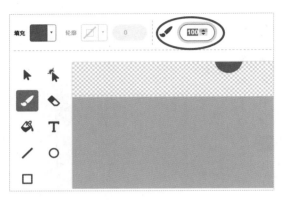

图 9.12　设置画笔的填充颜色　　　　　　　　图 9.13　设置画笔的粗细

> 注意：画笔的粗细"100"可以手工输入，也可以单击鼠标上下调节。"100"表示画笔的粗细值。

设置好画笔的颜色和粗细后，就可以在操作区画一个类似于 V 型的洞穴路径，如图 9.14 所示。

观察舞台区，可以看到此时白色的表示天空，灰色的表示大地，紫色的是蒙哥家的洞穴，洞穴开口高出地面，由地面进入，曲折幽深，如图 9.15 所示。

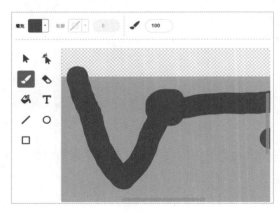

图 9.14　绘制洞穴路径　　　　　　　　　　图 9.15　游戏背景

注意：洞穴路径的样式不一定只有 V 型，待你熟悉 Scratch 3.0 的绘图编辑器后，可以自己创作出各种不同形状的洞穴。也可以关注微信公众号"师高编程"，输入"蒙哥地图"，查看更多、更有趣的"蒙哥地图"。

观察图 9.15 所示的舞台区，有没有发现喵小咪太大了呢？这么大的身体是进不了蒙哥家的。接下来，修改一下喵小咪的属性，让它变小一点。

❺ 让喵小咪变小。在角色列表区选中"喵小咪"，修改角色列表区上方的"大小"值为"25"，并按回车键，如图 9.16 所示。

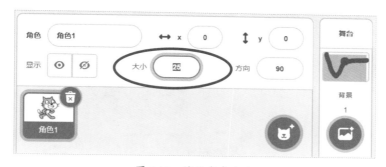

图 9.16 修改角色大小

此时，再观察舞台区，可以看到喵小咪已经变小了很多，如图 9.17 所示。

注意：在角色列表区的"大小"输入框里输入"25"，表示按原图 25% 的比例显示角色。功能上相当于"外观"分类中的"将大小设为 25"积木，两者的效果一样。

在前面绘制背景的过程中，只画出了进入蒙哥家的洞穴路径，却没有家门，接下来为蒙哥添加家门吧。

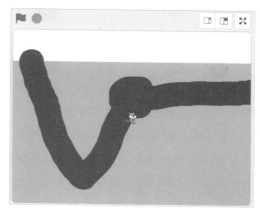

图 9.17 缩小后的喵小咪

❻ 添加家门。在角色列表区单击"选择一个角色"按钮，从角色库中找到"Home Button"

并导入，如图 9.18 所示。

选中 "Home Button"，在角色列表区修改 "Home Button" 的大小为 "60"，并拖到洞穴的末端，如图 9.19 所示。

有了家门，喵小咪就有了前进的方向。接下来初始化喵小咪的位置，把喵小咪放到洞穴的入口处，让游戏每次都从洞穴的入口处开始。

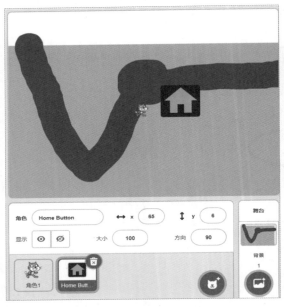

图 9.18　导入 "Home Button"

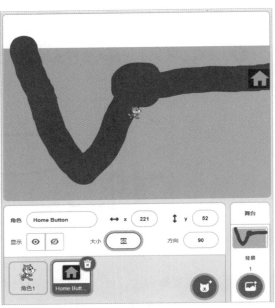

图 9.19　家门在洞穴的末端

❼ 初始化位置。在舞台区拖动喵小咪，放到洞穴的入口处（注意要放到紫色洞穴的范围内，不要放到外面），如图 9.20 所示。

为了每次游戏开始时，都让喵小咪从入口处出发，需要用程序把喵小咪的位置固定下来。在指令区中拖动 "事件" 分类的 "当绿旗被点击" 积木，以及 "运动" 分类的 "移到 x: y:" 积木到喵小咪的代码标签页，并拼合好，如图 9.21 所示。

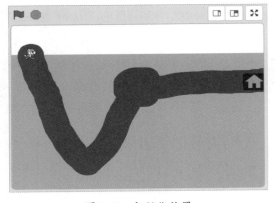

图 9.20　初始化位置

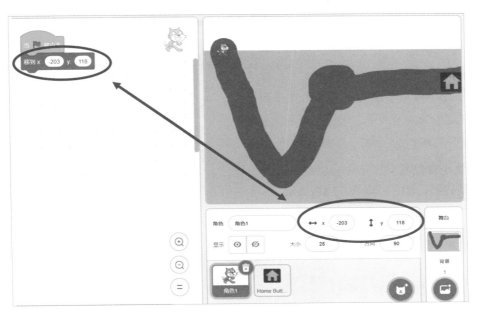

图 9.21　为"喵小咪"编程

注意："移动到 x: y:"积木中的 x 和 y 的值以你绘制的洞穴入口位置为准，并不要求跟本书完全一致。

观察图 9.21 的角色列表区，喵小咪当前所在的位置坐标，显示在列表区的上方：x=–203、y=118（即图 9.21 下方的圆圈）；这组坐标值跟代码标签页中的"移到 x: y:"积木中的值一致（即图 9.21 上方的圆圈）。

两者一致就表示，每次"当绿旗被点击"时，喵小咪都会从这个初始位置出发，开始游戏。

9.3　创设障碍关卡

出于安全考虑，要进入蒙哥家需要通过两道关卡，一道由小青蛇把守，另外一道由魔帚把守，接下来，开始创设关卡。

① 导入小青蛇。在角色列表区单击"选择一个角色"按钮，从角色库的"动物"分类中选择"Snake"角色，如图 9.22 所示。

在图 9.22 中可以看出，小青蛇已经来到了舞台区，但是它体积有点大，可以在角色列表区修改其"大小"的值为"50"，如图 9.23 所示。

② 让小青蛇移动。选中小青蛇，为小青蛇添加运动代码，让它可以从左向右运动。

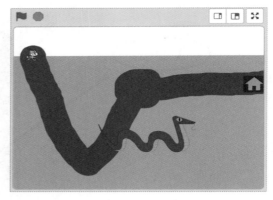

图 9.22　导入小青蛇

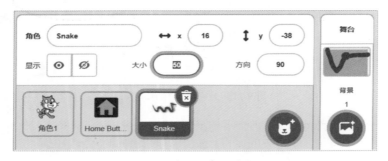

图 9.23　修改小青蛇的大小

在指令区中拖动"运动"分类的"移动 10 步"和"碰到边缘就反弹"积木、"控制"分类的"重复执行"积木、"事件"分类的"当绿旗被点击"积木到小青蛇的代码标签页，并拼合好，如图 9.24 所示。

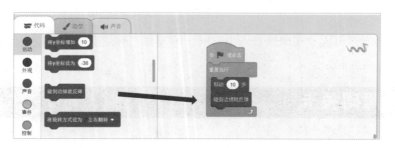

图 9.24　添加移动代码

"碰到边缘就反弹"的意思是：在小青蛇向前移动的过程中，如果碰到舞台区的边缘，那么立即反弹回来，朝相反方向移动。

阅读图 9.24 的这段代码："当绿旗被点击"时，小青蛇"重复执行"向前"移动 10 步"，在移动的过程中如果碰到舞台区的边缘，就反弹回来朝相反方向移动。

试运行。单击舞台区左上角的"小绿旗"按钮运行程序，可以看到小青蛇已经可以移动了，并且碰到边缘时会自动反弹，如图 9.25 所示。

但是有个问题：小青蛇从左向右运动很正常，但是碰到边缘反弹从右向左移动时，小青蛇是头朝下、肚皮朝上的，非常不协调，如图 9.26 所示。

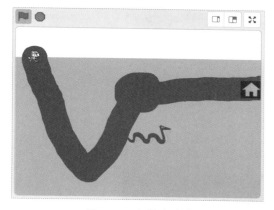

图 9.25　小青蛇移动

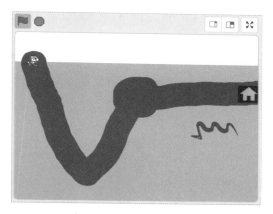

图 9.26　碰到边缘反弹

为什么反弹后就会"头朝下"呢？这是由小青蛇的"旋转方式"设定的。下面来修改一下小青蛇的旋转方式。

从指令区的"运动"分类下拖取"将旋转方式设为"积木，并且单击积木的选项卡，选择"左右翻转"选项，然后拼合到"重复执行"积木的上面，如图 9.27 所示。

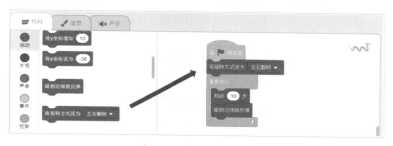

图 9.27　修改旋转方式

"将旋转方式设为 左右翻转"的意思是：让小青蛇只能做左右翻转，不能做 360 度的任意翻转。这样设置以后，在小青蛇碰到边缘反弹时，就只做"左右翻转"，不再会头朝下、肚皮朝上了。

试运行。单击舞台区左上角的"小绿旗"按钮运行程序，可以看到这次小青蛇可以正常地来回移动了，如图 9.28 所示。

小青蛇是第一道关卡，接下来设置第二道关卡。

3 导入魔帚。在角色列表区的右侧单击"选择一个角色"按钮，从角色库的"奇幻"分类中选择"Broom"角色，如图 9.29 所示。

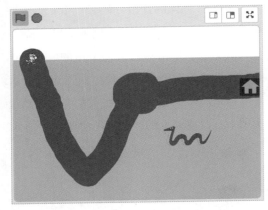

图 9.28 小青蛇旋转正常

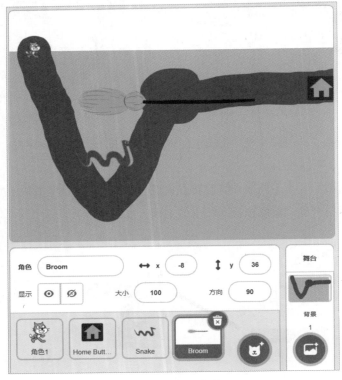

图 9.29 导入魔帚

观察图 9.29，可以看到魔帚已成功导入，但是魔帚的体积有点大，需要调小一些。在角色列表区的"大小"输入框中输入"20"，将魔帚的大小调整为 20%，如图 9.30 所示。

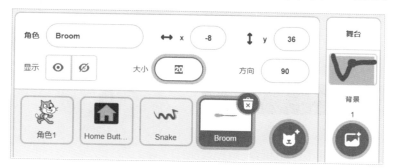

图 9.30　调整魔帚的大小

❹　让魔帚运动。将调小后的魔帚，移动到洞穴路径中比较宽阔的地方，如图 9.31 所示。

接下来为魔帚添加旋转代码，让魔帚可以旋转起来。

在角色列表区选中魔帚，从"指令区"的"运动"分类中拖取"右转 15 度"积木，从"控制"分类中拖取"重复执行"积木，从"事件"分类中拖取"当绿旗被点击"积木，移动到魔帚的代码标签页，并拼合好，如图 9.32 所示。

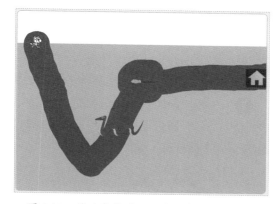

图 9.31　移动魔帚到洞穴路径中合适的地方

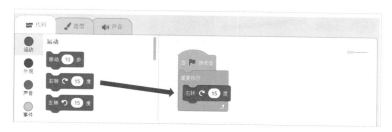

图 9.32　旋转代码

"右转 15 度"积木可以让魔帚转动，15 度表示转动的幅度，数值越大转动越快。将"右转 15 度"

放在 C 型积木"重复执行"的"大嘴巴"里，就可以让魔帚一直不停地转动，如图 9.33 所示。

到此，蒙哥家洞穴中的两个守卫已经设置好，接下来可以引导喵小咪进入洞穴啦！

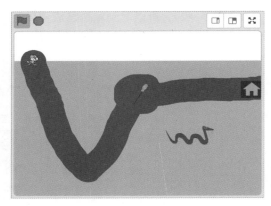

图 9.33　魔帚不停旋转

9.4　鼠标跟随

洞穴里幽暗深邃，还有小青蛇和魔帚守卫，如果不熟悉的话，喵小咪就很容易摔跤了。为了让喵小咪能顺利地到达蒙哥家，这里让游戏的玩家来给喵小咪做向导。玩家通过鼠标引导喵小咪前进，喵小咪只需要紧跟鼠标，鼠标指到哪儿，喵小咪就走到哪儿，如果碰到洞壁或守卫，游戏就结束。

1 选中喵小咪。在角色列表区单击选中"喵小咪"，给"喵小咪"编程。

2 添加点击事件。在指令区的"事件"分类中拖取"当角色被点击"积木，从"运动"分类中拖取"移到 随机位置"积木，从"控制"分类中拖取"重复执行"积木，移动到喵小咪的代码标签页，并拼合好，如图 9.34 所示。

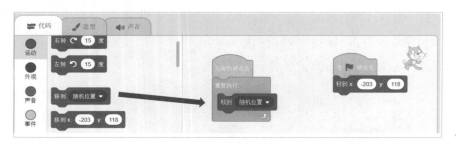

图 9.34　添加点击事件

这里"当角色被点击"是一个新的圆顶"戴帽子"的"事件"积木。当玩家在"舞台区"用鼠标单击喵小咪时，"当角色被点击"积木及它引导的程序块会被执行。

"移到 随机位置"积木的意思是让角色移动到舞台区的一个位置，单击其右侧的倒三角形按钮，可以看到弹出的菜单中有"随机位置""鼠标指针"和角色列表区的 3 个角色名称，这里选择

"鼠标指针"选项，如图9.35所示。

选择以后，积木变成"移到 鼠标指针"。当喵小咪被单击时，一直"重复执行"，然后"移到鼠标指针"所在的位置。

阅读喵小咪的这段代码："当角色被点击"时（也就是在程序正常运行的状态下，如果单击一下喵小咪），就会"重复执行"把喵小咪"移到 鼠标指针"，也就是说鼠标移动到哪里，喵小咪就会跟着移动到哪里，始终跟着鼠标指针。

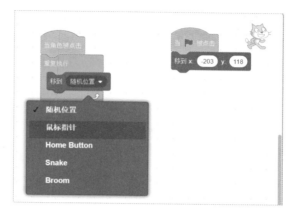

图 9.35 移到鼠标指针所在的位置

❸ 试运行。单击"舞台区"左上角的"小绿旗"按钮运行程序，在舞台区的喵小咪身上"单击"一下，可以看到喵小咪会跟着鼠标走，鼠标移动到哪儿，喵小咪就走到哪儿，可听话了，如图9.36所示。

观察舞台区的运行结果，会发现一个问题：根据故事情节设计，在这个游戏中，玩家其实只需要在洞穴中引导喵小咪，出了洞穴就不需要引导了。但是现在鼠标随意移动时，可以看到喵小咪也是随意移动的，完全不受约束，这就违背了故事情节中"引导"喵小咪通过洞穴的初衷。那应该怎么办呢？

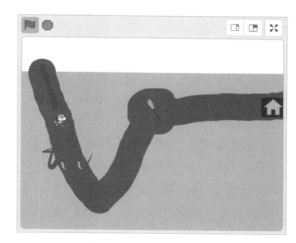

图 9.36 喵小咪跟随鼠标

9.5 碰撞侦测

要把玩家的引导动作限制在洞穴内，需要添加一个判断代码：如果喵小咪碰到洞穴以外的地方，就算犯规，要把喵小咪强行送回到初始的位置。接下来编程实现。

❶ 选中喵小咪，对喵小咪进行编程。

❷ 添加判断功能。在"指令区"的"控制"分类中拖取"如果 那么"和"停止 全部脚本"积木，在"侦测"分类中拖取"碰到颜色？"积木，移动到喵小咪的代码标签页，并拼合到"重复执行"积木的 C 型开口中，如图 9.37 所示。

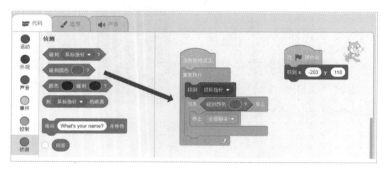

图 9.37　添加判断功能

"如果 那么"是判断积木，用来判断一个条件是否成立。"如果 那么"是 C 型积木，当条件成立时，会执行 C 型开口中的代码。同时，"条件"必须是"两头尖"的积木，可以拼合在"如果"的后面。

"碰到颜色？"就是一个两头尖的条件积木，用来判断喵小咪是否碰到某种"颜色"。

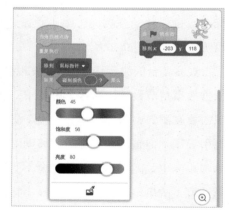

"停止 全部脚本"积木用来停止程序的运行，相当于舞台区左上角的红色圆点。当执行到"停止 全部脚本"积木，整个程序就全部停止下来。

"碰到颜色？"积木中的颜色圆圈可以单击，单击"颜色圆圈"按钮会弹出颜色选择菜单，在颜色选择菜单中，可以拖动滑竿选取想要的颜色，如图 9.38 所示。

图 9.38　选取颜色

注意：选取颜色，除了调整"颜色"、"饱和度"和"亮度"3 项的值以外，也可以使用滑竿底部的"拾色器"，"拾色器"可以直接拾取舞台区的任意一种颜色。

单击滑竿底部的"拾色器"按钮，光标会变成圆形的放大器，在舞台区拾取灰色的土地，如图 9.39 所示。

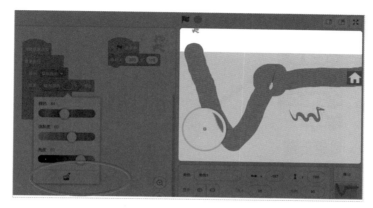

图 9.39　拾取颜色

在灰色的土地上单击鼠标拾取，代码标签页会返回拾取到的灰色，如图 9.40 所示。

3 试运行。单击舞台区左上角的"小绿旗"按钮运行程序，再单击舞台区中的喵小咪，可以看到喵小咪跟着鼠标移动，但是只要一离开洞穴，碰到"灰色的土地"程序就停止运行了，如图 9.41 所示。

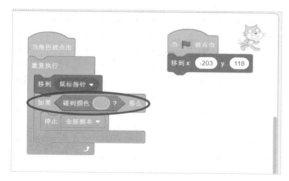

图 9.40　拾取到灰色

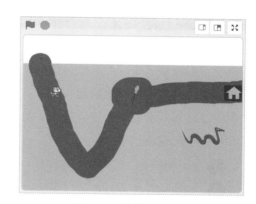

图 9.41　碰撞检测

为了能给玩家一个更加明确的提示，在喵小咪碰到灰色的土地就要停止运行之前，可以给出一个提示，比如："碰壁了！"

4 添加提示。从指令区的"外观"分类中，拖取"说 你好！2 秒"积木到"喵小咪"的代码标签页，拼合在"停止 全部脚本"积木的前面，并且把"你好！"修改成"碰壁了！"，如图 9.42 所示。

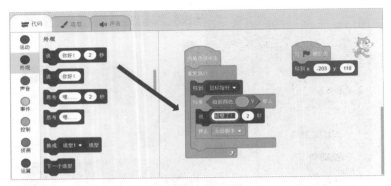

图 9.42 添加提示功能

单击"小绿旗"按钮运行，再单击喵小咪，测试碰壁停止程序的效果，可以看到提示已经生效，如图 9.43 所示。

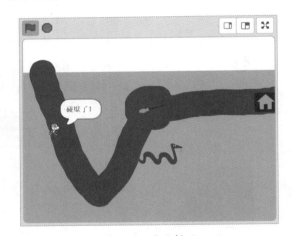

图 9.43 终止提示

9.6 为障碍关卡添加代码

接下来为两个障碍关卡添加代码，让喵小咪在前进的过程中必须要躲避关卡。如果喵小咪不小心碰到"小青蛇"或者碰到"魔帚"都将停止全部脚本的运行。

❶ 选中喵小咪，为喵小咪编程。

❷ 添加小青蛇障碍。从指令区的"控制"分类中拖取"如果 那么"和"停止 全部脚本"积木，从"侦测"分类中拖取"碰到 鼠标指针"积木，移动到喵小咪的代码标签页；并拼合在"重复执行"积木的 C 型开口中，如图 9.44 所示。

"碰到 鼠标指针"积木跟"碰到颜色？"积木的功能类似，不同的是"碰到 鼠标指针"积木侦测的是喵小咪是否碰到某个具体的对象，而不关心对象的颜色（"碰到颜色？"积木关心的是碰到了什么颜色）。

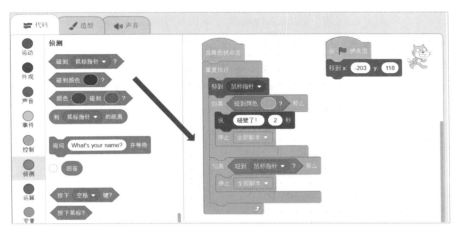

图 9.44　添加碰撞检测

单击"碰到　鼠标指针"中的倒三角形按钮，在弹出的菜单中可以选择"鼠标指针""舞台边缘"和角色列表区的所有角色，这里选择角色"Snake"（也就是小青蛇），如图 9.45 所示。

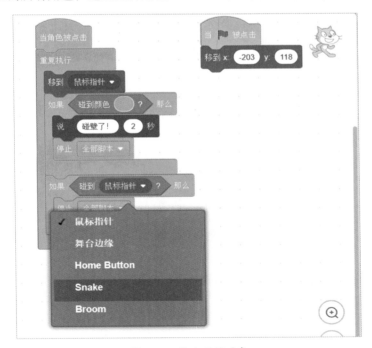

图 9.45　修改碰撞对象

❸ 试运行。单击"小绿旗"按钮运行程序，单击喵小咪后，有意让喵小咪碰到来回游动的小青蛇，可以看到一旦碰上，立即程序就停止运行了，如图 9.46 所示。

❹ 添加提示。跟第 9.5 节一样，在停止程序前添加"碰到小青蛇了！"提示。从"指令区"的"外观"分类中，拖取"说 你好！ 2 秒"积木到喵小咪的代码标签页，拼合在"停止 全部脚本"积木的前面；并且把"你好！"修改成"碰到小青蛇了"如图 9.47 所示。

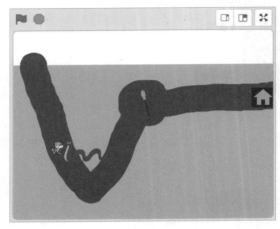

图 9.46 碰到小青蛇

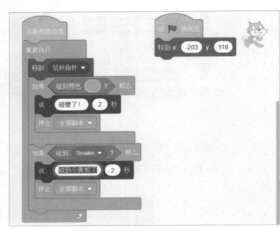

图 9.47 添加提示

试运行一下，可以看到，这次碰到小青蛇以后，会先有提示，然后再停止程序运行。如图 9.48 所示。

通过试运行可以发现，要让喵小咪准确地通过洞穴，需要用鼠标非常精准、小心地控制。而来回游动的小青蛇，无疑给游戏增加了很大的难度。

一款优秀的游戏除了有趣、好玩之外，操作也不能太困难，否则就没有可玩性。因此，需要适当降低一些难度，把小青蛇的运行速度放慢一点，让喵小咪有更多时间能通过洞穴。

❺ 调整速度。选中小青蛇，在小青蛇的代码标签页，将"移动 10 步"修改为"移动 2 步"，如图 9.49 所示。

试运行，可以看到小青蛇游动的速度变慢了不少，由每次移动 10 步变成只移动 2 步，非常有利于喵小咪准确地通过洞穴。

注意：游动速度的快慢决定了游戏的难度，具体数值读者可以根据需要自行调整。

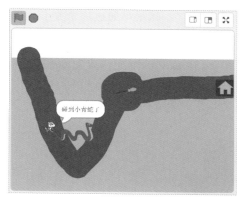

图 9.48 结束前提示

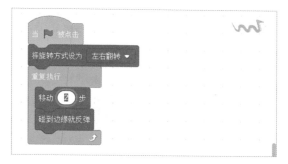

图 9.49 调整速度

接下来再选中喵小咪，用跟小青蛇同样的方法，为魔帚添加关卡代码。

⑥ 为魔帚添加关卡代码。从指令区的"控制"分类中拖取"如果 那么"和"停止 全部脚本"积木，从"侦测"分类中拖取"碰到 鼠标指针"积木，修改"鼠标指针"选项为"Broom"选项；从"外观"分类拖取"说 你好！ 2 秒"积木到喵小咪的代码标签页，修改"你好！"为"碰到魔帚了！"，并拼合在"重复执行"积木的 C 型开口中，如图 9.50 所示。

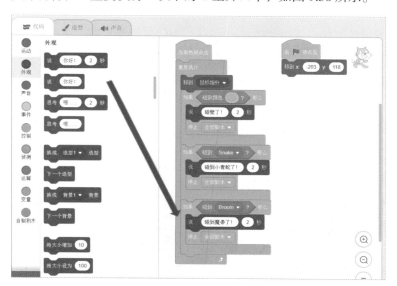

图 9.50 添加魔帚关卡

试运行，可以看到当喵小咪碰到魔帚时，给出提示且停止程序运行，如图 9.51 所示。

通过试运行，可以发现，魔帚的旋转速度太快了，以至于喵小咪很难通过这个关卡。为了增加游戏的可玩性，需要调整一下魔帚的旋转速度，让喵小咪能有机会在游戏中过关。

7 调整速度。选中魔帚，修改魔帚代码标签页中的"右转 15 度"为"右转 5 度"，如图 9.52 所示。

图 9.51　碰到魔帚关卡

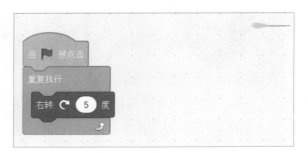

图 9.52　调整旋转速度

试运行，可以看到，让魔帚每次都右转 5 度以后，旋转速度明显放慢了，这样就给了喵小咪更多的可能性来完成游戏。

当喵小咪历经辛苦，终于到达蒙哥家门口时，需要添加代码来宣布游戏通关。

8 添加游戏通关判断。选中"Home Button"为蒙哥的家编程。从指令区的"事件"分类中拖取"当绿旗被点击"积木，从"控制"分类中拖取"重复执行"、"如果　那么"和"停止　全部脚本"积木，从"侦测"分类中拖取"碰到　鼠标指针"积木且修改为"碰到　角色1"，从"外观"分类中拖取"说　你好！　2秒"积木且修改为"说　胜利啦！　2秒"，然后移动到"Home Button"的代码标签页，最后拼合好，如图 9.53 所示。

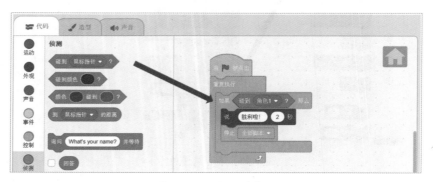

图 9.53　添加胜利代码

⑨ 运行程序。单击舞台区左上角的"小绿旗"按钮运行程序，可以看到喵小咪最终可以胜利抵达蒙哥家了，如图9.54所示。

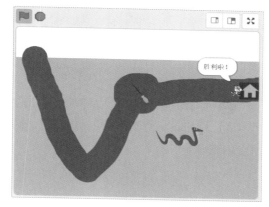

图 9.54 胜利到达蒙哥家

游戏要难度适宜才有意思，如果玩家怎么努力都不能胜利，对游戏的兴趣将会降低。"到蒙哥家做客"可以通过调整"喵小咪"的大小、关卡运行速度的快慢、转角处洞穴的宽窄等来调节游戏的难度。聪明的你一定可以设计出一款难度适宜又比较有意思的游戏，对吗？

9.7 进阶探索：增强游戏氛围

为了给玩家以极强的情景带入感，下面将从两个方面来增强"到蒙哥家做客"这个游戏的氛围。

- 添加背景音乐。
- 增加游戏时间限制。

先来给游戏添加音效，背景音乐最好是既神秘又紧张，以增强玩家的游戏体验。

① 选中背景。选中角色列表区右侧的舞台背景，给背景添加声音，如图9.55所示。

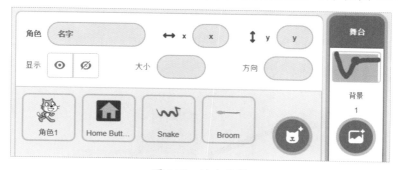

图 9.55 选中背景

注意：为什么要把声音添加在背景里面呢？因为这里播放的是背景音乐！角色列表区的 4 个角色都各有任务，背景承担播放背景音乐的任务最为合适。

② 给背景添加声音。单击指令区顶部的"声音"标签按钮，在声音标签页中单击"选择一个声音"按钮，从背景库的"可循环"分类中选中声音"Dance Slow Mo"，回到声音标签页，如图 9.56 所示。

图 9.56　给背景添加声音

选好音效后，单击指令区顶部的"代码"标签按钮，回到代码标签页，对背景进行编程。

③ 播放音乐。拖取指令区中"事件"分类中的"当绿旗被点击"积木，以及"控制"分类中的"重复执行"积木和"声音"分类中的"播放声音 啵 等待播完"积木，移动到背景的代码标签页，并修改"啵"为"Dance Slow Mo"，如图 9.57 所示。

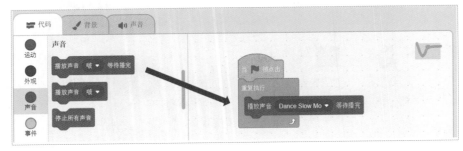

图 9.57　播放音乐

④ 试运行。单击舞台区左上角的"小绿旗"按钮运行程序，可以看到游戏运行时，背景音乐已经能正常播放了。

接下来，为程序添加倒计时功能，要求玩家在指定的时间内尽快完成任务，以增加游戏的紧迫感。

⑤ 显示计时器。在指令区的"侦测"分类中，找到"计时器"，并选中"计时器"左侧的复选框，如图9.58所示。

选中以后，可以在舞台区的左上角看到"计时器"面板的图标，如图9.59所示。

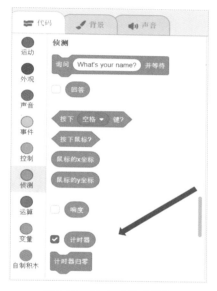

图 9.58 显示"计时器"

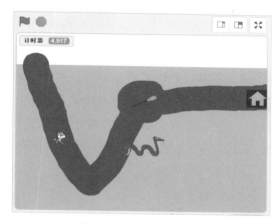

图 9.59 "计时器"面板

计时器每毫秒变化一次，数值依次累加。通过观察可以发现，即使单击舞台区左上角的"红色"圆形按钮停止程序运行，计时器数值仍然在累加。

此时，需要有一个给计时器归零的功能，让计时器只有在开始运行时才启动计数。

⑥ 计时器归零。在角色列表区选中背景，给背景编程。在拖取指令区中，拖取"侦测"分类的"计时器归零"积木，以及"事件"分类的"当绿旗被点击"积木，移动到背景的代码标签页，并拼合好，如图9.60所示。

⑦ 试运行。单击舞台区左上角的"小绿旗"按钮运行程序，可以看到每次程序重新运行时，计时器都会清零，方便后面的判断。

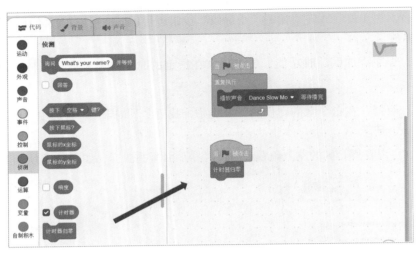

图 9.60　计时器归零

接下来，开始设置时间限制。例如，假设时间限制为 30 秒，也就是说，如果 30 秒内玩家没有完成任务，游戏自动结束。

❽ 添加判断代码。拖取指令区中"控制"分类中的"重复执行"、"如果　那么"和"停止全部脚本"积木，拖取"侦测"分类中的"计时器"积木，拖取"运算"分类中的"＞ 50"积木，并修改"＞ 50"为"＞ 30"，将它们拼合好，如图 9.61 所示。

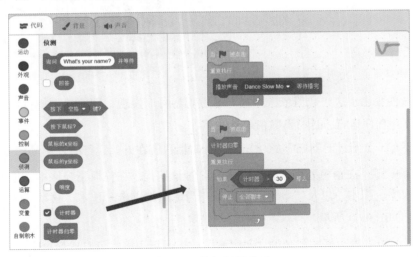

图 9.61　添加判断代码

"＞30"积木是一个两头尖的六边形"判断"积木，可以作为"条件"拼合到"如果 那么"积木当中。同时，"＞"的左右两端都可以修改，左端可以加入"计时器"，右端改为"30"。

阅读这段新添加的程序块："当绿旗被点击"时，先把"计时器归零"，再"重复执行"判断，如果发现"计时器＞30"，就"停止全部脚本"。

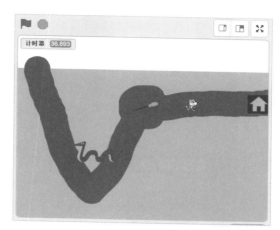

图 9.62　到蒙哥家做客

9　运行程序。单击舞台区左上角的"小绿旗"按钮运行程序，可以看到计时器从 0 开始计数，每毫秒累加一次，当累加到 30 时，就超时停止（计时器的数值会继续增长），如图 9.62 所示。

注意：超时停止前，同样也可以加入提示，如"时间到，你失败了！"等。这个任务请读者自行尝试完成。

聪明的你有没有引导喵小咪顺利地到达蒙哥家呢？加油吧！

9.8　完整的程序

"到蒙哥家做客"学习的重点是"碰撞检测"，检测是否碰到特定的颜色、特定的角色或碰到边缘就反弹，还学习了旋转操作（右转 15 度），了解了计时器的概念、归零操作和计时器判断等，完整的程序分为 5 个部分。

第一部分是对"喵小咪"进行编程，重点是进行各种"碰撞检测"，程序如图 9.63 所示。

第二部分是对"蒙哥的家门"进行编程，重点也是进行"碰撞检测"，程序如图 9.64 所示。

第三部分是对"小青蛇"进行编程，重点是进行"碰到边缘就反弹"操作，程序如图 9.65 所示。

图 9.63　对"喵小咪"编程

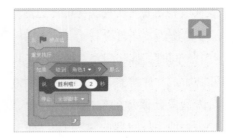

图 9.64　对"蒙哥的家门"编程

图 9.65　对"小青蛇"编程

　　第四部分是对"魔帚"进行编程，重点是进行旋转，程序如图 9.66 所示。

　　第五部分是对"背景"进行编程，重点是进行音乐播放和计时器相关的操作，程序如图 9.67 所示。

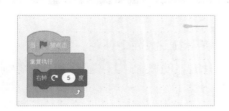

图 9.66　对"魔帚"编程

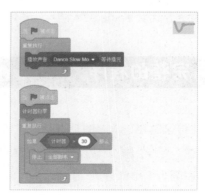

图 9.67　对"背景"编程

第 **10** 章

猴子的盛宴

蒙哥家在地下，虽然冬暖夏凉，但是进去一趟可着实让喵小咪花了不少心思。不过，好在蒙哥家玩具很多，两个好朋友开心地玩了好一阵子。

快到中午了，喵小咪告别蒙哥，回到地面，继续往前走。

刚走到一片绿油油的林子前，就听到里面传来一阵咯咯的笑声。

哦，原来是猴子家的香蕉成熟了，正忙着收割呢！快去帮帮忙吧！

10.1　游戏流程分析

猴子家的香蕉树又高又密，一串串黄橙橙的香蕉从树上纷纷掉落，小猴子左奔右跑，忙着接住一串串果实。不过，还得小心刺猬，刺猬们不时也会夹杂在香蕉中，从树上掉下来，偷走猴子家的香蕉。

要在 Scratch 3.0 中复现这个场景，先来做一个简要的分析。

"猴子的盛宴"游戏包括以下几个流程：香蕉成熟了，纷纷从树上掉下来，主角小猴子非常忙碌，左右奔跑忙着接住从天而降的香蕉，每接到 1 串香蕉加 1 分，但是从天而降的也有可能是刺猬，如果不小心接到刺猬，将会被偷走 3 串香蕉，因此会被扣掉 3 分，如图 10.1 所示。

图 10.1　猴子的盛宴

游戏中除了喵小咪这个观众外，还有猴子、香蕉和刺猬 3 个角色。这 3 个角色相互协作，完成整个游戏。

下面先导入背景、角色和声音，再编程串联，实现这个小游戏。

10.2　角色的鼠标控制

在 Scratch 3.0 中创建一个新项目，全新开始制作"猴子的盛宴"游戏。

① 导入背景。在角色列表区单击"选择一个背景"按钮，在背景库的"户外"分类中找到并选择"Jungle"选项，将背景"Jungle"导入舞台区，如图 10.2 所示。

② 添加角色。在角色列表区单击"选择一个角色"按钮，在角色库的"动物"分类中选择"Monkey"和"Hedgehog"选项，在"食物"分类中选择"Bananas"选项，导入这 3 个角色，如图 10.3 所示。

图 10.2 导入背景

观察舞台区的猴子、刺猬和香蕉，可以发现它们的个头都太大，快占满半个舞台了，另外角色名称也都是英文，不太利于辨识，接下来在角色列表区修改各个角色的名称和大小。

图 10.3 添加角色

3 修改角色名称和大小。在角色列表区分别选中各个角色，将大小都修改为"50"，即显示 50% 的大小。将角色名称修改为中文，分别输入"喵小咪"、"猴子"、"刺猬"和"香蕉"，如图 10.4 所示。

图 10.4 修改角色名称和大小

注意：喵小咪暂时还帮不上猴子的忙，先将它拖到舞台区的左下角，让它美滋滋地看猴子表演接香蕉吧！

4 初始化猴子的位置。在"角色列表区"选中"猴子"，准备为"猴子"编程。首先把"猴子"拖到舞台区的下方，以方便左右移动，如图 10.5 所示。

在"到蒙哥家做客"案例中，为了实现对喵小咪的精准操控，游戏中使用鼠标来控制喵小咪的移动，让喵小咪一直跟着鼠标走，最终顺利通过洞穴。

图 10.5　把猴子拖到舞台区的下方

在本项目中，也可以使用鼠标来操控猴子，但是稍有不同。喵小咪要在弯弯绕绕的洞穴中行走，使用的是"移动到 鼠标指针"积木，即鼠标移到哪里，喵小咪就跟到哪里。但对于猴子接香蕉就不需要跟着鼠标移动了，香蕉只会从上向下掉落，猴子只要待在舞台区的下方左右移动就可以，没有必要跑到舞台区的上方去。

那怎样让猴子仅仅左右移动呢？回顾一下舞台区的直角坐标系可以发现，要让猴子左右移动，只需要变化 x 坐标的值即可，而 y 坐标不需要做任何变化，如图 10.6 所示。

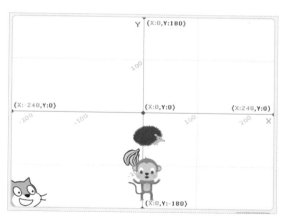

图 10.6　直角坐标系

⑤ 让猴子跟随鼠标。拖取指令区中"事件"分类中的"当绿旗被点击"积木、"控制"分类中的"重复执行"积木、"运动"分类中的"将 x 坐标设为"积木、"侦测"分类中的"鼠标的 x 坐标"积木到"猴子"的代码标签页，并拼合好如图 10.7 所示。

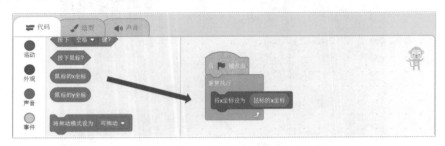

图 10.7　让猴子跟随鼠标

"将 x 坐标设为"积木的意思是把当前角色"猴子"的 x 坐标设为圆圈里的内容，而不改变 y 坐标的值。"鼠标的 x 坐标"积木会获取到鼠标当前的 x 坐标值。

阅读这段代码，它的意思是："当绿旗被点击"时，不断"重复执行"，将猴子的 x 坐标设定为"鼠标的 x 坐标"位置。

换句话说，鼠标的 x 坐标移动到哪儿，猴子的 x 坐标就移动到哪儿。也即猴子 x 坐标的值会随着鼠标变化，但是不改变 y 坐标的值。表现在运行结果上，就是猴子会跟着鼠标做左右运动。

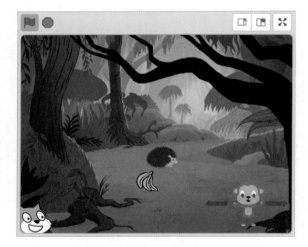

图 10.8　左右移动鼠标

⑥ 试运行。单击舞台区左上角的"小绿旗"按钮运行程序，向左或向右移动鼠标，可以看到猴子会跟着鼠标左右移动，且上下位置保持不变，如图 10.8 所示。

小猴子虽然可以左右运动了，但是动作单一，不够活泼，下面观察一下小猴子的造型，看看能否添加一些动作。

在指令区顶部单击"造型"标签按钮，切换到"猴子"的造型标签页。可以看到猴子有 3 个造型，分别表示"手向上"、"手向下"和"闭嘴巴"，比较符合动作的需要，如图 10.9 所示。

单击指令区顶部的"代码"标签按钮，切换到代码标签页，给猴子添加造型动画。

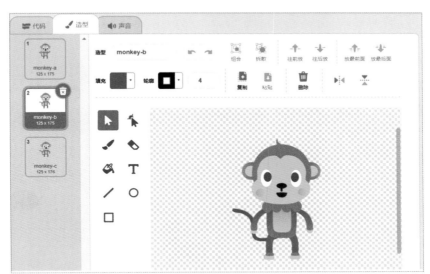

图 10.9　猴子的造型

⑦　造型动画。拖取指令区中"事件"分类中的"当绿旗被点击"积木、"控制"分类中的"重复执行""等待 1 秒"积木、"外观"分类中的"下一个造型"积木，移动到"猴子"的代码标签页，并修改"等待 1 秒"为"等待 0.2 秒"，拼合好如图 10.10 所示。

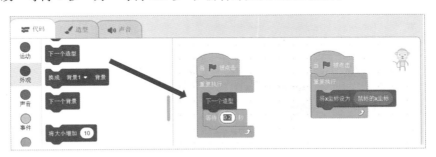

图 10.10　造型动画

⑧　试运行。单击舞台区左上角的"小绿旗"按钮运行程序，可以看到猴子在左右运行的同时，手上会做出相应的动作，比较形象和生动。

用鼠标控制猴子制作完成。接下来编程实现香蕉从树上往下掉的效果。

10.3 从天而降的香蕉

在上一节中，通过观察舞台区的直角坐标系可以知道：当猴子做左右运动时，只需要变动 x 坐标的值即可，使用"将 x 坐标设为"积木就可以实现猴子左右运动。

同样的道理，香蕉从天而降，只需要上下运动，左右坐标不变。跟猴子的运动相反，这里只需要变动 y 坐标的值，而不改变 x 坐标，如图 10.11 所示。

当然，也可以动手将舞台区的香蕉从顶部拖到底部，观察角色列表区中 x 和 y 值的变化，这样更为直观。

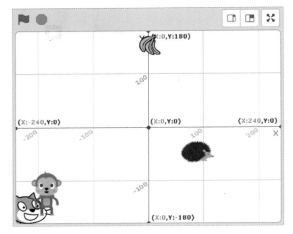

图 10.11　香蕉的移动

① 初始化香蕉的位置。在角色列表区选中"香蕉"，对"香蕉"进行编程。拖取指令区中"事件"分类的"当绿旗被点击"积木、"运动"分类中的"移动到 x: y:"积木，并移动到香蕉的代码标签页，并且修改 x、y 的值为 x=0、y=180，如图 10.12 所示。

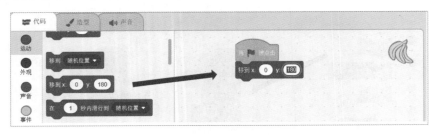

图 10.12　初始化香蕉的位置

注意：将香蕉的初始位置设置为 x=0、y=180，也就是舞台区中线的顶部，有利于后面观察香蕉的运动。

② 添加移动代码。拖取指令区中"控制"分类的"重复执行"积木和"运动"分类的"将 y 坐标增加 10"积木到香蕉的代码标签页，并修改"将 y 坐标增加 10"为"将 y 坐标增加 –10"，如图 10.13 所示。

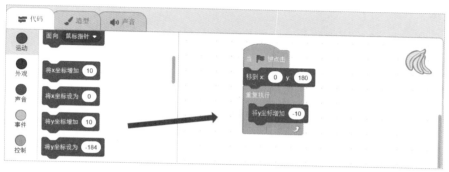

图 10.13　添加移动代码

③ 试运行。单击舞台区左上角的"小绿旗"按钮运行程序，可以看到舞台区的"香蕉"从顶部下落到了底部，如图 10.14 所示。

一串香蕉已经可以从天而降了。但是，如果只有一串，是远远不够猴子忙活的。那么，怎样才能做到满天的香蕉都从树上掉下来呢？

图 10.14　香蕉从上往下掉落

10.4　克隆让香蕉多到吃不完

要做到有多串香蕉从天而降，一种方法是在角色列表区多添加几串香蕉，再分别编程让它从上到下运动。这是最直接的办法，但是如果想要有 100 串香蕉从天而降呢，难道需要手工添加 100 串香蕉，编程 100 次吗？聪明的你有没有什么更好的办法呢？

在 Scratch 2.0 中提供了一组重要的积木，叫做克隆，是从英文 "clone" 音译而来。正如举世闻名的克隆羊多利一样，通过克隆可以产生很多只相同的羊。

同样，在 Scratch 3.0 中也有这组积木。如果有一个母版，利用 "克隆" 积木就可以克隆出无数的子克隆体。

接下来，结合香蕉的例子来看看克隆的神奇效果吧！

❶ "克隆" 积木组。拖取指令区中 "控制" 分类下的 "克隆 自己"、"当作为克隆体启动时" 和 "重复执行" 积木到香蕉的代码标签页，并拼合好，如图 10.15 所示。

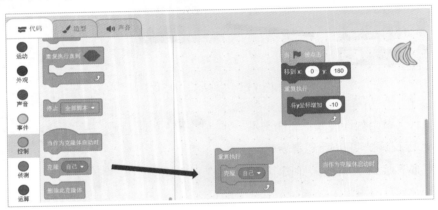

图 10.15　"克隆" 积木组

因为没有启动事件，所以 "克隆 自己" 积木现在还不能运行。

❷ 设置正确的启动事件。将 "移到 x:0 y:180" 及其后面的积木块整体移动到 "当作为克隆体启动时" 积木下面；再将 "当绿旗被点击" 积木移动到 "重复执行" 积木的上面，重新拼合好，如图 10.16 所示。

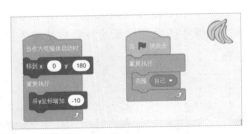

图 10.16　设置正确的启动事件

阅读这段香蕉的代码："当绿旗被点击" 时会 "重复执行" 能 "克隆 自己" 的积木，也就是会重复地克隆出很多个香蕉。每当一个新香蕉被 "克隆" 出来时，就会执行 "当作为克隆体启动时" 积木块，会先 "移到 x:0 y:180" 坐标，再 "重复执行" 下面 "将 y 坐标增加 –10" 的积木，也就是向下方掉落。

❸ 试运行。单击舞台区左上角的"小绿旗"按钮运行程序，可以看到"克隆"香蕉的效果，如图 10.17 所示。

在运行结果中，可以看到舞台区的中间位置出现了一根香蕉"柱子"，但是好像并没有从上向下掉落的动作，这是为什么呢？接下来逐步分析。

观察这个运行结果，可以明确以下两个问题。

- 舞台区出现了很多个香蕉，说明克隆已经生效。

- 克隆的效果杂乱无章，说明程序对于克隆的控制还不是太好。

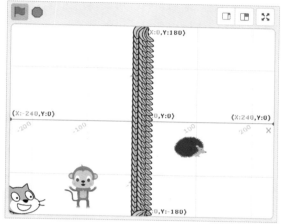

图 10.17　克隆香蕉

原来，香蕉之所以连成一根柱子，是因为克隆的速度太快了。每一个新的香蕉克隆体都会先"移到 x:0 y:180"，再"重复执行"从上向下掉。一瞬间产生了大量的克隆体，又由于每一个都是重复上面的运行过程，所以看起来就是一根柱子。

要解决一根柱子的问题，核心是需要让每一个新的克隆体产生时，都移动到不同的位置，都从不同的位置向下掉。

只有把它们移动到不同的位置，让它们向下掉落，才能看起来像真实的场景。

还有，从上向下掉落就说明新香蕉被克隆出来以后，对初始位置是有要求的，必须是在上面，也就是说 y=180，但是 x 的位置可以不一样，可以是从最左侧的 x=−240 到最右侧的 x=240 中的任意位置。

❹ 随机位置。拖取指令区中"运算"分类的"在 1 和 10 之间取随机数"积木到香蕉的代码标签页，并拼合到"移到 x:0 y:180"积木的"x:"中，如图 10.18 所示。

"在 1 和 10 之间取随机数"积木会随机地产生 1 到 10 之间的一个数，有可能产生 5，也有可能产生 9，还有可能产生 2……

把"在 1 和 10 之间取随机数"积木拼合到"移到 x:0 y:180"积木中，就会让"移到 x:0 y:180"积木变得非常神奇：

第 1 个克隆体启动时，可能是产生 8，变成："移到 x:8 y:180"；

第 2 个克隆体启动时，可能是产生 6，变成："移到 x:6 y:180"；

第 3 个克隆体启动时，可能是产生 1，变成："移到 x:1 y:180"；

……

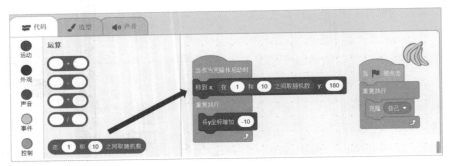

图 10.18　随机位置

同时，"在 1 和 10 之间取随机数"积木中的"1"和"10"，前一个表示随机范围的"开始"，后一个表示随机范围的"结束"，都是可以修改的。接下来修改这两个数。

> 注意：理解随机数，可以想像一下"掷骰子"，每掷一次，会有一面随机朝上，可能是 1，也可能是 2、3、4、5、6。

5 随机初始位置。把香蕉代码标签页中"在 1 和 10 之间取随机数"积木的"1"和"10"分别修改为"−240"和"240"。如图 10.19 所示。

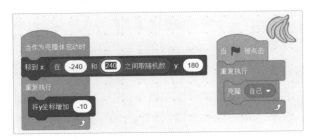

图 10.19　随机初始位置

"在 −240 和 240 之间取随机数"会随机产生 −240 到 240 之间的数，这样就可以让新克隆体移到不同的位置。

试运行。单击舞台区左上角的"小绿旗"按钮运行程序，可以看到香蕉已经可以从舞台区顶端的不同位置向下落了，如图 10.20 所示。

香蕉纷纷从天而降,一派丰收的景象。但是仔细观察,发现还是有两个问题。

◇ 香蕉掉得太快、太多了,太过密集不利于猴子接住。

◇ 掉下来的香蕉都堆在猴子的"脚下"(没有被接住的香蕉,应该到达舞台区底部就自动消失)。

接下来,调整程序解决这两个问题。

6 调整克隆速度。拖取指令区中"控制"分类下的"等待 1 秒"积木到香蕉的代码标签页,并拼合到"克隆 自己"积木后面,如图 10.21 所示。

图 10.20 香蕉从随机位置落下

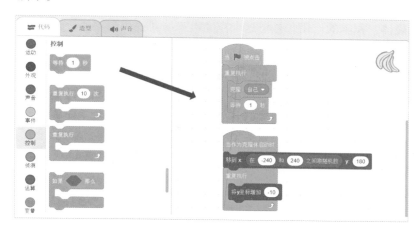

图 10.21 调整克隆速度

试运行。单击"小绿旗"按钮运行,可以看到香蕉掉下的速度已经慢了很多。当然,你也可以根据需要来调整等待的时间,比如改为"等待 0.5 秒"或"等待 0.3 秒",以控制克隆香蕉的速度快慢。

7 解决落地问题。拖取指令区中"控制"分类的"如果 那么"和"删除此克隆体"积木,"运算"分类中的"< 50"积木,以及"运动"分类中的"y 坐标"积木,移动到香蕉的代码标签页,按如图 10.22 所示拼合好,并将"<50"修改为"< –160"。

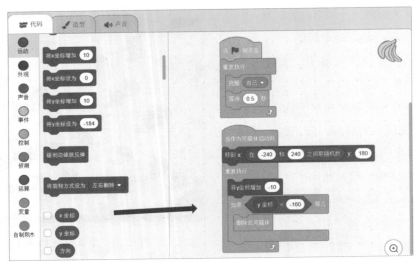

图 10.22　解决落地问题

"删除此克隆体"积木的作用，是把这个克隆出来的新香蕉删除掉，删除以后就会从舞台区消失。

"y 坐标"积木会获取到当前克隆体的 y 坐标值。

"y 坐标 < -160"这个组合积木会判断当前克隆体的 y 坐标值是否小于 -160，也就是说，当前克隆体是否位于舞台区的底部。

阅读图 10.22 所示的程序：对于新克隆出的香蕉，在"重复执行"将 y 坐标增加 -10 的过程中，如果发现"y 坐标"小于 -160，也就是快接近舞台区的底部时，就会"删除此克隆体"，也就是会把这个克隆出的新香蕉删除，让它从舞台区消失。

试运行。单击"小绿旗"按钮运行程序，可以看到香蕉从上向下掉，在接近舞台区底部的时候，就会自动消失，不会再堆积在猴子脚下了，如图 10.23 所示。

观察运行过程可以发现，总有一串香蕉

图 10.23　只有一串香蕉在舞台区底部

始终在舞台区的底部，不会消失，那是为什么呢？

原来，那串一直不动的香蕉，就是前面从角色库中导入的母香蕉，而不是被克隆出来的子香蕉。因为根据图10.22所示的程序，所有的子香蕉的y坐标值低于−160时都会被删除，只有那串"母香蕉"不会被删除，所以它一直在舞台区底部。

那怎么处理那串"母香蕉"呢？聪明的你有没有想出什么好办法？

8 隐藏母香蕉。拖取指令区中"外观"分类的"显示"和"隐藏"积木到香蕉的代码标签页，其中"隐藏"积木拼合到"当绿旗被点击"积木下面，"显示"积木拼合到"当作为克隆体启动时"积木下面，如图10.24所示。

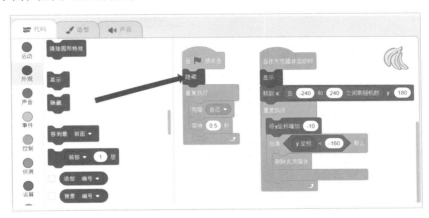

图 10.24　隐藏母香蕉

"隐藏"积木会隐藏当前的角色，使角色在舞台区消失。

"显示"积木会把当前的角色显示在舞台区。

阅读图10.24所示的两个程序块："当绿旗被点击"时，先把母香蕉隐藏起来，不让它在舞台区显示，然后开始"克隆"。这时"克隆"出的每一串子香蕉都具有跟母香蕉一样的特征，也就是说"克隆"出的每一串子香蕉也是"隐藏"不显示的。

所以，"当作为克隆体启动时"，也就是当子香蕉被克隆出来、开始启动时，首先会"显示"出来，再移动到舞台区顶部的随机位置，接着向下运动，即将到达底部时被"删除"。

程序调整完毕。接下来，把背景切换回"Jungle"。

9 试运行。单击舞台区左上角的"小绿旗"按钮运行程序，可以看到很多香蕉从天而降，猴子正忙着左跑右跳，想接住香蕉，如图10.25所示。

对香蕉的编程非常成功。香蕉从天而降、多到吃不完。但是到目前为止，猴子还没有接住一串香蕉。猴子怎样才能接得住香蕉呢？

图 10.25　香蕉多到吃不完

10.5　碰撞侦测与计分

猴子怎样才算接住了香蕉呢？从舞台区的效果来看，猴子至少要和香蕉发生了接触能碰到一起，才能算接住。

要编程实现让猴子接住香蕉，可以在香蕉下落的过程中再添加一个判断，来侦测香蕉是否碰到了猴子。

❶　选中香蕉。在角色列表区选中"香蕉"，为"香蕉"编程。

❷　添加侦测。拖取指令区中"控制"分类的"如果 那么"和"删除此克隆体"积木，以及"侦测"分类的"碰到 鼠标指针"积木到香蕉的代码标签页，并修改"碰到 鼠标指针"为"碰到 猴子"，拼合好如图 10.26 所示。

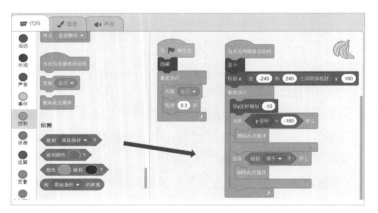

图 10.26　增加侦测

注意：单击"碰到 鼠标指针"积木中的倒三角形按钮，在弹出的菜单中可以选择"猴子"选项。

"碰到 猴子"积木是个两头尖的六边形侦测判断积木，能判断本角色（也就是子香蕉）有没有碰到"猴子"，"如果"碰到，就"删除此克隆体"，让子香蕉从舞台区消失。

3 试运行。单击舞台区左上角的"小绿旗"按钮运行程序，可以看到香蕉从树上掉下，如果被猴子接到，就会立即消失，否则会一直往下掉，直到掉到地面才消失。

猴子欢快地来来回回接香蕉，一共接到了多少串呢？接下来，编程统计猴子今天的收获。

4 添加计数。在指令区的"变量"分类下，单击"建立一个变量"按钮，如图10.27所示。

在弹出的窗口中，输入新变量名，例如"得分"，如图10.28所示。

图10.27 建立一个变量

图10.28 输入变量名

单击"确定"按钮以后，在指令区的"变量"分类中，可以看到新建的"得分"变量名，如图10.29所示。

同时，在舞台区的左上角出现了"得分"的显示牌，如图10.30所示。

> 注意：在指令区中的"变量"分类中选中"得分"前面的复选框，可以打开和关闭"得分"变量在舞台区的显示牌。

图 10.29 新建的"得分"变量

图 10.30 "得分"显示牌

"得分"是一个新建的"变量","变量"就相当于电脑中的一个"抽屉",里面可以放进要存储的东西,例如存放一个数,或存放一段文字等等。刚刚新建的这个抽屉,名字叫做"得分",用来存放猴子接到香蕉的个数。

那么,如何把"接到香蕉的个数"存放到这个抽屉中呢?接下来,编程实现变量的初始化和累加操作。

⑤ 得分实现。拖取指令区中"变量"分类的"将 得分 设为0"和"将 得分 增加1"积木到香蕉的代码标签页,并且分别拼合到"当绿旗被点击"和"如果 碰到 猴子 那么"积木下方,如图 10.31 所示。

"将 得分 设为0"积木会将"得分"变量设置为0,也就相当于在"得分"这个抽屉中放进一个数:0。

"将 得分 增加1"积木会取出"得分"抽屉中的数,把它加1然后再放回到"得分"抽屉。

阅读一下修改后的这两段代码:"当绿旗被点击"时将"得分"设置为0;在每个子香蕉碰到猴子时(也就说明猴子接到了这个香蕉),就会"将 得分 增加1",然后删除这个子香蕉。

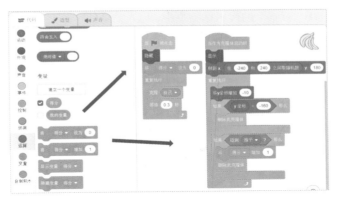

图 10.31　初始化和累加得分

⑥　试运行。单击舞台区左上角的"小绿旗"按钮运行程序，可以看到"得分"已经可以正常工作了，猴子每接到一个香蕉就会加 1 分，漏掉不算，如图 10.32 所示。

有了得分，这个小游戏就基本成型了，接下来添加一些音效，让游戏更有乐趣。

⑦　添加音乐。在角色列表区的最右侧，选中"背景"；为"背景"添加"声音"，从声音库的"可循环"分类中选择"Dance Energetic"选项，再返回到声音标签页如图 10.33 所示。

图 10.32　得分实现

图 10.33　成功添加音乐

对"背景"编程。在"背景"的代码标签页中，拖入"事件"分类中的"当绿旗被点击"积木、"控制"分类中的"重复执行"积木、"声音"分类中的"播放声音 啵 等待播完"积木，并且拼合好。修改"播放声音 啵 等待播完"为"播放声音 Dance Energetic 等待播完"，如图 10.34 所示。

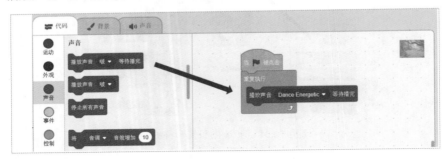

图 10.34　播放音乐

⑧　运行程序。单击舞台区左上角的"小绿旗"按钮运行程序，可以看到"猴子家的盛宴"游戏已经比较完整了，有声音、有动作、有得分。

10.6　进阶探索：小·偷刺猬

喵小咪高兴地看着猴子来回忙碌，收获香蕉。到目前为止，刺猬仍然没有登场。

就像任何游戏中都有好人和坏蛋、胡萝卜和大棒一样，在美美地吃到胡萝卜的同时，也需要留意不要被大棒砸伤。猴子在美美地接香蕉、挣得分的同时，也需要留意搞破坏的刺猬，如果不小心接到刺猬，就会被偷走 3 串香蕉，这样游戏才更有意思。

刺猬就是这个游戏中的捣蛋分子，接下来让刺猬像香蕉一样从天而降，夹杂在香蕉中。如果猴子接到了刺猬，没有避开，那么刺猬就会捣蛋，偷走 3 串香蕉，也就不会有加 1 分，而是被扣减 3 分。

下面，编程实现刺猬的捣蛋过程。

❶　选中刺猬。在角色列表区选中刺猬，对刺猬进行编程，可以看到刺猬的代码标签页是空的，没有程序积木，如图 10.35 所示。

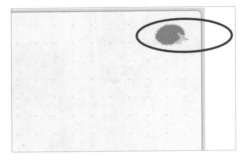

图 10.35　刺猬的"代码"窗口没有积木

根据游戏设计，刺猬的动作跟香蕉非常相似，都是从舞台区的顶端、随机地从上向下掉落，当接近舞台区的底部时消失，但是有以下两个小区别。

◈ 当碰到猴子时，得分不是加 1 分，而是减 3 分。

◈ 刺猬只是偶尔掉落，不会像香蕉一样数量很多。

既然大部分是相似的，就可以取大同、舍小异，可以通过复制来简化编程 —— 复制香蕉的程序给刺猬，然后做相应的修改即可。

那怎么复制呢？Scratch 3.0 提供了在不同角色之间复制程序的方法，那就是拖曳法。即拖动 A 角色的程序块，到角色列表区的 B 角色上。

❷ 复制程序。选中香蕉，在香蕉的代码标签页中拖动"当绿旗被点击"引导的程序块到角色列表区的刺猬上，再释放鼠标，如图 10.36 所示。

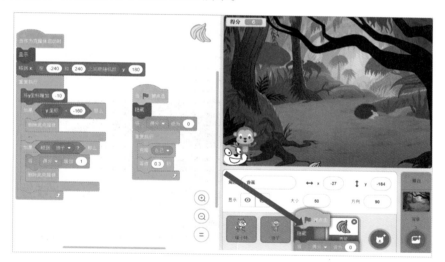

图 10.36　复制第一段程序

> 注意：需要把整个"当绿旗被点击"引导的程序块一起拖到"刺猬"上，再释放，这样才能实现"整段代码"的复制。

选中刺猬，可以看到刺猬的代码标签页已经有了一段以"当绿旗被点击"引导的程序，如图 10.37 所示。

可以看到这段程序跟香蕉的一模一样，就说明已经复制成功了。

同时，观察香蕉的代码标签页，可以看到"当绿旗被点击"引导的程序块仍然存在，并没有消失。这说明复制不会影响到原来的角色。

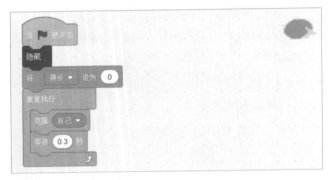

图 10.37 复制的程序块

3 复制第二段程序。用同样的方法，先选中香蕉，把香蕉代码标签页中的"当作为克隆体启动时"引导的程序块，整体拖动到角色列表区的"刺猬"上，再释放鼠标，如图 10.38 所示。

图 10.38 复制第二段程序

选中刺猬，可以看到刺猬的代码标签页已经有了两段程序块，如图 10.39 所示。

可以拖动调整这两段程序的位置，以便更清晰地进行阅读，如图 10.40 所示。

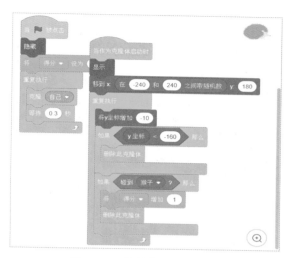

图 10.39 复制来的两段程序

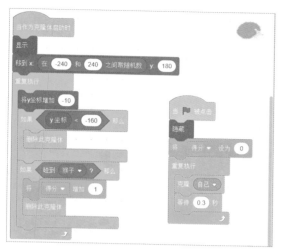

图 10.40 调整程序位置

④ 试运行。单击舞台区左上角的"小绿旗"按钮运行程序，可以看到刺猬已经可以跟香蕉一样从天而降了，被猴子接到却是加 1 分，如图 10.41 所示。

通过复制代码的方法，虽然很快就实现了刺猬从天而降的主要功能，但是也存在以下 3 个问题。

◈ 猴子接到刺猬应该是减 3 分，而不是加 1 分。

◈ 刺猬掉得太密集会减分太多，不利于玩家游戏。

◈ 刺猬的颜色太暗，如果能变成跟香蕉类似的黄色，会更有迷惑性。

接下来调整程序，一一解决这 3 个问题。

⑤ 扣分修改。修改"刺猬"代码中的

图 10.41 刺猬们从天而降

"如果 碰到 猴子 那么"和"将 得分 增加 1"为"将 得分 增加 –3"；同时，拖取指令区中"外观"分类的"思考 嗯……2 秒"积木到"将 得分 增加 –3"积木后面，且修改"嗯……"为"–3"，修改"2 秒"为"0.5 秒"，如图 10.42 所示。

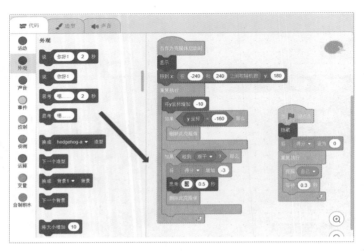

图 10.42　调整得分

试运行。单击"小绿旗"按钮运行程序，可以看到每接到一个刺猬扣 3 分，扣分时还会有"–3"标识。由于刺猬太密集，猴子如果避开不及时，会被扣掉很多分，如图 10.43 所示。

⑥ 密集度修改。修改刺猬的代码中克隆相关的积木，将等待时间由"等待 0.3 秒"改为"等待 1.5 秒"，如图 10.44 所示。

图 10.43　猴子被扣很多分

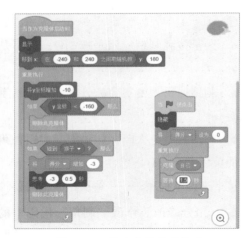

图 10.44　修改克隆的密集度

试运行。单击"小绿旗"按钮运行程序，可以看到从天而降的刺猬已经少了很多，有利于猴子及时躲避。

7 修改刺猬的外观。单击指令区顶部的"造型"标签按钮，切换到刺猬的造型标签页，在刺猬的第一个造型中，单击选中刺猬的背部，如图 10.45 所示。

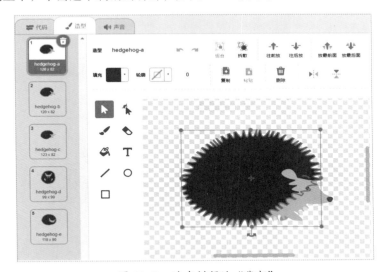

图 10.45 选中刺猬的"背部"

设置填充颜色。单击"填充"右侧的颜色框，设置填充的颜色为"颜色 16、饱和度 77、亮度100"，如图 10.46 所示。

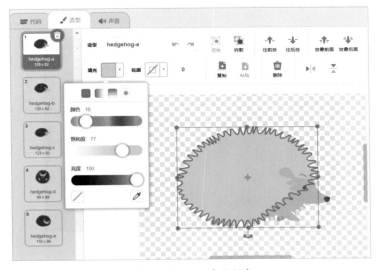

图 10.46 设置填充颜色

设置轮廓颜色。单击"轮廓"右侧的颜色框，设置"轮廓"的颜色为"颜色 0、饱和度 0、亮度 0"，如图 10.47 所示。

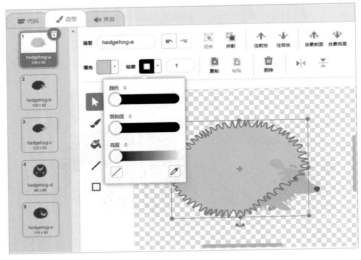

图 10.47　设置轮廓颜色

8 试运行。单击舞台区左上角的"小绿旗"按钮运行程序，可以看到刺猬跟香蕉已经很类似了，都是黄色的，从天而降，很有迷惑性，如图 10.48 所示。

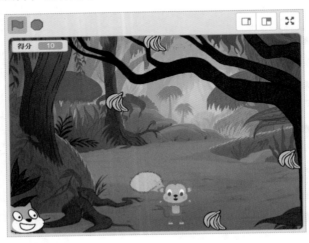

图 10.48　黄色的刺猬

接下来，添加一些声音效果，让游戏更有趣。

9 为刺猬添加声音。选中刺猬，从 Scratch 3.0 声音库的"人声"分类中选择"Ya"选项，返回到声音标签页如图 10.49 所示。

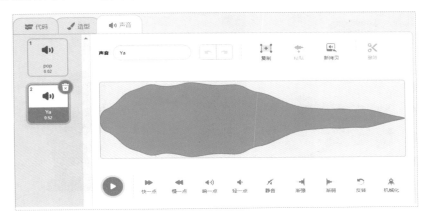

图 10.49　成功添加声音 Ya

回到刺猬的代码标签页，在"思考 –3 0.5 秒之前"积木，拖入"声音"分类中的"播放声音 pop"积木，且修改为"播放声音 Ya"，如图 10.50 所示。

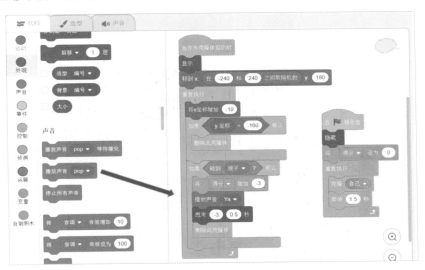

图 10.50　播放声音"Ya"

10 为香蕉添加声音。选中香蕉，拖取指令区中"声音"分类的"播放声音 Chomp"积木到香蕉的代码标签页，并拼合在"将 得分 增加 1"积木的后面，如图 10.51 所示。

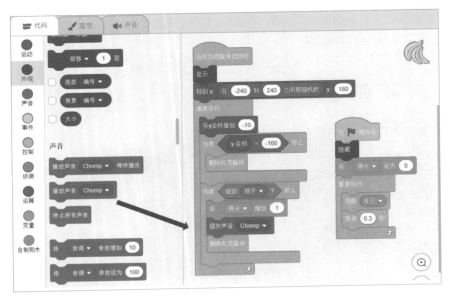

图 10.51　播放声音"Chomp"

⑪ 运行程序。单击舞台区左上角的"小绿旗"按钮运行程序，可以看到游戏"猴子的盛宴"已经完美地展开了，有香蕉，也有刺猬，如图 10.52 所示。

图 10.52　猴子的盛宴

10.7 **完整的程序**

"猴子的盛宴"学习的重点是直角坐标移动、"克隆"组积木的使用、变量的使用，还学习了程序的复制等，完整的程序分为 4 个部分。

第一部分是对"猴子"进行编程，重点是"直角坐标移动"动画，程序如图 10.53 所示。

第二部分是对"背景"进行编程，主要是背景音乐的循环播放，程序如图 10.54 所示。

图 10.53 对"猴子"编程

图 10.54 对"背景"编程

第三部分是对"香蕉"进行编程，重点是"变量"和"克隆"组积木的使用，程序如图 10.55 所示。

第四部分是对"刺猬"进行编程，重点是"变量"和"克隆"的使用，同时学会阅读和复制程序，程序如图 10.56 所示。

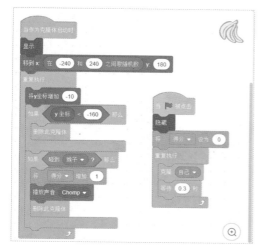

图 10.55 对"香蕉"编程

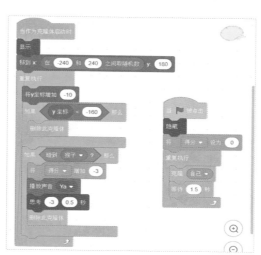

图 10.56 对"刺猬"编程

第11章

遇见潜水员

看过猴子的香蕉盛宴后，喵小咪继续前行，越过山冈，展示在眼前的是一望无际的大海。

在阳光的照射下，海面反射着金光，一阵阵咸咸的海风吹来，喵小咪感觉十分舒适。

这时，海面上冒出一个潜水员，他还朝喵小咪招手呢！他穿着黄色的潜水服，背着绿色的氧气瓶，好酷呀！喵小咪真想跟着潜水员一起潜入深海，看一看美丽的海底世界。

11.1 游戏流程分析

微风吹拂海面，顿时波光粼粼，远处的城市和高楼依稀可见。潜水员浮出水面，向喵小咪挥挥手，又快速潜入海底。海底又是另一番景象，阳光穿过蔚蓝的海水，洒在海底的珊瑚上，五彩缤纷、光影婆娑。潜水员要开始表演了，他先来了一组前滚翻，动作灵活、连贯流畅，引得海星也学着他翻滚起来，接着又做了一组后滚翻，博得一群小鱼的欢呼。潜水员再接再厉，又做了一组前后运动，时而像是要海底探宝、时而又裹足不前，表演非常精彩，让人忍俊不禁。

要在 Scratch 3.0 中复现潜水员从海面下潜和在海底表演的过程，至少需要两个不同的背景，一个是海面，另一个是海底。晴空万里，海面上浪花朵朵，如图 11.1 所示。海底有珊瑚、海星和各种水草，五彩斑斓、色彩缤纷，如图 11.2 所示。

图 11.1　遇见潜水员 —— 海面

图 11.2　遇见潜水员 —— 海底

潜水员从海面潜入海底，需要做两个背景的切换。在海底，潜水员表演前滚翻和后滚翻时，需要用到角色的旋转等；潜水员做前后表演时，需要用到角色的位移等。

11.2 初始化多场景游戏

在 Scratch 3.0 中创建一个新项目，从零开始编程"遇见潜水员"游戏。

在这个游戏中，第一次用到两个场景，一个是海面，另一个是海底。接下来添加这两个场景。

❶ 导入海面背景。在角色列表区的最右侧，单击"选择一个背景"按钮，从背景库的"户外"分类中选择"City With Water"选项，将背景导入到舞台区，如图 11.3 所示。

图 11.3　导入海面背景

❷ 导入海底背景。用同样的方法，再次单击"选择一个背景"按钮，从背景库的"户外"分类中选择"Underwater 1"选项，导入后如图 11.4 所示。

图 11.4　导入海底背景

❸　为背景改名。单击指令区顶部的"背景"标签按钮，可以看到当前项目有 3 个背景，编号 1 是默认的空背景，编号 2 和编号 3 是刚刚导入的背景，如图 11.5 所示。

图 11.5　背景标签页

注意：单击"背景标签页"左侧的背景图标按钮，可以切换"舞台区"所使用的背景。

单击编号为 3 的背景图标按钮，在"造型"右侧的输入框中输入"水下背景"，给编号 3 的背景一个更容易标识的命名，如图 11.6 所示。

用同样的方法，单击编号 2 的背景图标按钮，在"造型"右侧的输入框中输入"水面背景"，给编号 2 的背景重新命名，如图 11.7 所示。

图 11.6 命名"水下背景"

图 11.7 命名"水面背景"

❹ 导入潜水员。在水面背景的状态下，单击角色列表区的"选择一个角色"按钮，从角色库的"人物"分类中选择"Diver2"选项，如图 11.8 所示。

喵小咪在本项目中是观众，可以先将它拖到舞台区的左下角，再来调整"潜水员"的位置。

观察一下潜水员，可以发现有以下两个明显的问题。

💧 潜水员在舞台区的位置太靠上了，没有真正落入水中，而是飘在空中。

💧 潜水员尺寸有些小，作为主角应该再大一点。

图 11.8 导入潜水员

接下来在角色列表区选中"潜水员"角色按钮,对"潜水员"进行编程,初始化潜水员的大小和位置。

⑤ 初始化角色。拖取指令区中"事件"分类的"当绿旗被点击"积木、"外观"分类的"将大小设为100"积木、"运动"分类的"移到 x: y:"积木到潜水员的代码标签页,并且修改参数为"将大小设为150"和"移到 x: -25 y: -75",拼合好如图11.9所示。

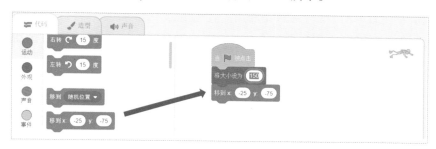

图 11.9 初始化潜水员

"将大小设为150"的意思是按150%的比例来显示潜水员,也就是将潜水员放大1.5倍。

> 注意:积木"将大小设为150"的功能,跟前文在角色列表区中设置"大小"属性为"150",是完全一样的。也就是说有一些功能,既可以通过属性来实现,也可以通过运行积木来实现,不同的是积木可以在程序运行的过程中实时调整,比属性更灵活一些。

⑥ 试运行。单击舞台区左上角的"小绿旗"按钮运行程序,可以看到潜水员角色大小和位置都比较适合了,如图11.10所示。

只见潜水员在水面对着喵小咪招了招手,说"我要潜水啦!"然后他低头朝向侧下方缓缓地潜入水中。

接下来,编程实现潜水员向下潜水的动作。

图 11.10 初始化潜水员的大小和位置

11.3 方向与角度

在前面的章节中，一共学习过两种让角色运动的方法。一种是利用"移动 10 步"积木，会让角色向前或从左向右运动。另外一种是利用"直角坐标"运动，如"将 x 坐标增加 10"或"将 y 坐标增加 10"积木，可以让角色左右或上下运动。那么，怎么实现朝侧下方运动呢？

侧下方表明不是做单纯地左右运动，也不是上下运动，而是一个斜方向。这里就需要用到方向与角度了。先绘制一个潜水员潜入水中的线路，如图 11.11 所示。

图 11.11 中红色箭头所指的方向，就是潜水员下潜的方向，潜水员会头朝这个方向潜入深海中。

根据前面章节学习的内容可以知道，要向这个斜方向前进，不只是在 x 坐标方向要变化，在 y 坐标方向上也要发生变化，这样就很难用 x、y 准确地表达出来。那怎么办呢？

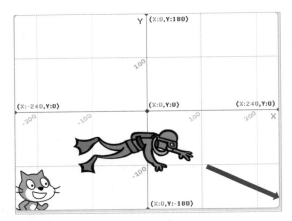

图 11.11　潜水员潜入水中的线路

仔细观察潜水员角色，可以在角色列表区中找到"方向"属性（默认值为 90），单击输入框里"90"这个值，会弹出一个圆盘，圆盘上有一个蓝色的指针，如图 11.12 所示。

用鼠标拖动圆盘上的指针，可以看到随着指针的转动，潜水员也会跟着转动，同时表现在"方向"数值的变化上，如图 11.13 所示。

连续拖动指针，可以观察到：当指针指向竖直向上的方向时，方向显示为 0 度；指针指向水平向右的方向时，为 90 度；指向竖直向下的方向时，为 180 度；指向水平向左的方向时，为 –90 度，分别如图 11.14 ～ 图 11.17 所示。

注意：从竖直向上的 0 度开始，沿顺时针方向旋转一周，再回到 0 度位置，一共转了 360 度，沿逆时针方向旋转 360 度也会回到 0 度方向。

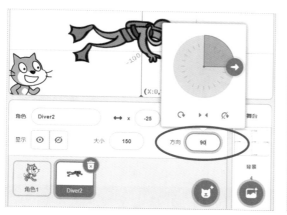

图 11.12 "方向"圆盘

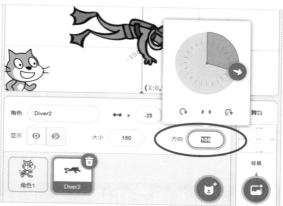

图 11.13 "方向"指针的转动

图 11.14 竖直向上为 0 度

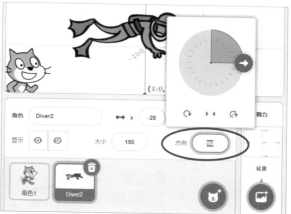

图 11.15 水平向右为 90 度

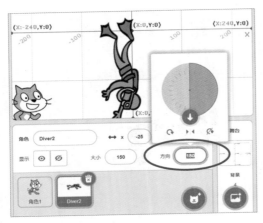

图 11.16　竖直向下为 180 度

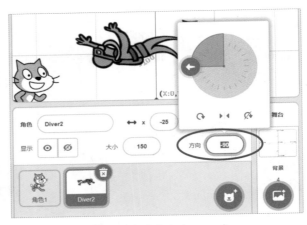

图 11.17　水平向左为 -90 度

11.4　背景动态切换

认识了方向与角度，接下来就可以利用方向这个特性，实现潜水员向斜下方运动的效果。

❶ 选中"潜水员"角色按钮，切换到潜水员的代码标签页，对"潜水员"进行编程。

❷ 方向控制。拖取指令区中"运动"分类下的"面向 90 方向"积木，到潜水员的代码标签页，单击输入框中的"90"，在弹出的圆盘中拖动指针，调整为"105"，如图 11.18 所示。

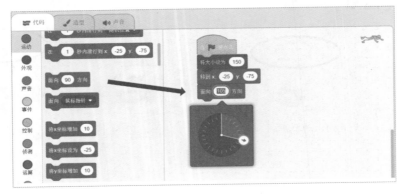

图 11.18　面向 105 方向

注意：前面的章节中介绍过，积木和属性都可以对角色进行设置，这里使用的"面向105方向"积木与在角色列表区设置方向值为105，效果完全一致。

❸ 斜向运动。拖取指令区中"控制"分类的"重复执行10次"积木和"运动"分类的"移动10步"积木到潜水员的代码标签页，并拼合好如图11.19所示。

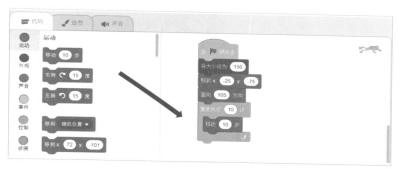

图11.19 斜向运动

"面向105方向"积木会让潜水员朝向斜下方向，朝这个方向再持续"移动10步"，潜水员就会逐渐向水下潜去。

下面，将背景切回到水面背景，观察程序运行的结果。

❹ 试运行。单击舞台区左上角的"小绿旗"按钮运行程序，可以看到潜水员已经可以向斜下方向运动了，如图11.20所示。

多次单击"小绿旗"按钮试运行，可以看到，每次潜水员都只向斜下方运动一小段，很快就会停下来。他为什么不一直向下潜呢？聪明的你有没有想到什么好的办法来调整？

图11.20 潜水员向斜下方向运动

❺ 调整下潜深度。在潜水员的代码标签页，修改"重复执行10次"为"重复执行50次"或者"重复执行100次"，再单击"小绿旗"按钮运行，可以看到这次潜水员下潜的深度明显增加，直到不见踪影，如图11.21所示。

图 11.21　调整下潜深度

潜水员能持续下潜，直到在水面消失，效果非常好！但是，接下来是不是应该将背景切换到"水下背景"，并且让潜水员出现在"水下"呢？这样画面才显得连贯！

⑥ 切换背景。拖取指令区中"控制"分类的"重复执行直到"积木、"侦测"分类的"碰到鼠标指针"积木、"外观"分类的"换成 背景1 背景"积木，移动到潜水员的代码标签页，且修改"碰到 鼠标指针"为"碰到 舞台边缘"，修改"换成 背景1 背景"为"换成 水下背景 背景"，如图 11.22 所示。

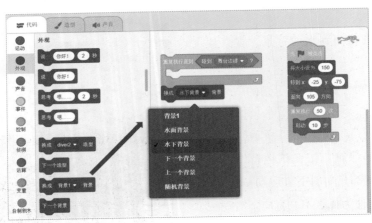

图 11.22　切换背景

⑦ 有条件的重复执行。用这组"重复执行直到"积木块代替原来程序中的"重复执行 10 次"，再将"移动 10 步"积木拼合到"重复执行直到"积木的 C 型开口中，如图 11.23 所示。

注意：要删除代码标签页中的"重复执行"积木，只需要将它拖回指令区即可。

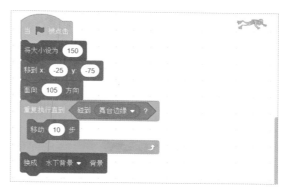

图 11.23　有条件的重复执行

阅读这段调整后的程序："当绿旗被点击"时，设置潜水员初始的大小和位置，再让他朝斜下方（即"面向 105 方向"）沿着这个方向一直"移动 10 步"，直到"碰到 舞台边缘"，就把当前背景"换成 水下背景"。

❽ 试运行。单击舞台区左上角的"小绿旗"按钮运行程序，可以看到潜水员向斜下方潜去，到达舞台区的边缘时就停下，并且背景切换为水下背景，如图 11.24 所示。

背景切换非常成功，但是潜水员的动作为什么没有继续呢？进入水下背景后，潜水员应该从左上角缓缓潜入才对，这样才显得连贯（才有拍电影时"蒙太奇效果"）。所以，场景切换程序有以下两个问题需要解决。

图 11.24　切换为水下背景

♦ 切换到水下背景后，潜水员没有从左上角进入。

♦ 单击"小绿旗"按钮重新开始运行程序，无法切回到水面背景。

接下来，编程解决这两个问题。

❾ 修改初始背景。拖取指令区中"外观"分类的"换成 背景 1 背景"和"说 你好！ 2 秒"积木到潜水员的代码标签页，拼合到潜水员初始状态的前后，并修改"换成 背景 1 背景"为"换成 水面背景 背景"，修改"说 你好！ 2 秒"为"说 我要潜水啦！ 3 秒"，如图 11.25 所示。

阅读修改后的这段程序："当绿旗被点击"启动程序时，先把背景切换成"水面背景"，再设置潜水员的初始大小和位置，说"我要潜水啦！"，3 秒后开始潜水。

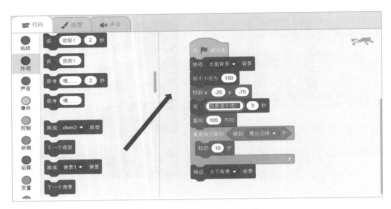

图 11.25　修改初始背景

　　试运行。单击"小绿旗"按钮运行程序，可以看到两个背景的切换已经非常顺畅了，由于有"说话 3 秒"积木，水面背景的展示时间也比较充分，如图 11.26 所示。

　　但是，仔细观察潜水员初始的姿势，可以看到他跟喵小咪打招呼时，身体并不是水平于水面的，而是斜向的"面向 105 方向"，显得不太自然。这是一个小问题，可以添加一个初始化积木"面向 90 方向"修正，如图 11.27 所示。

图 11.26　水面效果

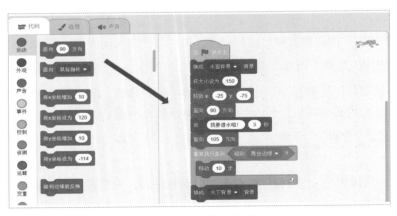

图 11.27　初始化潜水员的方向

⓾ 背景切换事件。拖取指令区中"事件"分类的"当背景换成 背景1"积木、"运动"分类的"移到 x: y: "积木到潜水员的代码标签页，并修改"当背景换成 背景1"为"当背景换成水下背景"，修改"移到 x: y: "为"移到 x:-260 y:160"，如图 11.28 所示。

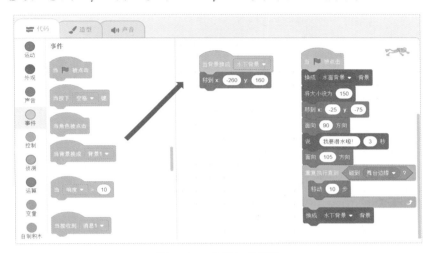

图 11.28　背景切换事件

当背景被切换成"水下背景"时，会触发"当背景换成 水下背景"事件，会让"当背景换成 水下背景"引导的积木块被执行。

试运行。单击"小绿旗"按钮运行程序，可以看到当潜水员碰到舞台边缘时，背景切换为"水下背景"，同时"当背景换成 水下背景"事件被触发，潜水员移到舞台区的左上角，如图 11.29 所示。

到这里，水面和水下场景的切换已经能正常运行，潜水员也能顺利地进入水下。接下来，编程让潜水员在水下表演一番，比如翻两个跟斗等。

图 11.29　背景切换为水下背景

11.5 潜水员水下表演

潜水员在开始水下表演前，需要先游到舞台区接近中央的位置，再翻跟斗等。

❶ 游到中央。拖取指令区中"运动"分类的"面向 90 方向"和"移动 10 步"积木，以及"控制"分类的"重复执行 10 次"积木，移动到潜水员的代码标签页，并修改"面向 90 方向"为"面向 120 方向"，修改"重复执行 10 次"为"重复执行 30 次"，拼合在背景切换事件中"移到 x:-260 y:160"积木的下方，如图 11.30 所示。

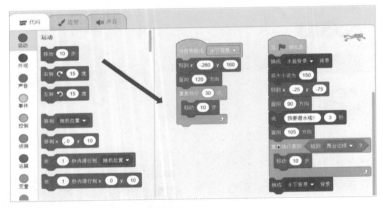

图 11.30　游到中央

注意：这里使用"面向 120 方向"积木调整一下潜水员的方向，以便更准确地游向中央位置。

试运行。单击"小绿旗"按钮可以看到，切换到水下背景以后，潜水员会从左上角游到舞台区中央的位置，如图 11.31 所示。

❷ 水中翻跟斗。拖取指令区中"控制"分类的"重复执行 10 次"积木、"运动"分类

图 11.31　在水下运动

的"右转 15 度"积木，并移动到潜水员的代码标签页，拼合到"重复执行 30 次"积木下方，并修改"重复执行 10 次"为"重复执行 33 次"，修改"右转 15 度"为"右转 10 度"，如图 11.32 所示。

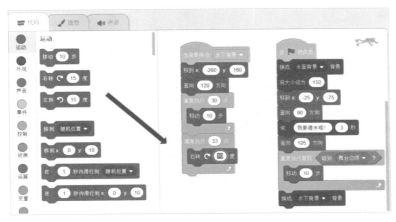

图 11.32　旋转代码

注意：为什么要调整为重复执行"33"次，每次右转"10"度？在第 11.3 节中了解到旋转一周是 360 度。潜水员的初始角度为 120 度，重复 33 次，潜水员共旋转 33×10=330 度。从 120 度方向开始右转 330 度后，正好是面向 90 度方向，也就是水平方向。

图 11.33　水中前滚翻

试运行。单击"小绿旗"按钮运行程序，可以看到潜水员在水中愉快地翻了个跟斗，如图 11.33 所示。

❸ 反向再翻个跟斗。拖取指令区中"控制"分类的"等待 1 秒"和"重复执行 10 次"积木，以及"运动"分类的"左转 15 度"积木，移动到潜水员的代码标签页，拼合在"重复执行 33 次"积木下方，并且修改"重复执行 10 次"为"重复执行 36 次"，修改"左转 15 度"为"左转 10 度"，如图 11.34 所示。

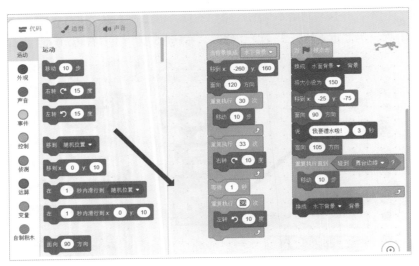

图 11.34　左转 360 度代码

试运行。单击"小绿旗"按钮运行程序，可以看到潜水员按顺时针方向翻了一个跟斗以后，停顿 1 秒，再按逆时针方向翻了一个跟斗。

潜水员在水下的前滚翻和后滚翻动作非常潇洒，接下来，再让潜水员做几组前后运动，让动画更有趣。

❹　前后运动。拖取指令区中"控制"分类的"等待 1 秒"和"重复执行 10 次"积木，以及"运动"分类的"移动 10 步"积木，并移动到潜水员的代码标签页，并拼合到"重复执行 36 次"积木下方，如图 11.35 所示。

试运行。单击"小绿旗"按钮运行程序，可以看到潜水员在翻了两个跟斗以后，等待 1 秒，接着向前运动了一段。

潜水员不只是会向前运动，还可以向后运动！接下来继续添加向后运动的代码。拖取指令区中"控制"分类的"等待 1 秒"和"重复执行 10 次"积木，以及"运动"分类的"移动 10 步"积木，并移动到潜水员的代码标签页，并修改"移动 10 步"为"移动 –10 步"，拼合到向前运动代码的下方，如图 11.36 所示。

> 注意：如果积木过多、代码过长，可以单击代码标签页右下角的缩小按钮"–"来缩小积木，同样可以单击"+"按钮来放大积木，单击"="按钮恢复到初始大小。

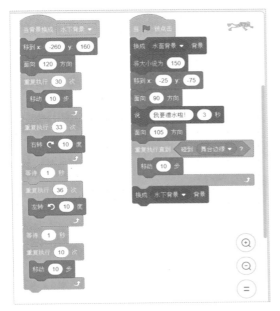

图 11.35 向前运动代码

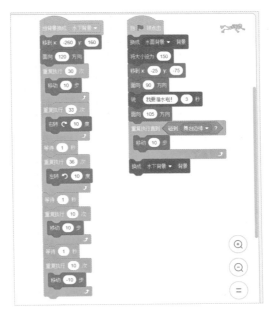

图 11.36 向后运动代码

试运行。单击"小绿旗"按钮运行程序，可以看到这次潜水员不仅可以向前运动，也可以向后运动了。

但是有个问题：潜水员向前和向后各运动一次就结束了，画面静止下来，显得不是太有活力。怎样才能让潜水员一直来回地运动呢？聪明的你有没有什么好办法？

"重复执行"是一个 C 型积木，可以把 C 型开口中的所有积木反复地执行，利用这个特点，给刚刚添加的两段来回运动的积木，添加一个"重复执行"积木，如图 11.37 所示。

试运行。单击"小绿旗"按钮运行，可以看到，这次潜水员可以反复地在水中向前、向后运动，画面不再静止了。

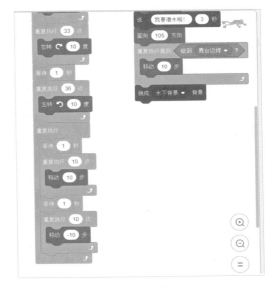

图 11.37 重复执行

这段水下表演，聪明的你还可以继续编程，为潜水员编出各种花式的动作。但是，程序仍然不够完美，有以下两个问题需要解决。

- 前后运动的速度比较快，不太符合水中运动的特点，水中运动应该慢一点才好。
- 程序太过冗长，代码标签页一屏显示不下，不利于阅读和维护。

接下来，编程解决这两个问题。

❺ 自制积木。单击指令区中"自制积木"分类的"制作新积木"按钮，自己制作一个新积木，如图 11.38 所示。在弹出的窗口中输入积木名称，例如"前后运动"，如图 11.39 所示。

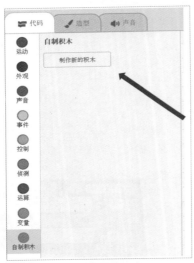

图 11.38　制作新的积木

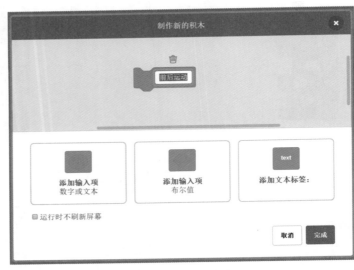

图 11.39　给自制积木命名

单击"完成"按钮，在指令区的"自制积木"中可以看到多出了一个红色的"前后运动"积木；同时，在潜水员的代码标签页，也多出了一个"定义 前后运动"积木，如图 11.40 所示。

可以自己定制一个"自制积木"，将多个基础积木组合成一个新的"自制积木"，以方便使用。

> 注意："自制积木"就相当于高级程序语言中的"自定义函数"或"自定义方法"，在 Scratch 3.0 中通过"自制积木"可以实现代码的重用和更清晰的代码逻辑。

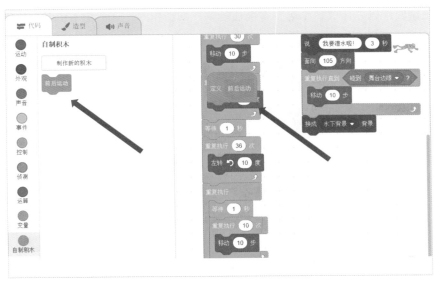

图 11.40　定义自制积木

接下来，拖动潜水员代码标签页的"定义　前后运动"积木到一个空地，并把"重复执行"积木 C 型开口里的内容拖动到"定义　前后运动"积木的下面，如图 11.41 所示。

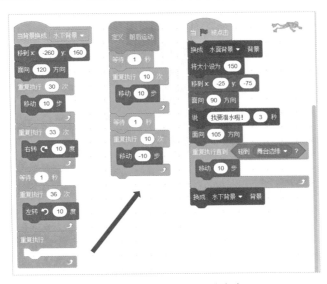

图 11.41　"前后运动"的内容

阅读一下这段代码：定义一个名为"前后运动"的新积木，这个积木由基础积木组成，完成向前和向后的运动。

接下来调用这个新积木。拖取指令区中"自制积木"分类的"前后运动"积木到潜水员的代码标签页，并拼合到"重复执行"积木中，如图 11.42 所示。

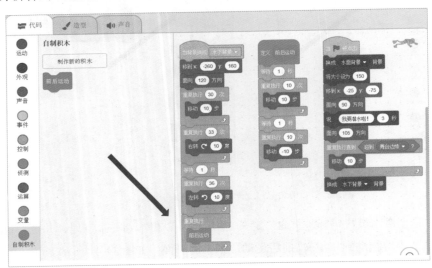

图 11.42　使用"前后运动"积木

这样，就使用"前后运动"这个新积木代替了原来"重复执行"积木 C 型开口中的所有积木。一个直观的优点，就是让"当背景换成　水下背景"程序块缩短了，也更好理解了，在翻两个跟斗以后，只需要重复执行"前后运动"即可。

试运行。单击"小绿旗"按钮运行，可以看到潜水员跟前面一样可以很好地前后运动，说明"自制积木"成功。通过添加和调用一个"自制积木"，有效地缩短了"当背景换成　水下背景"主程序的长度，增加了程序的可读性。

❻ 调整运动速度。修改潜水员代码标签页的"定义　前后运动"积木，将"重复执行 10 次"改为"重复执行 33 次"，将"移动 10 步"改为"移动 3 步"，将"移动 −10 步"改为"移动 −3 步"，如图 11.43 所示。

试运行。单击"小绿旗"按钮运行程序，可以看到潜水员在水下前后运动的速度明显慢下来了，动作也更平滑，更符合水下运动的特点。同时，这个小小修改也说明了以下两个问题。

💧 在"自定义积木"中所做的修改，对于调用的程序是有效的。

◆ 减少移动的步数，同时增加执行的次数，会让角色的动作更平滑。

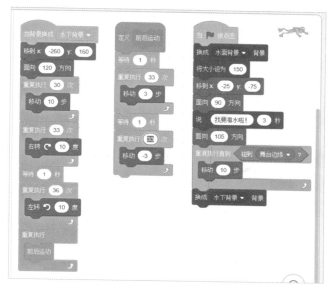

图 11.43 调整运动速度

接下来，给这个程序添加背景音乐，让小游戏更有氛围。

7 添加音乐。在角色列表区的右侧选中"背景"选项，单击指令区顶部的"声音"标签按钮，从声音库的"可循环"分类中选择"Drip Drop"选项，如图 11.44 所示。

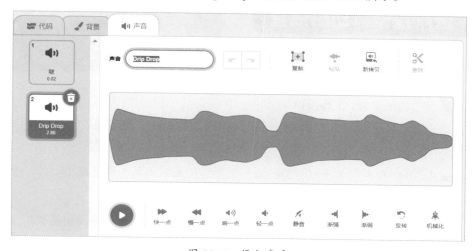

图 11.44 添加音乐

单击指令区顶部的"代码"标签按钮，返回背景的代码标签页，为背景编程。

拖取指令区中"事件"分类的"当背景的换成 背景 1"积木、"控制"分类的"重复执行"积木、"声音"分类的"播放 啵 等待播完"积木，并移动到背景的代码标签页，并拼合好，修改"当背景的换成 背景 1"为"当背景的换成 水下背景"，修改"播放 啵 等待播完"为"播放 Drip Drop 等待播完"，如图 11.45 所示。

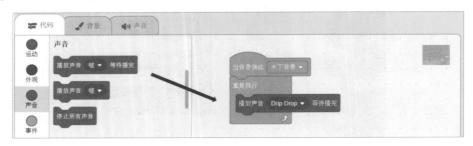

图 11.45 播放背景音乐

❽ 运行程序。单击舞台区左上角的"小绿旗"按钮运行程序，可以看到潜水员从水面潜入水底，在水底伴着音乐翻跟斗做表演，如图 11.46 所示。

图 11.46 遇见潜水员

11.6 进阶探索：动感海星

潜水员表演前滚翻的动作流畅优美，吸引了很多海底小动物的目光，纷纷前来模仿，这其中就包括小海星。小海星也要学着潜水员做前滚翻的动作。接下来，编程实现一个"动感海星"。

由于 Scratch 3.0 的角色库中没有合适的海星造型，因此需要从本地电脑中上传一个海星，以供项目使用。

❶ 上传角色。将鼠标移动到角色列表区的"添加角色"按钮上，在弹出的菜单中选择"上传角色"选项，如图 11.47 所示。

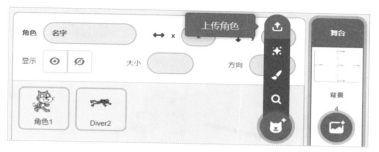

图 11.47　上传角色

在弹出的"打开"窗口中选择本书素材库中第 11 章的"海星.png"选项，确认上传，如图 11.48 所示。

图 11.48　上传海星

默认导入的海星个头有点大，位置也不正确，下面编程调整一下。

❷ 初始化角色。拖取指令区中"事件"分类的"当绿旗被点击"积木、"外观"分类的"将大小设为 100"积木、"运动"分类的"移动到 x: y:"积木，并移动到海星的代码标签页并拼合好，

修改"将大小设为 100"为"将大小设为 60",修改"移动到 x: y:"为"移动到 x:140 y: −140",如图 11.49 所示。

图 11.49　初始化海星的大小和位置

❸　添加旋转效果。拖取指令区中"控制"分类的"重复执行"积木,以及"运动"分类的"右转 15 度"积木,并移动到海星的代码标签页,并拼合好,如图 11.50 所示。

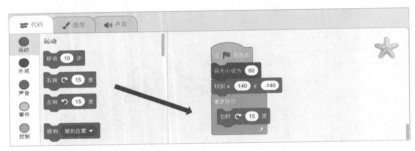

图 11.50　添加旋转效果

❹　试运行。单击舞台区左上角的"小绿旗"按钮运行程序,可以看到海星不断旋转,添加了画面的动感,如图 11.51 所示。

但是在运行中会发现有个问题:当背景切换成水面背景时,海星也一直在旋转。众所周知,海星生活在海里,而不是在水面上呀!那如何保证让海星只在水下出现呢?聪明的你有没有想到什么好办法?

❺　控制海星的出现时机。拖取指令区中"外观"分类的"显示"和"隐藏"积木,以及"事件"分类的"当背景换成 背景 1"

图 11.51　动感海星

积木，并移动到海星的代码标签页，并修改"当背景换成 背景1"为"当背景换成 水下背景"，调整拼合，如图 11.52 所示。

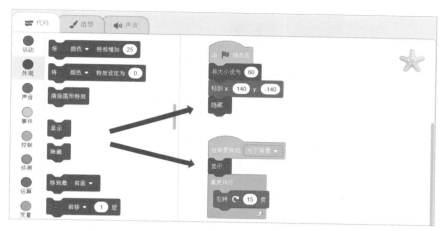

图 11.52 控制海星的出现时机

阅读调整后的程序："当绿旗被点击"时，此时背景切换为"水面背景"，初始化海星的大小和位置后就"隐藏"起来，"当背景换成 水下背景"时，再"显示"出来，且不断旋转。

❻ 运行程序。单击舞台区左上角的"小绿旗"按钮运行程序，可以看到在水面场景中没有海星，但是一切换到海底，海星就显示出来，愉快地前滚翻，如图 11.53 所示。

图 11.53 海星的显示与隐藏

11.7 完整的程序

"遇见潜水员"学习的重点是了解"方向与角度"、学习连贯动作的编程和背景切换事件的使用等，还初步了解了自定义积木的基础知识。完整的程序分为3个部分。

第一部分是对"潜水员"进行编程，重点是"方向与角度"及背景切换事件，程序如图 11.54 所示。

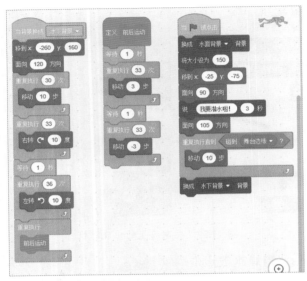

图 11.54　对"潜水员"编程

第二部分是对"背景"的编程，主要是根据背景切换事件，进行背景音乐的循环播放，程序如图 11.55 所示。

第三部分是对"海星"的编程，主要是练习方向旋转与背景切换事件，程序如图 11.56 所示。

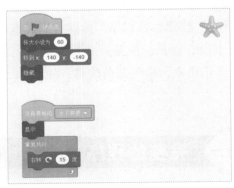

图 11.55　对"背景"编程　　　　　　图 11.56　对"海星"编程

第12章

大象头顶球

看过了潜水员的表演，喵小咪爬上礁石，继续往前走，没过多久，来到了一个小镇。小镇上有许多纵横交错的青石路，简直像迷宫似的。

好不容易围着小镇转了一圈，喵小咪看见了一栋漂亮的建筑。这就是剧场，白墙红瓦，简约大气。入口的天篷处围满了小动物，隐约能听到里面传出的阵阵喝彩声，显然是有大戏在上演。喵小咪赶紧走进剧场，想看个究竟。

12.1 游戏流程分析

原来，剧场里有马戏团正在表演精彩的节目"大象头顶球"。

只见平日里笨拙的大象在舞台上异常灵活，一会儿向左顶球，一会儿向右顶球。不单是弹跳的皮球不会落地，当剧场穹顶出现礼物时，大象还总是能准确地把球顶向礼物，引来观众的阵阵掌声，如图 12.1 所示。

图 12.1　大象头顶球

游戏中除了喵小咪这个观众外，还有 3 个角色：大象、球和礼物。球从剧场的顶部落下，大象要判断落点，将球顶起来，如果没有顶到，球落到地面或观众席，则游戏结束。

球有弹性，碰到剧场的顶部或边缘会反弹回来，增加游戏的乐趣和不确定性。大象每顶到一次球就得 1 分。同时，剧场的顶部会随机出现礼物盒，如果大象能用球顶中礼物盒，则可加 5 分，观众也因此而欢呼。

12.2 有弹性的球

在 Scratch 3.0 中创建一个新项目,全新开始编程"大象头顶球"项目。

❶ 导入背景。在角色列表区的最右侧单击"选择一个背景"按钮,从背景库的"室内"分类中选择"Concert"选项,舞台区如图 12.2 所示。

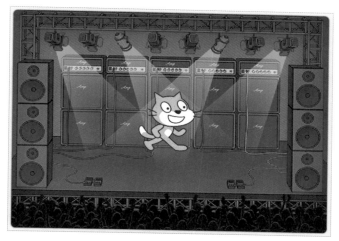

图 12.2 导入背景

注意:在本项目中,喵小咪是观众,可以单击舞台区的喵小咪,将它拖动到左下角。

❷ 添加球。在角色列表区中单击"选择一个角色"按钮,从角色库中选择"Ball"选项,把"球"添加到舞台区。

❸ 初始化球。拖取指令区中"事件"分类的"当绿旗被点击"积木、"外观"分类的"将大小设为 100"积木、"运动"分类的"移动到 x: y:"积木,移动到球的代码标签页,并修改"将大小设为 100"为"将大小设为 60",修改"移动到 x: y:"为"移动到 x: 0 y: 180",拼合好如图 12.3 所示。

图 12.3　初始化球

试运行。单击舞台区左上角的"小绿旗"按钮运行程序，可以看到大球已经变成了大小合适的小球，并且在舞台区的顶部等着掉下来了，如图 12.4 所示。

图 12.4　球在剧场顶部

按照游戏设计的要求：小球从空中落下，如果碰到舞台区的边缘或剧场顶部，就会反弹回来。接下来编程实现一个有弹性的球。

❹　一个有弹性的球。拖取指令区中"控制"分类的"重复执行"积木，以及"运动"分类的"移动 10 步"和"碰到边缘就反弹"积木，移动到小球的代码标签页，并且修改"移动 10 步"为"移动 6 步"，拼合好如图 12.5 所示。

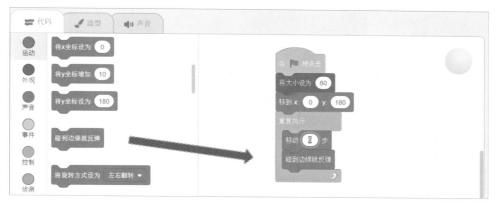

图 12.5　碰到边缘就反弹

试运行。单击"小绿旗"按钮运行，可以看到球已经能在舞台区自由弹跳了，如图 12.6 所示。

图 12.6　有弹性的球

如果多次单击"小绿旗"按钮运行，就可以发现：小球从舞台区顶部掉落的角度，并不总是朝向地面，有时甚至会斜着朝舞台边缘飞！为了确保小球朝向地面掉落，需要给小球添加一个"运动"分类的"面向 90 方向"积木，同时修改"面向 90 方向"为"面向 180 方向"，如图 12.7 所示。

试运行。再次单击"小绿旗"按钮运行，可以看到这次小球朝着地面竖直地向下掉落。

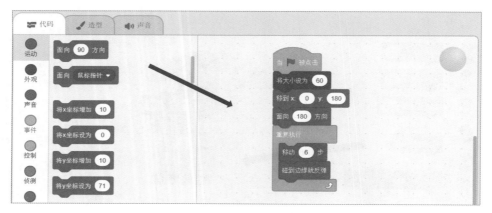

图 12.7　面向 180 方向

但是，观察发现，小球在碰到舞台区的底边后，也是竖直向上地反弹，变成了只会竖直运动的小球了，并没有出现任何其他角度。这显然也不符合游戏设计的要求。

由此可见，小球从舞台区顶部掉落时，不能任由它随意地朝向一个方向，指定成竖直朝向地面也不行。小球掉落时需要朝向一定的角度，一个尽量朝向地面的角度，这个角度的大概范围如图 12.8 所示。

观察图 12.8 可以发现：小球在两条红色的箭头所指的范围内掉落，都比较有利于反弹。在小球的代码标签页中，单击"面向 180 方向"积木中的"180"，在弹出的圆盘中转动指针，可以看到往左侧方向转将在"225"左右，往右侧方向转将在"135"左右，如图 12.9 所示。

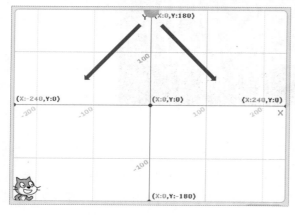

图 12.8　小球掉下的角度范围

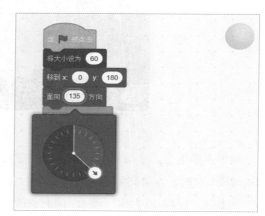

图 12.9　球的初始方向

将指针方向设置为"135"以后，单击"小绿旗"按钮运行，可以看到小球每次都从右侧掉下。同样，如果设置成"225"，则小球每次都从左侧掉下。

但是，小球只会从一个角度掉下，这并不是游戏设计想要的效果。如果希望小球能从图12.8所示的两个红色箭头之间的任意角度掉下，那应该怎么处理呢？聪明的你有没有想到什么好办法？

❺ 从不同角度掉下。拖取指令区中"运算"分类的"在1和10之间取随机数"积木到小球的代码标签页，并修改"在1和10之间取随机数"为"在135和225之间取随机数"，拼合到"面向135方向"积木中，如图12.10所示。

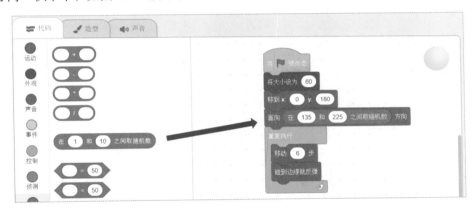

图 12.10　随机的初始角度

> 注意：135方向表示图12.8中右侧的红色箭头所指的方向，225代表左侧红色箭头所指的方向。

前面的章节中学习过的"在1和10之间取随机数"积木，它可以让小球从135度到225度之间随机选择一个角度掉落，可以很好地满足游戏设计的需要。

❻ 试运行。单击舞台区左上角的"小绿旗"按钮运行程序，可以看到小球从顶部落下，在舞台区连续反弹。多次单击"小绿旗"按钮运行程序，可以看到小球会以随机的角度从不同的方向掉落。

12.3 大象表演

小球已经正常运行，接下来该马戏表演的主角大象登场了。

1 导入大象。在角色列表区中单击"选择一个角色"按钮，从"动物"分类中选择
"Elephant"选项，将大象导入到舞台区，如图 12.11 所示。

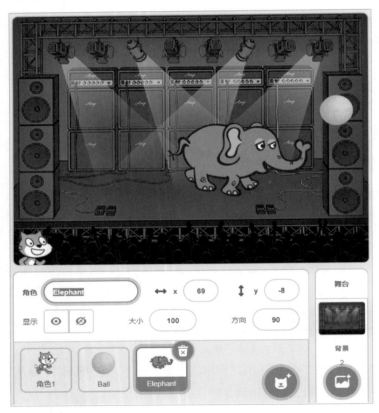

图 12.11　导入大象

观察一下舞台区可以看到，大象的身躯过于庞大，接下来编程初始化大象的大小和位置。

2 初始化大象。拖取指令区中"事件"分类的"当绿旗被点击"积木，"外观"分类的"将
大小设为 100"积木，以及"运动"分类的"移到 x: y:"积木，移动到球的代码标签页，并修改

"将大小设为 100" 为 "将大小设为 50"，修改 "移到 x: y:" 为 "移到 x: 0 y: -76"，拼合好如图 12.12 所示。

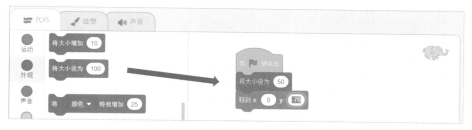

图 12.12 初始化大象

试运行。单击舞台区左上角的小绿旗按钮运行程序，可以看到大象已经变得小巧，并且位于剧院的舞台中央了，如图 12.13 所示。

图 12.13 大象的初始位置和大小

大象要用头顶球，可是小球很调皮，它会来回地弹跳，这就需要大象能够灵活地移动，在小球落地之前，提前跑到落点处。接下来编程帮助大象运动。

❸ 键盘控制。拖取指令区中 "控制" 分类的 "重复执行" 和 "如果 那么" 积木，"运动" 分类的 "面向 90 方向" 和 "移动 10 步" 积木，以及 "侦测" 分类的 "按下 空格 键？" 积木移到大象的代码标签页，并拼合好，如图 12.14 所示。

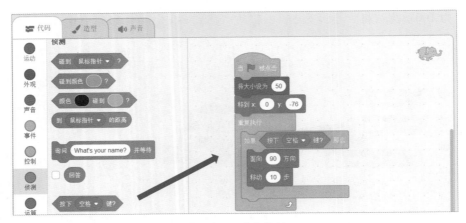

图 12.14　键盘控制

"按下　空格　键？"是一个两头尖的六边形判断积木，用来判断玩家是否按下了键盘上的空格键。

阅读一下这段代码：大象在初始化以后，会"重复执行"判断键盘上的空格键是否被按下，如果按下了空格键，那么就"面向 90 方向"（也就是向右）"移动 10 步"。

试运行。单击小绿旗按钮运行程序，按下电脑键盘上的空格键，发现大象会向右移动；再次按下，大象会再次移动；持续按下，大象会持续向右移动，直到舞台区的最右侧，如图 12.15 所示。

图 12.15　大象向右运动

通过试运行可以观察到，玩家已经能用键盘控制大象的移动了。但是，用空格键还是不太方便。其实电脑键盘上有4个方向键，分别是"←""→""↑""↓"，表示向左移动、向右移动、向上移动和向下移动。接下来，修改程序判断"←""→"是否被按下，并以此控制大象的运动。

在大象的代码标签页，单击"按下　空格　键？"积木中的倒三角按钮，选择"→"选项，如图12.16所示。

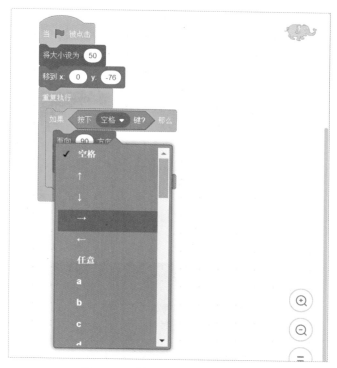

图12.16　判断是否按下"→"键

试运行。单击小绿旗按钮运行程序，按下电脑键盘上的"→"键，发现大象已经可以向右移动了。接下来编写左移代码。

向左移动。拖取指令区中"控制"分类的"如果　那么"积木，"运动"分类的"面向90方向"和"移动10步"积木，以及"侦测"分类的"按下　空格　键？"积木到大象的代码标签页，并拼合到"重复执行"的C型开口中，修改"按下　空格　键？"为"按下　←　键？"，修改"面向90方向"为"面向 –90方向"，如图12.17所示。

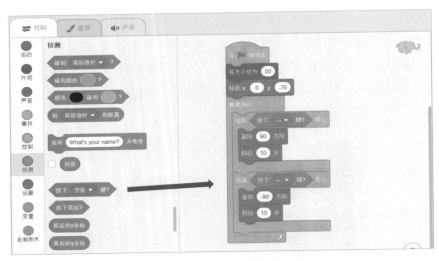

图 12.17　判断是否按下 ←

试运行。单击"小绿旗"按钮运行程序，按下电脑键盘上的"←""→"键，发现大象已经可以向左或向右移动了。

但是，观察发现，当按下"←"键时，大象变成头朝下了，如图 12.18 所示。

图 12.18　大象头朝下

为什么会头朝下呢？头朝下移动不合逻辑，怎样才能保证大象能正常地向左、向右移动呢？聪明的你有没有想到什么好办法？

原来，这是由于大象默认的旋转方式是可以任意翻转的，所以当使用"面向 –90 方向"时，大象会翻转过来。

修改旋转方式。拖取指令区中"运动"分类的"将旋转方式设为 左右翻转"积木到大象的代码标签页，拼合到"移到 x: 0 y: –76"积木下方，如图 12.19 所示。

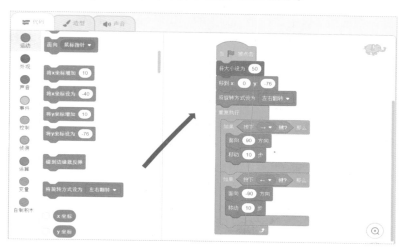

图 12.19　修改旋转方式

试运行。单击"小绿旗"按钮运行程序，按下电脑键盘上的"←""→"键，可以看到大象已经可以很好地左右移动了，向左时不再头朝下，如图 12.20 所示。

图 12.20　向左移动正常

现在大象已经可以正常地左右运动了，只是目前还不会顶球，接下来继续编程完成顶球功能。

所谓顶球，其实就是当小球碰到大象时，让小球反弹回去，也就是方向发生改变即可。接下来在角色列表区选中小球"Ball"角色，为小球编程。

④ 大象顶球。拖取指令区中"控制"分类的"如果 那么"积木、"运动"分类的"面向 90 方向"积木、"侦测"分类的"碰到 鼠标指针？"积木到小球的代码标签页，并修改"碰到 鼠标指针？"为"碰到 Elephant？"，拼合好如图 12.21 所示。

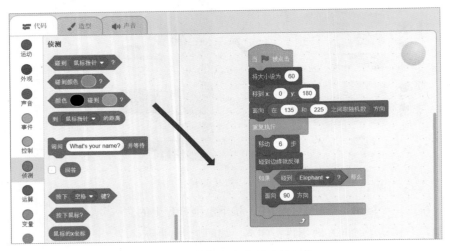

图 12.21　判断小球是否碰到大象

阅读这段新加的代码：在小球不断运动的过程中，如果"碰到 Elephant？"（也就是碰到大象），那么就转变小球的方向，让小球"面向 90 方向"（也就是向右）运动。

试运行。单击小绿旗按钮运行程序，使用电脑键盘上的"←""→"键控制大象，使大象能接到球。可以看到，当球落到大象身上以后，不再沿原来的路径前进，而是向右运动，如图 12.22 所示。

多次单击小绿旗按钮运行程序，观察舞台区大象和小球的互动，可以发现以下两点。

💧 "碰到 Elephant？"积木的侦测作用的确可以让小球转向"面向 90 方向"运动。

💧 "面向 90 方向"并不是正确的方向。

图 12.22　球向右运动

小球碰到大象以后，应该往回反弹！并且，为了让反弹更具趣味性，应该让小球朝不同的角度反弹，如图 12.23 所示。

图 12.23 中左右两个红色箭头所指的方向，都是适合反弹的方向。朝向这个范围的角度反弹，小球的运动线路都会非常自然。

单击小球代码标签页里"面向 90 方向"积木中"90"，在弹出的圆盘中拖动指针，可以看到左侧箭头所指方向约为"–45"度方向，右侧箭头所指方向约为"45"度方向，如图 12.24 所示。

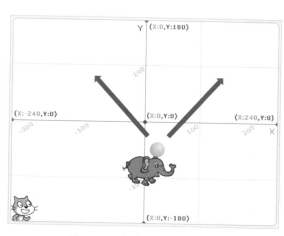

图 12.23　朝向不同角度反弹

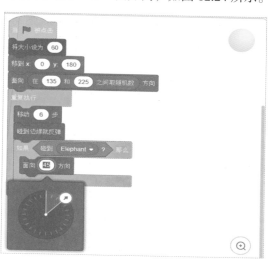

图 12.24　小球反弹的方向

那么，如何让小球在 −45 度到 45 度之间随机反弹呢？聪明的你有没有什么好方法？

随机反弹。拖取指令区中"运算"分类的"在 1 和 10 之间取随机数"积木到小球的代码标签页，拼合到"面向 90 方向"积木中，并修改"在 1 和 10 之间取随机数"为"在 −45 和 45 之间取随机数"，如图 12.25 所示。

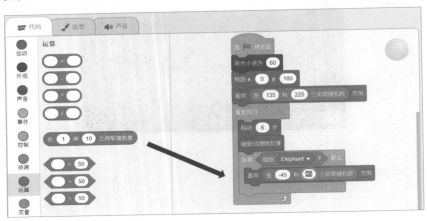

图 12.25　面向随机方向反弹

5　试运行。单击舞台区左上角的小绿旗按钮运行程序，可以看到大象顶到小球以后，小球会自然地反弹回去。

12.4　给游戏计分

为了鼓励玩家操控大象顶球，接下来给小游戏添加一个计分功能，让大象每顶到一次小球得分加 1。在"猴子的盛宴"中已经学习过 Scratch 3.0 的"变量"，这里使用相同的方法实现。

1　选中小球。在角色列表区选中"Ball"角色，对小球编程。

2　添加变量。打开指令区的"变量"分类，单击"建立一个变量"按钮，如图 12.26 所示。

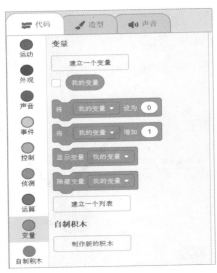

图 12.26　建立一个变量

在弹出的界面中输入新变量名，例如"得分"，如图 12.27 所示。

图 12.27　输入新变量名

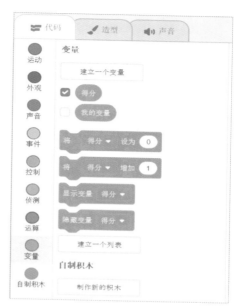

图 12.28　"得分"变量

单击"确定"按钮以后，在指令区的"变量"分类中，可以看到"得分"这个变量，如图 12.28 所示。

同时，在舞台区的左上角，也会出现"得分"这个变量的显示牌，如图 12.29 所示。

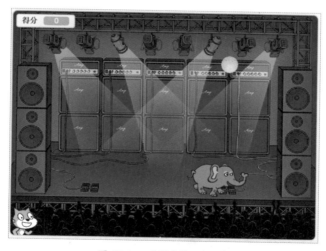

图 12.29　"得分"显示牌

❸ 得分功能。拖取指令区中"变量"分类的"将 得分 设为 0"和"将 得分 增加 1"积木到小球的代码标签页，并拼合好，如图 12.30 所示。

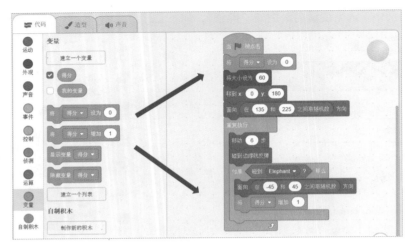

图 12.30　得分功能编程

阅读这段新加的代码："当绿旗被点击"时，将"得分"变量清 0，小球开始运动，如果小球碰到大象，也就是说大象顶到球，那么将"得分"增加 1 分。

试运行。单击小绿旗按钮运行程序，可以看到大象每顶到一次球，积分增加 1 分，如图 12.31所示。

图 12.31　大象顶球得分

但是，观察舞台区发现，"得分"显示在舞台区的左上角，偶尔还是会挡住小球的运行（特别是可能影响到后文中礼物的显示），因此需要改变"得分"变量显示牌的位置。

④ 改变显示位置。拖动舞台区的"得分"显示牌，将它放置在舞台区的右下角，这样就不会影响其他角色的显示，如图 12.32 所示。

图 12.32　改变显示牌位置

12.5 退出条件判断

"大象头顶球"游戏到现在已经有了一个雏形，但是试运行后会发现它有个大 bug（问题）：无论大象有没有顶到小球，小球都会继续反弹。即使大象错过了小球而没有顶到球，小球掉到舞台区的底部也还是会自己反弹上来，也就是说，这个游戏不会结束！

> 注意：Bug 是编程中常见的一个俗语，表示程序中的问题或错误。早期的计算机体积庞大，有一次工程师发现程序不能正常运行的原因，是电路板上爬进了一只虫子（bug），此后就把影响程序正常运行的问题或错误戏称为 bug，一直沿用至今。

游戏不会结束的确是一个大 bug，接下来给这个游戏增加一个结束判断：只要大象没有顶到球，游戏就结束！

问题是如何判断出大象没有顶到球呢？聪明的你有没有想到什么好办法？

如果大象没有顶到小球，小球就会继续向下移动，导致小球的坐标位置会低于大象的位置。因此，要确定大象没有顶到球，只需要判断小球的 y 坐标所处的位置，是否低于大象的 y 坐标即可。只要小球的 y 坐标比大象的 y 坐标还小，就证明大象一定没有顶到球，程序就可以结束了。

1 选中小球。在角色列表区选中"Ball"角色，为小球编程。

2 判断位置。拖取指令区中"控制"分类的"如果 那么"和"停止 全部脚本"积木，"运算"分类的"< 50"积木，以及"运动"分类的"y 坐标"积木移动到小球的代码标签页，并修改"< 50"为"< –150"，拼合好如图 12.33 所示。

阅读这段新加的代码：在小球运行的过程中，如果发现自己的 y 坐标小于 –150 了，也就是明显小于大象的 y 坐标 –76（前面设置过大象的 y 坐标，在大象运动的过程中 y 坐标始终保持不变），则说明大象没有顶到球，就执行"停止 全部脚本"以结束程序。

3 试运行。单击舞台区左上角的"小绿旗"按钮运行程序，可以看到只要大象没有顶到球，球向下运动一会儿，游戏就会自动结束。

接下来，给游戏添加背景音乐和声音效果，以增加游戏的趣味性。

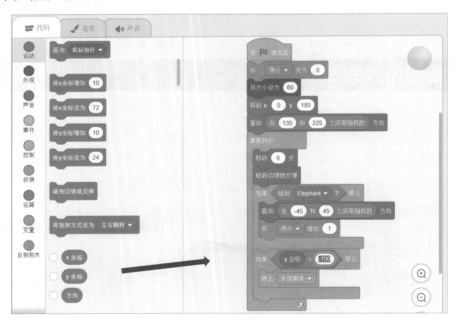

图 12.33　y 坐标判断

4 添加背景音乐。选中背景（单击角色列表区最右侧的"背景"），单击指令区顶部的"声音"

标签按钮，单击"选择一个声音"按钮，在声音库的"可循环"分类中选择"Chill"选项，如图12.34 所示。

图 12.34　添加背景音乐

单击指令区顶部的"代码"标签按钮，返回背景的代码标签页。

从指令区的"事件"分类中拖取"当绿旗被点击"积木，从"控制"分类中拖取"重复执行"积木，从"声音"分类中拖取"播放声音 啵 等待播完"积木，并修改"播放声音 啵 等待播完"为"播放声音 Chill 等待播完"，拼合好如图 12.35 所示。

图 12.35　循环播放背景音乐

试运行。单击"小绿旗"按钮，在游戏运行的过程中就可以听到背景音乐了。

接下来，为结束事件添加一个声音效果。选中小球，在角色列表区选中"Ball"，为小球编程。

⑤　添加结束声音。单击指令区顶部的"声音"标签按钮，为小球添加声音。在声音标签页，单击"选择一个声音"按钮，从声音库的"人声"分类中选择"Ya"选项，如图 12.36 所示。

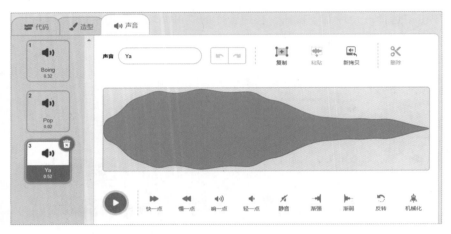

图 12.36　添加结束声音

单击指令区顶部的"代码"标签按钮，返回到小球的代码标签页。

拖取指令区中"声音"分类的"播放声音 Boing 等待播完"积木到小球的代码标签页，修改"播放声音 Boing 等待播完"为"播放声音 Ya 等待播完"，并拼合到"停止 全部脚本"积木之前，如图 12.37 所示。

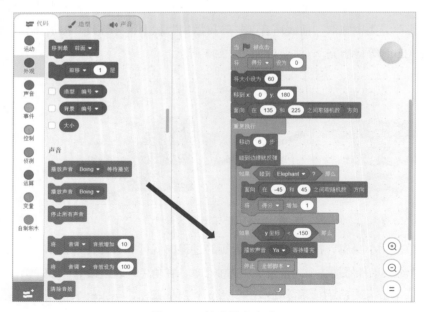

图 12.37　播放结束音效

6 运行程序。单击舞台区左上角的小绿旗按钮运行程序，可以发现当大象没有接住小球，程序停止运行前，会播放结束音效"Ya"。

12.6 进阶探索：增加礼物

"大象头顶球"是这个剧场的压轴演出，为了让演出更具趣味性，在剧场的顶部会随机地出现礼物盒，大象可以把球顶到礼物盒上以获得礼物。

1 导入礼物。在角色列表区中单击"选择一个角色"按钮，从角色库中选择"Gift"选项。导入到舞台区的礼物如图 12.38 所示。

图 12.38 导入礼物

2 初始化礼物。选中"Gift"，拖取指令区中"事件"分类的"当绿旗被点击"积木，"外观"分类的"将大小设为 100"积木，以及"运动"分类的"移到 x: y:"积木到礼物的代码标签页，并修改"将大小设为 100"为"将大小设为 60"，修改"移到 x: y:"为"移到 x: 0 y: 160"，拼合好如图 12.39 所示。

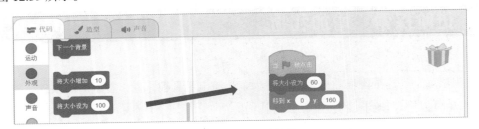

图 12.39　初始化礼物

设置好礼物的初始化大小和位置以后，编程实现当小球碰到礼物时，得分可以加 5 分，给大象更大的激励。

❸ 碰到礼物加 5 分。拖取指令区中"控制"分类的"重复执行"和"等待"积木，"变量"分类的"将 得分 增加 1"积木，以及"侦测"分类的"碰到 鼠标指针？"积木移动到礼物的代码标签页，并修改"将 得分 增加 1"为"将 得分 增加 5"，修改"碰到 鼠标指针？"为"碰到 Ball？"，拼合好如图 12.40 所示。

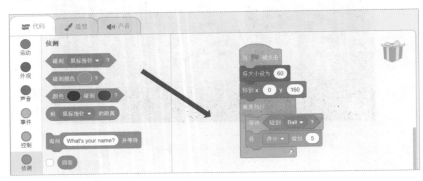

图 12.40　碰到礼物加 5 分

"等待"积木会在条件成立之前一直等待，"等待 碰到 Ball？"的意思是在碰到 Ball 之前一直等待。"等待"积木就像开车时道路上的"红绿灯"一样，"阻塞"在程序运行的道路上，待条件满足才"放行"。

阅读新加的这段代码：礼物会"重复执行"等待"碰到 Ball？"，如果碰到了，就将"得分"增加 5 分，再继续等待。

试运行。单击小绿旗按钮运行程序，可以看到"得分"增长很快，如图 12.41 所示。

图 12.41 "得分"增长很快

仔细观察舞台区的运行结果，可以发现两个问题导致"得分"快速增长。

◉ 小球碰到礼物时，并不只加一次 5 分，而是会连续地加 5 分。

◉ 小球初始的位置与礼物的初始位置有重叠，程序一开始运行就在加分。

接下来，编程解决这两个问题。

④ 随机换位。拖取指令区中"运算"分类的"在 1 和 10 之间取随机数"积木到礼物的代码标签页，修改"在 1 和 10 之间取随机数"为"在 −200 和 200 之间取随机数"，并拼合到"移到 x: 0 y: 160"积木中，将拼合后的积木组合移动到"重复执行"的 C 型开口中，如图 12.42 所示。

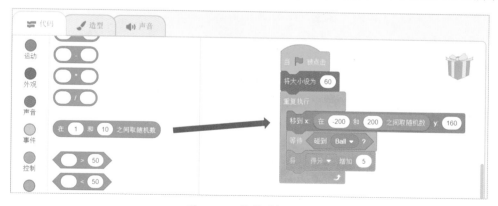

图 12.42 礼物随机换位

阅读修改后的代码："当绿旗被点击"时，礼物"重复执行"，移动到坐标 y=160，x 在 −200 到 200 之间的任意一个位置上，然后等待被"Ball"碰到，如果碰到就让"得分"加 5 分，然后移动到另外一个位置，继续等待。

试运行。单击"小绿旗"按钮运行，可以看到，现在礼物的位置会随机地出现在舞台的顶部，当小球碰到礼物时，得分加 5 分，同时礼物消失，在另外一个位置再出现。很好地解决了上面的两个问题。

⑤ 添加声音。选择指令区顶部的"声音"标签按钮，切换到声音标签页，单击"选择一个声音"按钮，在声音库的"人声"分类中选择"Goal Cheer"选项，如图 12.43 所示。

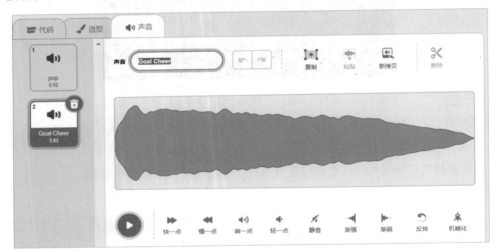

图 12.43　给礼物添加声音

单击指令区顶部的"代码"标签按钮，返回礼物的代码标签页。

拖取指令区中"声音"分类的"播放声音 pop 等待播完"积木，以及"外观"分类的"显示"和"隐藏"积木到礼物的代码标签页，并修改"播放声音 pop 等待播完"为"播放声音 Goal Cheer 等待播完"，拼合到"将 得分 增加 5"下面，再将"显示"和"隐藏"积木分别拼合到"等待"积木的前后，如图 12.44 所示。

播放声音很好理解，为什么要加上"显示"与"隐藏"呢？聪明的你找到答案了吗？

主要是因为播放声音需要很长的时间，所以在播放之前需要先把礼物"隐藏"起来，播放完再"显示"出来，让效果更流畅。读者也可以试试去掉"显示"与"隐藏"积木，会发现礼物被击中以后，会保留在原地等待声音播放，非常不利于展示效果。

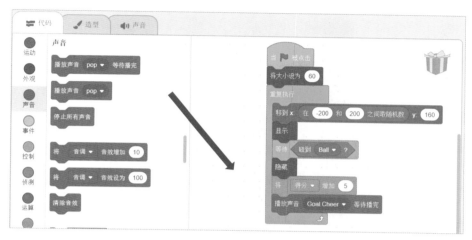

图 12.44 获得礼物的音效

12.7 完整的程序

"马戏团表演"学习的重点是方向与角度的灵活使用、随机数的应用、键盘控制的学习等，完整的程序分为4个部分。

第一部分是对"小球"进行编程，重点是方向与角度，以及随机数的应用，程序如图12.45所示。

第二部分是对"大象"的编程，主要是进行键盘控制，以及方向与运动的控制，程序如图 12.46所示。

第三部分是对"背景"的编程，主要是进行背景音乐的循环播放，程序如图12.47所示。

第四部分是对"礼物"的编程，主要是对随机数的应用、碰撞侦测"阻塞"等，程序如图 12.48所示。

图 12.45 对"小球"编程

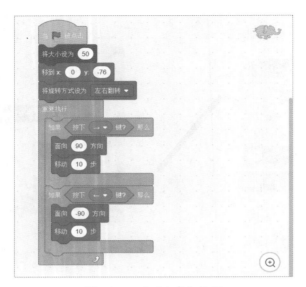

图 12.46 对"大象"编程

图 12.47 对"背景"编程

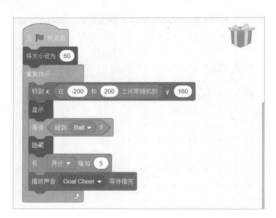

图 12.48 对"礼物"编程

第13章

溶洞中的小鸟

马戏表演结束了，喵小咪依依不舍地走出剧场，朝小镇的后山方向沿着小溪继续前行。道路两旁种着的参天大树像是在站岗的标兵。溪水清澈见底，还有鱼儿游来游去。喵小咪心情好极了。

快看，前方出现了一个溶洞，原来溪水就是从溶洞中流出来的。侧耳一听，洞里传来阵阵欢快的小鸟的歌声，喵小咪好奇地走进溶洞，想看看溶洞中为什么会有小鸟。

13.1 游戏流程分析

溶洞中石钟乳林立，那是数万年来大自然造化而成，有的石钟乳从地面突然拔起，有的高悬在溶洞顶端，形态各异、不一而足。在石钟乳林中，偶尔会发现有几个闪闪发光的小物体，那就是传说中的钻石吧！

一只羽毛鲜亮的小鸟，在石钟乳林中忽上忽下地自由穿梭，时而俯冲，时而升高，显然对溶洞非常熟悉。遇到钻石闪耀时，小鸟还会来个急停，采下钻石，并发出高兴的鸣叫声，如图 13.1 所示。

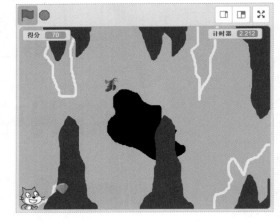

图 13.1　溶洞中的小鸟

分析游戏的描述，可以设置一只小鸟在键盘的控制下上下左右地飞翔，越过溶洞中一个个奇形怪状的石钟乳障碍，并且尽量采摘到溶洞中的钻石。

游戏中所涉及的角色，除了喵小咪外，还包括小鸟、石钟乳和钻石。其中，小鸟能通过键盘控制上下左右地飞行；石钟乳能从右向左移动；钻石会闪烁出现在舞台区的任意位置，并且出现 5 秒后自动消失，当然被小鸟采摘到也会消失。

在游戏过程中，小鸟每成功越过一个石钟乳得 1 分，每采到一颗钻石得 5 分，如果不小心撞到石钟乳则游戏结束。

13.2 绘制溶洞场景

在 Scratch 3.0 中创建一个新项目，开始制作游戏"溶洞中的小鸟"。因为溶洞背景很特殊，在背景库中没有合适的背景图可以使用，所以需要利用 Scratch 3.0 提供的绘图工具，手动绘制溶洞的场景。

❶ 开始绘制。移动鼠标到角色列表区的最右侧的"添加背景"按钮上，在弹出的菜单中选择"绘制"选项，如图 13.2 所示。

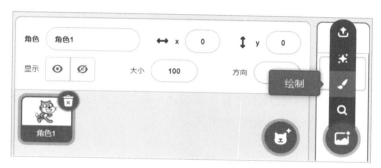

图 13.2　绘制背景

❷ 转换为位图。在绘制背景界面的下方，单击"转换为位图"按钮，以位图的方式来绘制溶洞背景，如图 13.3 所示。

> 注意：Scratch 3.0 自带的绘图工具可以绘制位图和矢量图，位图是点阵图像，由称为"像素"的单个点组成，矢量图是根据几何特性来绘制的图形，组成图形元素的每个对象都是自成一体的实体。在项目中具体使用哪种图形文件格式，以项目需要和绘制的便捷性为准。

❸ 绘制背景。在绘图软件的工具区选择"填充"工具，如图 13.4 所示。

> 注意：绘图软件分为左侧的工具区、右侧的操作区和顶部的设置区，具体可以参考前面的章节。

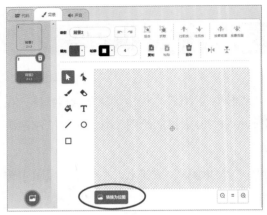

图 13.3　转换为位图

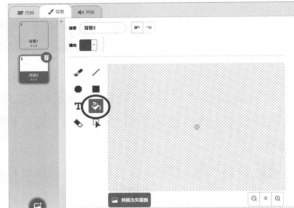

图 13.4　选择"填充"工具

单击设置区中"填充"右侧的颜色框，在弹出的颜色选择菜单中拖动滑竿，设置填充的颜色值为"颜色 0、饱和度 0、亮度 80"，如图 13.5 所示。

由于溶洞里比较昏暗，这里使用灰色背景来表达。设置好灰色以后，在操作区的任意一个地方单击鼠标，用灰色填充整个背景，如图 13.6 所示。

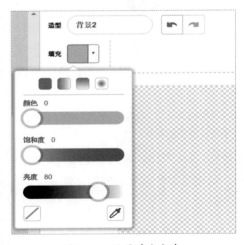

图 13.5　设置填充颜色

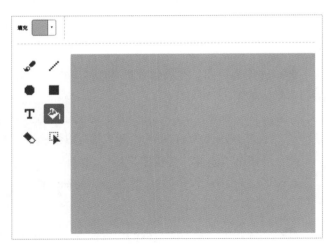

图 13.6　填充底色

④ 绘制装饰。选择工具区左上角的"画笔"，然后将设置区中"填充"右边的颜色值设置为"颜色 70、饱和度 5、亮度 100"，如图 13.7 所示。

画影子。用工具区左上角的"画笔"在操作区的上、下、左、右分别画4个石钟乳的影子轮廓，如图13.8所示。

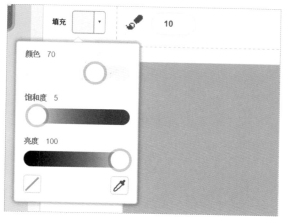

图 13.7　选择画笔，设置颜色值

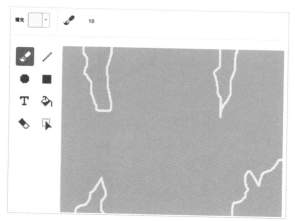

图 13.8　画石钟乳的影子

单击设置区中"填充"右边的颜色，在弹出的菜单中拖动滑竿，设置为"颜色0、饱和度100、亮度0"，如图13.9所示。

画山洞。溶洞中洞形复杂，在洞壁上还有其他的洞，用画笔在操作区的中心位置画一个不规则的洞形，注意洞形务必要封闭，不能有缺口，如图13.10所示。

填充山洞。选择工具区的"填充"，在封闭图形山洞的中间空白处单击，将山洞"填充"成黑色，如图13.11所示。

这样就绘制完成了溶洞的场景。在角色列表区将喵小咪的"大小"设置为"60"，并拖到舞台区的左下角，如图13.12所示。

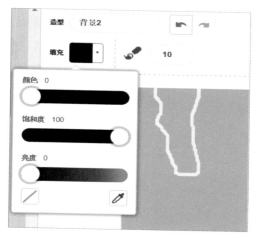

图 13.9　设置颜色值

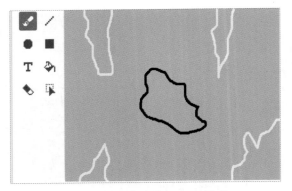

图 13.10　画山洞的轮廓

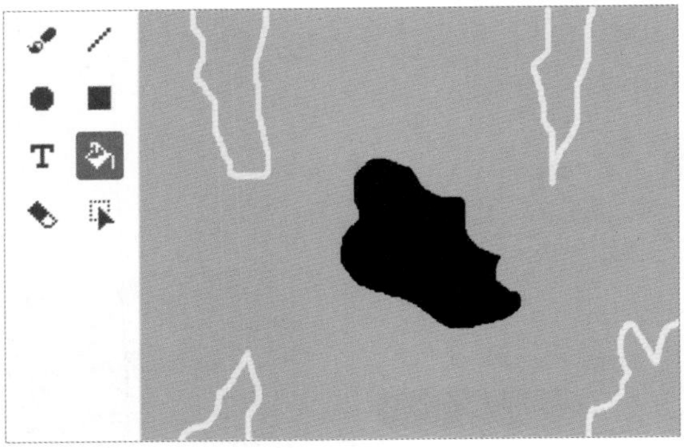

图 13.11　填充山洞

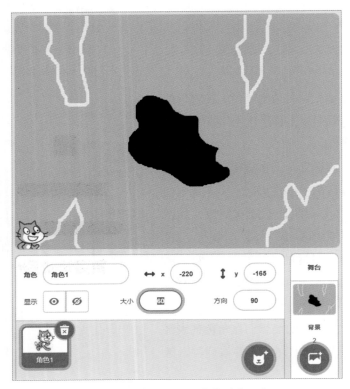

图 13.12　将观众喵小咪拖到左下角

13.3　绘制石钟乳

溶洞中危机重重，主要是因为有活动的石钟乳出没。接下来，利用Scratch 3.0自带的绘图工具，绘制一组石钟乳角色。

❶　绘制角色。移动鼠标到角色列表区的"添加角色"按钮，在弹出的菜单上选择"绘制"选项，如图13.13所示。

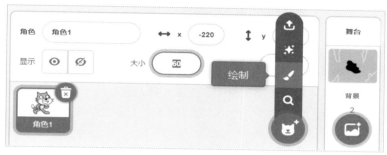

图 13.13　绘制角色

❷　颜色设定。选择绘图软件工具区的"画笔"，单击设置区中"填充"右侧的颜色框，在弹出的颜色选择菜单中，拖动滑竿设置为"颜色0、饱和度100、亮度60"，如图13.14所示。

❸　绘制石钟乳。使用绘图软件的"画笔"在操作区的中间位置画石钟乳的轮廓，如图13.15所示。

> 注意：轮廓要封闭，由上下两部分组成，上部分小，下部分大，上下两个顶端紧贴操作区的边缘。

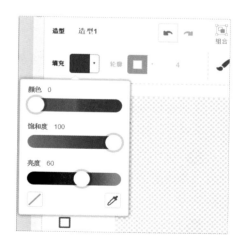

图 13.14　设置画笔的填充颜色

❹　填充石钟乳。选择绘图软件工具区的"填充"，在石钟乳轮廓的空心部分单击，以填充石钟乳，如图13.16所示。

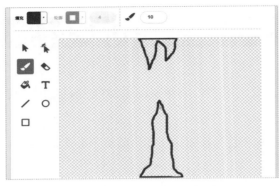

图 13.15 画石钟乳的轮廓

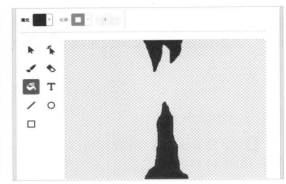

图 13.16 填充石钟乳

注意：上下石钟乳之间的空隙会有小鸟飞行通过，需要预留足够的位置，如果画得不太满意，可以用工具区的"橡皮擦"修改，或者重新绘制。

13.4 随机变化的关卡

经过以上绘制步骤，在舞台区就可以看到石钟乳，如图 13.17 所示。

仔细观察可以发现，舞台区的石钟乳上下并没有完全对齐，接下来对石钟乳进行编程。

❶ 选中石钟乳。在角色列表区选中绘制的石钟乳，修改它的角色名称为"石钟乳"，如图 13.18 所示。

❷ 设置居中。拖取指令区中"事件"分类的"当绿旗被点击"积木，以及"运动"分类的"移到 x: y:"积木到石钟乳的代码标签页，并修改"移到 x: y:"为"移到 x:0 y:0"，拼合好如图 13.19 所示。

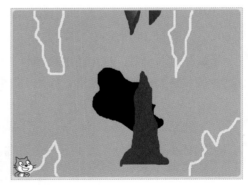

图 13.17 舞台区的石钟乳

图 13.18 选中石钟乳

图 13.19 设置居中

试运行。单击舞台区左上角的小绿旗按钮运行程序，可以看到石钟乳已经将自己的中心点，对齐到舞台区的中心点，实现了居中，如图 13.20 所示。

> 注意：Scratch 3.0 的角色中心点相当于角色图片的中点。更深入的知识，可以关注微信公众号"师高编程"，输入"中心点"获取补充资料。

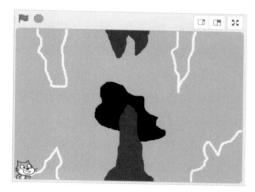

图 13.20 石钟乳居中

根据游戏设计，为了增加游戏的趣味性，小鸟在溶洞中飞行的时候，让石钟乳不断地从右向左运动，如果小鸟不小心碰到了石钟乳，游戏就结束。那么如何让一个角色从右向左运动呢？

当一个角色只做左右运动、上下不变时，通过直角坐标系可以知道，只需要变动 x 坐标即可，y 坐标不用关注。如果是从右向左运动，那么只需要将 x 坐标越变越小就可以。接下来，编程让石钟乳运动。

❸ 从右向左运动。拖取指令区中"控制"分类的"重复执行"积木，以及"运动"分类的"将 x 坐标增加 10"积木到石钟乳的代码标签页，修改"将 x 坐标增加 10"为"将 x 坐标增加 –2"，并拼合好，如图 13.21 所示。

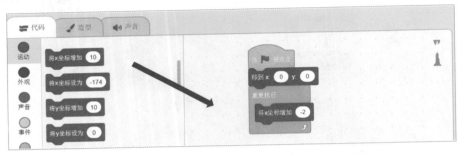

图 13.21　从右向左运动

阅读这段新加的代码：石钟乳会"重复执行"把 x 坐标减 2，初始时 x=0，然后 x=–2、x=–4、x=–6、x=–8……随着 x 坐标的值改变，石钟乳慢慢地向左侧移动。

试运行。单击"小绿旗"按钮运行程序，可以看到石钟乳从舞台区的中央缓缓地向左侧运动，如图 13.22 所示。

观察运行结果可以发现，在石钟乳运动的过程中，还存在以下两个问题。

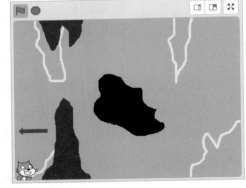

图 13.22　石钟乳缓缓向左移动

- 起点。目前石钟乳是从舞台区的中间，也就是 x=0、y=0 处开始运动的。为了游戏的效果，其实石钟乳应该从舞台区的最左侧开始移动。
- 终点。石钟乳移动到最左侧后，整个角色基本上都离开了舞台区，程序还在"重复执行"，这样比较浪费计算机资源。应该是判断石钟乳移动到最左侧了就结束"重复执行"。

接下来修改程序，解决上面的两个问题。

拖取指令区中"运动"分类的"将 x 坐标设为 0"、"将 y 坐标设为 0"和"x 坐标"3 个积木，"控制"分类的"重复执行直到"积木，以及"运算"分类的"< 50"积木，移动到石钟乳的代码标签页，修改"将 x 坐标设为 0"为"将 x 坐标设为 280"，修改"< 50"为"< –240"，并拼合好，如图 13.23 所示。

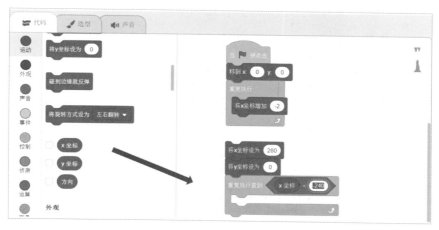

图 13.23 增加新的起点和终点控制

"将 x 坐标设为 280" 和 "将 x 坐标设为 0" 积木的作用等同于 "移到 x: 280　 y: 0"，只不过是将 x 值和 y 值分开来设置。

通过前面对直角坐标系的学习，可以知道：舞台区的最右侧 x=240。将 x 坐标值设为 280 是考虑到石钟乳的宽度，给出的一个修正值。

接下来，用新拖取的积木代码，替代原来的代码，如图 13.24 所示。

试运行。单击小绿旗按钮运行程序，可以看到石钟乳已经可以从舞台区的最右侧缓缓地移动到最左侧了。

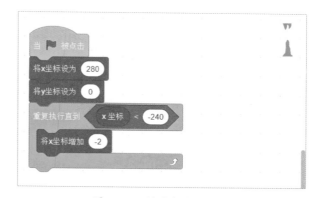

图 13.24 修改起点和终点

但是，每一次单击小绿旗按钮都只有一个移动的石钟乳，要给小鸟飞行制造困难，一个石钟乳关卡是不够的，那么如何才能制造出多个石钟乳关卡呢？聪明的你有没有什么好的办法？

❹ 多个石钟乳关卡。拖取指令区中 "控制" 分类的 "克隆 自己" "当作为克隆体启动时" "删除此克隆体" "重复执行" "等待 1 秒" 5 个积木，移动到石钟乳的代码标签页，并修改原来的程序，拼合好如图 13.25 所示。

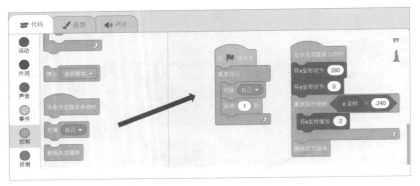

图 13.25　通过克隆制造出多个石钟乳

阅读这段代码："当绿旗被点击"时，"重复执行"每隔 1 秒"克隆"出一个石钟乳。当每个子石钟乳启动时，都移动到舞台区的最右侧，缓缓向左移动，直到移动到最左侧，就删除这个子石钟乳。

试运行。单击小绿旗按钮运行程序，可以看到舞台区克隆出了很多个石钟乳，如图 13.26 所示。

观察舞台区的运行结果，可以看出克隆非常成功，但是效果需要再进一步优化，存在以下两个问题。

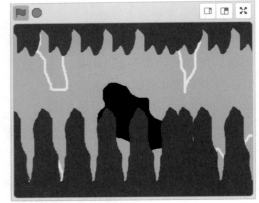

- 石钟乳都连在一起了。
- 有一个最初的石钟乳始终没有移动。

这两个问题在"猴子的盛宴"案例中曾经遇到过，当时是怎么解决的呢？聪明的你想出解决办法了吗？

图 13.26　克隆出多个石钟乳

⑤　完善多个石钟乳。修改石钟乳代码标签页的"等待 1 秒"为"等待 3 秒"，拖取指令区中"外观"分类的"显示"和"隐藏"积木到石钟乳的代码标签页，并拼合好，如图 13.27 所示。

"等待 3 秒"积木可以延长克隆的间隔，使得子石钟乳不再连续出现。

"隐藏"积木会将母石钟乳隐藏起来，当子石钟乳启动时，再显示出来。效果跟"猴子的盛宴"案例中一致。

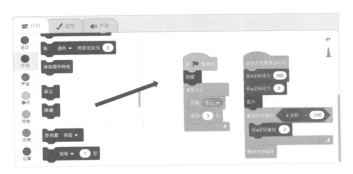

图 13.27 添加"显示"与"隐藏"积木

试运行。单击小绿按钮运行程序，可以看到这次石钟乳运行得很好，前面的两个问题都得到了解决，如图 13.28 所示。

观察舞台区的运行结果，发现仍然有一个问题：所有的石钟乳都完全一样，没有变化，显得很呆板。那么如何让石钟乳造型产生变化呢，需要重新再绘制吗？

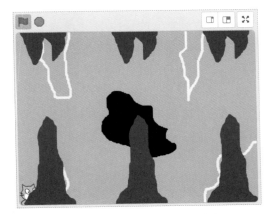

图 13.28 石钟乳的克隆控制得很好

6 变化的石钟乳。单击指令区顶部的"造型"标签按钮，进入石钟乳的造型标签页。在界面左侧的"造型 1"图标上单击鼠标右键，在弹出的快捷菜单中选择"复制"选项，如图 13.29 所示。

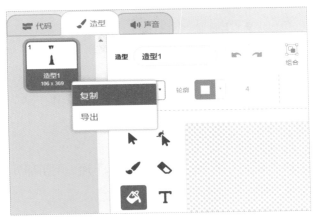

图 13.29 复制造型

这样就可以复制出一个"造型 2"，内容跟"造型 1"完全一样，如图 13.30 所示。

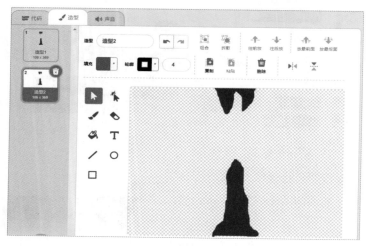

图 13.30　复制出一模一样的造型 2

选中"造型 2"，当绘制软件工具区的"选择"处于被选中状态时，单击操作区顶部右侧的"垂直翻转"按钮，将石钟乳上下翻转，如图 13.31 所示

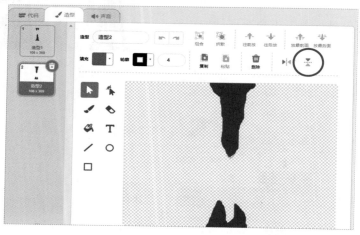

图 13.31　垂直翻转

翻转以后可以看到，原来在上半部分的石钟乳换到了下面，下半部分的换到了上面，这样看起来就像重新绘制了一个新造型。

根据需要微调。由于手工绘制的并不是十分标准，可以看到，造型 2 的顶部有一小块地方透出来了，可以使用工具区的"选择"，选中不标准的部分，再使用键盘的上、下、左、右方向键做微调，如图 13.32 所示。

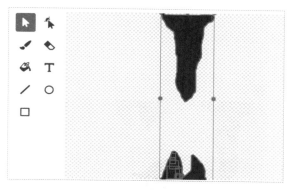

图 13.32　根据需要微调

注意：Scratch 3.0 自带的绘图软件功能比较丰富，日常的基本操作都可以满足，本书由于篇幅所限，不能详述。如果想要了解更多内容，可以关注微信公众号"师高编程"，输入"Scratch 绘图"获取拓展资料。

调整好造型 2 之后，单击指令区顶部的"代码"标签按钮，返回石钟乳的代码标签页。

变换造型。拖取指令区中"外观"分类的"下一个造型"积木到石钟乳的代码标签页，拼合在"等待 3 秒"积木前面，如图 13.33 所示。

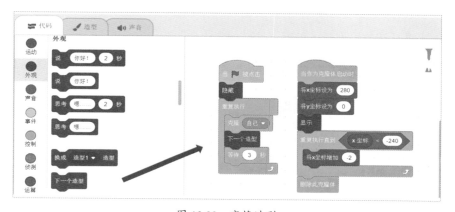

图 13.33　变换造型

阅读这段代码："当绿旗被点击"时，母石钟乳不断"克隆 自己"（克隆出的子石钟乳跟母石钟乳一模一样），每克隆完一次将母石钟乳的造型切换到下一个，然后"等待 3 秒"再来克隆。

以这种方式，就保证了每一个新的子石钟乳都跟前面一个子石钟乳的造型不同。

试运行。单击"小绿旗"按钮运行程序，可以看到舞台区从左到右移动的石钟乳造型各不相同，如图 13.34 所示。

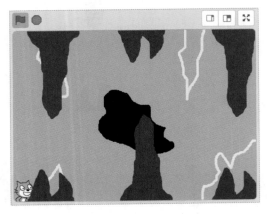

图 13.34　不同造型的石钟乳

13.5　小鸟飞行控制

石钟乳关卡已经编程实现，接下来导入这个游戏的主角：小鸟。

❶ 导入小鸟。在角色列表区单击"选择一个角色"按钮，从角色库的"动物"分类中选择"Parrot"选项导入小鸟，如图 13.35 所示。但是小鸟太大，肯定无法穿越石钟乳关卡，需要做一些初始化。

❷ 初始化小鸟。修改"Parrot"顶部的属性，将"角色"名称修改为"小鸟"，"大小"修改为"20"，同时，将"x"和"y"都修改为"0"，如图 13.36 所示。

❸ 飞行动画。单击指令区顶部的"造型"标签按钮，观察小鸟的造型，发现小鸟有两个造型，都跟飞行相关，如图 13.37 所示。

小鸟第一个造型翅膀向上，第二个造型翅膀向下，非常适合做造型动画，接下来单击指令区顶部的"代码"标签按钮，回到小鸟的代码标签页，编程实现飞行动画。

图 13.35 导入小鸟

图 13.36 初始化小鸟

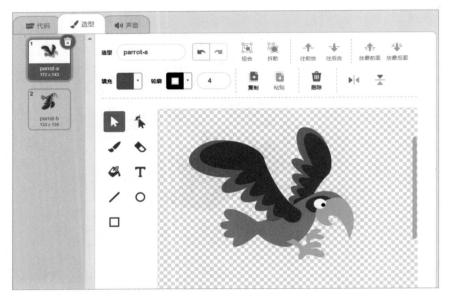

图 13.37　小鸟的造型

　　拖取指令区中"事件"分类的"当绿旗被点击"积木，"控制"分类的"重复执行"和"等待 1 秒"积木，以及"外观"分类的"下一个造型"积木到小鸟的代码标签页，修改"等待 1 秒"为"等待 0.3 秒"，并拼合好，如图 13.38 所示。

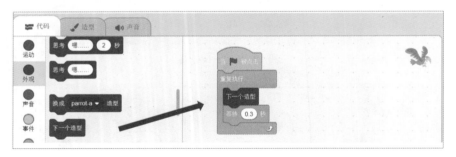

图 13.38　飞行动画

　　试运行。单击小绿旗按钮运行，可以看到小鸟已经扑扇着翅膀在空中飞行了。但是现在小鸟还只能待在原地，不能移动。

　　要实现用键盘上的"←""→""↑""↓"方向键来控制小鸟的飞行，需要先观察一下小鸟在舞台区移动时的规律，跟"大象头顶球"案例中类似，利用直角坐标系中 x 和 y 值的变动就可以。

假设小鸟当前在舞台区的 x=0、y=0 位置。

💧 如果要向右运动，那么 x 增大，y 不变。

💧 如果要向左运动，那么 x 减小，y 不变。

💧 如果要向上运动，那么 y 增大，x 不变。

💧 如果要向下运动，那么 y 减小，x 不变。

根据对直角坐标系中 x 和 y 值的变化分析，接下来编程实现用电脑键盘控制小鸟的移动。

④ 键盘控制。拖取指令区中"事件"分类的"当绿旗被点击"积木，"控制"分类的"重复执行"和"如果 那么"积木，"运动"分类的"将 x 坐标增加 10"积木，以及"侦测"分类的"按下 空格 键？"积木到小鸟的代码标签页，并修改"将 x 坐标增加 10"为"将 x 坐标增加 3"，修改"按下 空格 键？"为"按下 → 键？"，拼合好如图 13.39 所示。

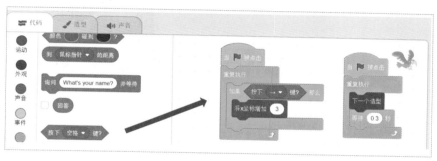

图 13.39 键盘控制

阅读这段代码："当绿旗被点击"时，小鸟"重复执行"判断方向键"→"是否被玩家按下，如果被按下，就"将 x 坐标增加 3"、y 不变，也就是向右移动。

试运行。单击小绿旗按钮运行程序，按下电脑键盘的向右方向键"→"，可以看到小鸟已经向右运动了。

接下来，用同样的方法为小鸟添加向左运动的代码，注意向左时，需要"将 x 坐标增加 –3"，如图 13.40 所示。

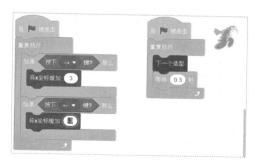

图 13.40 向左、向右运动

除了左右方向可以移动外，还可以给小鸟添加上下运动的控制代码，所不同的是上下运动时，不是 x 坐标变化，而是 y 坐标增大或减小，如图 13.41 所示。

试运行。单击"小绿旗"按钮运行程序，按下电脑键盘的上下左右方向键"↑""↓""←""→"，可以看到小鸟已经可以向上下左右各个方向运动了，如图 13.42 所示。

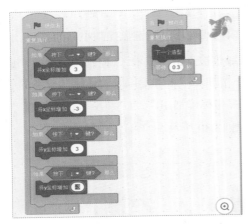

图 13.41　键盘控制代码

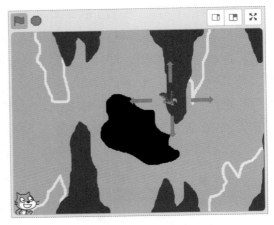

图 13.42　小鸟可以上下左右运动

只是到目前为止，小鸟和石钟乳关卡之间还没有任何联系，接下来编程让小鸟避开石钟乳飞行，如果碰上，游戏就结束。

13.6　碰撞侦测与计分

❶ 选中小鸟。在角色列表区选中小鸟，对小鸟进行编程。

❷ 碰撞侦测。拖取指令区中"控制"分类的"如果 那么"和"停止 全部脚本"积木，积木"侦测"分类的"碰到 鼠标指针？"积木到小鸟的代码标签页，并修改"碰到 鼠标指针？"为"碰到 石钟乳？"，拼合好如图 13.43 所示。

试运行。单击"小绿旗"按钮运行程序，可以看到小鸟这次需要上下左右避开石钟乳，如果不小心撞上，程序就立即停止运行。

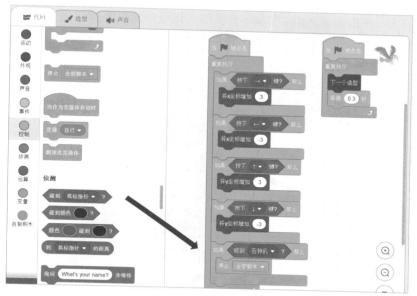

图 13.43 碰撞侦测

❸ 得分变量。在指令区的"变量"分类中，单击"建立一个变量"按钮，新建一个名为"得分"的变量，如图 13.44 所示。

通常情况下，小鸟每越过一个障碍（也就是每飞过一个石钟乳）可以加 1 分，但是仔细考虑一下就可以发现，小鸟是可以倒退的（向左飞），也就是说小鸟还有可能撞上已经越过的障碍（已经飞过的石钟乳）。

所以，要判断小鸟是否真正可以加分，需要等到这个障碍移动到舞台区的最左侧，克隆体被删除的时候（也就是克隆出的子石钟乳被删除的时候）。只有克隆体被删除，才真正不可能撞上小鸟。

接下来，在角色列表区选中石钟乳，为石钟乳编程。

图 13.44 建立一个变量

❹ 计算得分。拖取指令区中"变量"分类的"将得分设为 0"积木到石钟乳的代码标签页，拼合到"当绿旗被点击"积木后面，拖取"将得分增加 1"积木到"删除克隆体"积木之前，如图 13.45 所示。

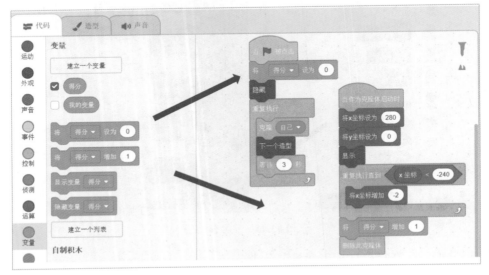

图 13.45 计算得分

试运行。单击小绿旗按钮运行程序，可以看到小鸟已经可以正常计分了，如图 13.46 所示。

观察舞台区，发现有一个问题：图 13.46 中观众喵小咪被石钟乳挡住了。因为 Scratch 3.0 的舞台区有图层的概念，也就是说舞台区是由一层一层的图形叠加而成的，叠在上层的图形会挡住下层的图形，喵小咪所处的图层就是被石钟乳的图层挡住了，所以可以对喵小咪编程，将喵小咪移到上层。

移到上层。在角色列表区选中"喵小咪"，拖取指令区中"事件"分类的"当绿旗被点击"积木，以及"外观"分类的"移到最前面"积木到喵小咪的代码标签页，并拼合好，如图 13.47 所示。

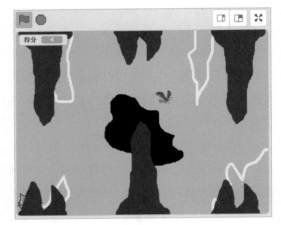

图 13.46 通过一个障碍得 1 分

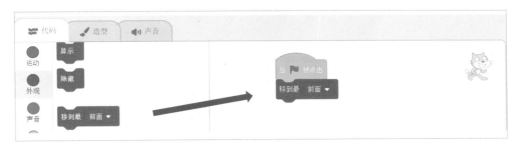

图 13.47 移到最上层

试运行。单击"小绿旗"按钮运行程序，可以看到喵小咪已经被移到了图层的最上面，不会再被石钟乳挡住，如图 13.48 所示。

下面为游戏添加声音效果，让小游戏更有趣味。

5 添加音效。在角色列表区的最右侧，选中"背景"，单击指令区顶部的"声音"标签按钮，为背景添加"可循环"分类的"Dance Funky"声音，如图 13.49 所示。

图 13.48 把喵小咪移到最前面

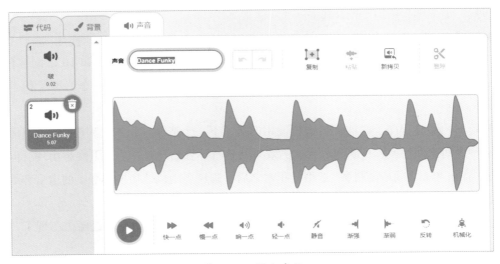

图 13.49 添加音效

单击指令区顶部的"代码"标签按钮，为背景添加声音循环播放代码，如图 13.50 所示。

图 13.50　播放背景音乐

　　试运行。单击小绿旗按钮运行程序，可以听到游戏"溶洞中的小鸟"已经可以正常播放背景音乐了。

　　观察舞台区的运行结果可以发现，现在石钟乳关卡非常有规律，上一个开口在上侧，下一个就开口在下侧，对于游戏玩家来说缺乏变化。这样玩家操控小鸟也相对容易，只需要不断做上下运动就可以。下面编程增加一些变化。

　　6　随机关卡。在角色列表区选中"石钟乳"，拖取"外观"分类的"换成 造型 1 造型"积木，"运算"分类的"在 1 和 10 之间取随机数"积木，并修改"在 1 和 10 之间取随机数"为"在 1 和 2 之间取随机数"，拼合两个积木，并替代原程序中的"下一个造型"积木，如图 13.51 所示。

　　比较新旧两部分程序，之前切换造型使用的是"下一个造型"积木，程序在编号 1 和编号 2 的两个造型之间来回切换，反映到舞台区的效果就是石钟乳的开口一上一下交替出现。但是替换成"换成 在 1 和 2 之间取随机数 造型"积木之后，程序会随机地切换编号 1 的造型和编号 2 的造型，这样就让舞台区的石钟乳开口不再有规律了。

　　运行程序。单击"小绿旗"按钮运行程序。可以看到石钟乳的造型已经随机出现了，游戏的趣味性也得到了增加，如图 13.52 所示。

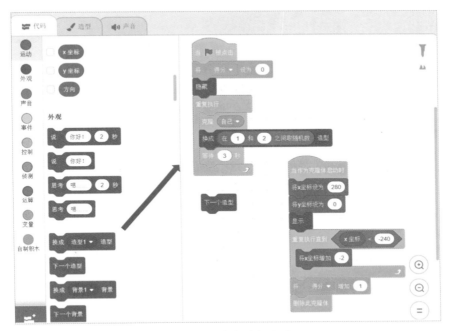

图 13.51 换成随机造型

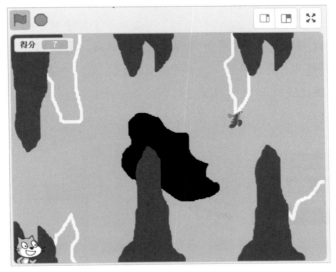

图 13.52 随机关卡

13.7 进阶探索：添加钻石

到目前为止，小鸟获取得分的方法只有越过障碍加 1 分这一种，接下来添加一种新的得分方法：在溶洞中随机出现钻石，钻石闪闪发光，出现 5 秒后会自动消失，如果小鸟在 5 秒内采摘到钻石，就加 5 分。

① 导入钻石。在角色列表区单击"选择一个角色"按钮，从角色库的"奇幻"分类中导入"Crystal"角色，并修改角色名称为"钻石"，如图 13.53 所示。

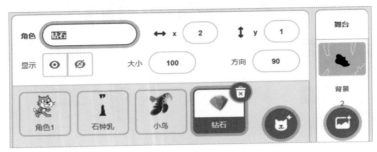

图 13.53 导入钻石

② 让钻石闪闪发光。拖取指令区中"事件"分类的"当绿旗被点击"积木，"控制"分类的"重复执行"和"等待 1 秒"积木，以及"外观"分类的"将 颜色 特效增加 25"积木，移动到钻石的代码标签页，并修改"等待 1 秒"为"等待 0.2 秒"，修改"将 颜色 特效增加 25"为"将颜色 特效增加 50"，拼合好如图 13.54 所示。

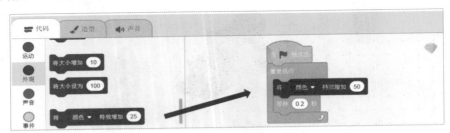

图 13.54 修改钻石的颜色特效

"将 颜色 特效增加 50"积木会让钻石的颜色特效发生变化，放在"重复执行"中会让钻石的颜色持续地变化，看起来好像闪闪发光。

试运行，单击小绿旗按钮运行程序，可以看到舞台区的钻石闪闪发光，如图 13.55 所示。

3 随机位置。拖取指令区中"事件"分类的"当绿旗被点击"积木，"控制"分类的"重复执行"积木，"运动"分类的"将 x 坐标设为"和"将 y 坐标设为"积木，以及"运算"分类的两个"在 1 和 10 之间取随机数"积木，移动到钻石的代码标签页，并将两个"在 1 和 10 之间取随机数"分别修改为"在 −200 和 200 之间取随机数"和"在 −150 和 150 之间取随机数"，拼合好如图 13.56 所示。

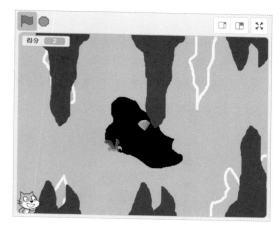

图 13.55 闪闪发光的钻石

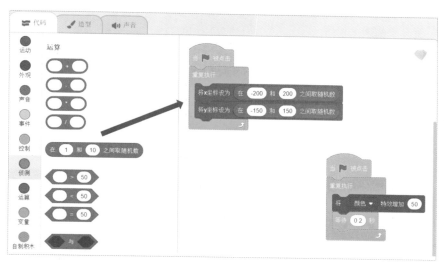

图 13.56 随机位置

阅读这段新加的代码："当绿旗被点击"时"重复执行"修改钻石的 x 坐标和 y 坐标，也就是修改钻石的位置。舞台区的 x 坐标的范围从 −240 到 240，程序取 −200 到 200 之间的随机位置是为了避免太过边缘；同样的，舞台区 y 坐标的范围是从 −180 到 180，程序取 −150 到 150 之间的随机位置也是为了避免太过边缘。

试运行。单击小绿旗按钮运行程序，可以看到钻石的位置一直在变化。接下来编程实现小鸟采摘钻石。

❹ 采摘钻石。拖取指令区中"控制"分类的"等待"和"如果 那么"积木,"变量"分类的"将得分增加 1"积木,以及"侦测"分类的两个"碰到 鼠标指针?"积木到钻石的代码标签页,并修改"将得分增加 1"为"将得分增加 5",修改两个"碰到 鼠标指针?"为"碰到 小鸟?",拼合好如图 13.57 所示。

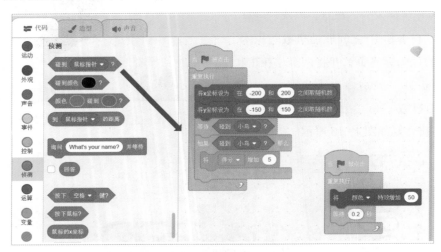

图 13.57 增加碰撞侦测

阅读新添加的这段代码:钻石在变换 x 坐标和 y 坐标位置后,一直"等待",直到"碰到 小鸟?",如果真的碰到了,则"将得分增加 5"分。

试运行。单击小绿旗按钮运行程序,可以看到钻石随机出现以后,一直在等待,当小鸟碰到钻石后,得分就加 5 分,钻石再跳到其他地方出现,如图 13.58 所示。

增加钻石功能,一方面提高了游戏的乐趣,另外一方面也激励玩家努力尝试去摘得钻石。但是有一个问题,当钻石的位置出现得太靠右时,小鸟要摘得钻石太过冒险(太容易被突然出现的石钟乳撞上),导致玩家停滞不前,游戏也不能很好地继续。

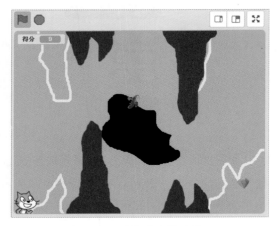

图 13.58 等待被采摘的钻石

为了解决这个问题，可以给钻石增加一个过期时间：如果 5 秒内没有等到小鸟来采摘，钻石就自动消失，跳到下一个地方。

那么如何实现这个过期时间呢，聪明的你有没有什么好办法？

⑤ 自动过期。在指令区的"侦测"分类中选中"计时器"，拖取"计时器归零"和"计时器"积木，以及拖取"运算"分类的"或"积木和"＞50"积木到钻石的代码标签页，并拼合好，如图 13.59 所示。

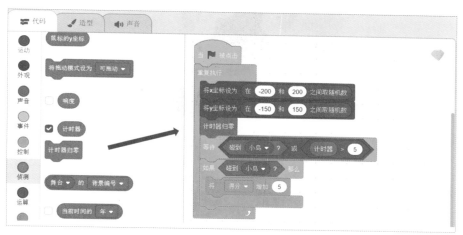

图 13.59 添加计时器

"或"积木是一个判断积木，意思是"或者"，连接前后两个条件，只要两个条件中有一个成立，"或"这个判断条件就成立。

阅读新加的这段代码：积木的 x 和 y 位置定下来后，就将"计时器归零"，然后一直"等待"，直到"碰到 小鸟？"或者"计时器 >5"，就接着执行下面的代码。如果是因为碰到了小鸟，就加 5 分，并换到下一个位置；如果没有碰到小鸟，是因为计时器超过了 5 秒，就不加分，直接跳到下一个位置。

注意："或"积木是一个逻辑运算积木，常见的逻辑运算有"与""或""不成立"，本书限于篇幅不做详细介绍，有兴趣的读者可以关注微信公众号"师高编程"，输入"逻辑运算"获取拓展资料。

试运行。单击"小绿旗"按钮运行程序，可以看到这次钻石如果超过 5 秒没有被采摘，就自动跳到不同位置，如图 13.60 所示。

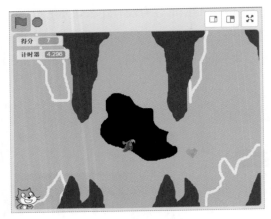

图 13.60　自动过期

同时，在舞台区也可以看到不断变化的，以毫秒为单位的计时器面板，为了美观，也可以用鼠标把计时器面板拖动到舞台区的右上角，如图 13.61 所示。

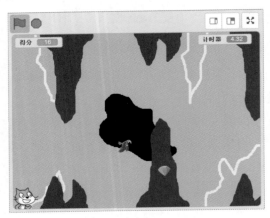

图 13.61　计时面板

玩家操控小鸟采摘到钻石，是一件很不容易的事，当然需要有掌声和欢呼声，接下来为采摘到钻石事件添加音效。

6 增加音效。单击指令区顶部的"声音"标签按钮，可以看到 Scratch 3.0 为钻石自带了一个"Magic Spell"的音效，单击试听一下，如图 13.62 所示，发现音效非常适合。

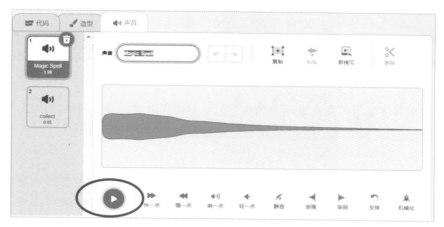

图 13.62 钻石默认音效

接下来单击指令区顶部的"代码"标签按钮，回到钻石的代码标签页。当采摘到钻石时，播放"Magic Spell"音效，以作激励。

添加播放。拖取指令区中"声音"分类的"播放声音 Magic Spell"积木，拼合到"将得分增加 5"积木之前，如图 13.63 所示。

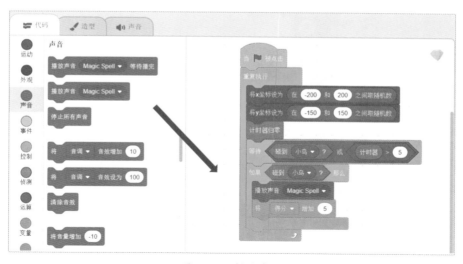

图 13.63 播放音效

7 运行程序。单击舞台区左上角的"小绿旗"按钮运行程序，当小鸟采摘到钻石时会自动播放音效。

13.8 完整的程序

"溶洞中的小鸟"学习的重点是背景和角色的绘制、克隆系列功能的灵活使用、直角坐标系在键盘控制中的使用、随机数的灵活使用等，还接触了最基础的逻辑运算。完整的程序分为5个部分。

第一部分是对"小鸟"进行编程，重点是键盘控制和直角坐标系的应用，程序如图 13.64所示。

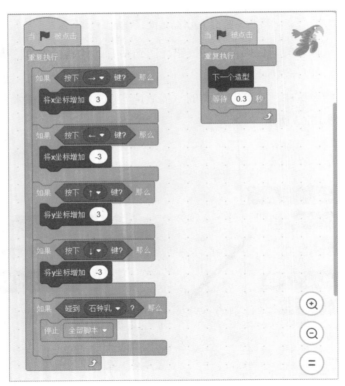

图 13.64 对"小鸟"编程

第二部分是对"石钟乳"进行编程，主要是克隆功能的灵活使用、随机数的用法及直角坐标的控制，程序如图 13.65 所示。

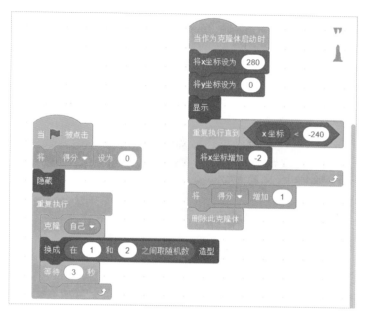

图 13.65 对"石钟乳"编程

第三部分是对"背景"进行编程，主要是背景音乐的循环播放，程序如图 13.66 所示。

图 13.66 对"背景"编程

第四部分是对"喵小咪"进行编程，主要是调整舞台区的图层显示顺序，程序如图 13.67 所示。

图 13.67 对"喵小咪"编程

第五部分是对"钻石"进行编程，主要是碰撞侦测、逻辑判断及随机数的使用等，程序如图13.68 所示。

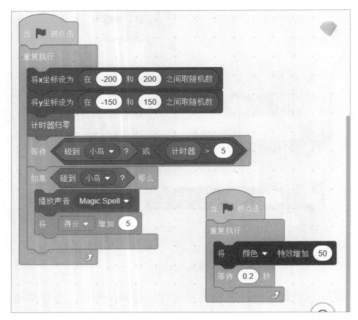

图 13.68　对"钻石"编程

第14章

精彩的自动驾驶

离开溶洞，喵小咪一路小跑，只见道路越来越宽阔，看来是不会迷路了！不一会儿，前面出现了一处广场，小动物们三三两两悠闲地散着步、聊着天，很是热闹。

喵小咪迈过小石墩，三步并作两步向广场中央跑去。环顾四周，这个广场还真大呀！广场中星星点点地分散着许多高大的圆形路灯，正中央有一个漂亮的大花坛，几眼精巧的喷泉点缀其中，四周遍布着供小动物歇息的长椅。咦，那边很多小动物正围着一辆小车，在议论着什么呢？

喵小咪跑向小车，惊奇地发现小车竟然没有驾驶员！没有驾驶员的小车，在自动地来回行驶。难道这就是传说中的自动驾驶汽车吗？对于还没有驾照的喵小咪来说，汽车能自动驾驶真的是太神奇了。

14.1 游戏概要设计

小车旁边的讲解员正在滔滔不绝地给小动物们讲解：要让汽车实现自动驾驶，最重要的是需要让汽车具有识别道路的能力，能识别出哪里是道路，那样就可以沿道路前行；同时，还要能识别出是否离开了道路，并且知道是往左偏离了，还是往右偏离了，这样就能做出相应的调整。

所以，要制造出一辆能自动驾驶的汽车，就需要有以下 3 个"探测器"。

- 前进探测器：当这个探测器识别到道路时，就可以引导汽车前进。
- 右转探测器：在正常情况下，这个探测器是不能探测到道路的，如果它识别到道路，就说明车辆已经向左偏离了，需要向右转动车身来调整。
- 左转探测器：同样，正常情况下，这个探测器也是不能探测到道路的，如果它识别到道路，就说明车辆已经向右偏离了，需要向左转动车身来调整。

按照这 3 个探测器的设计思路，就可以设计出汽车的大致原型，如图 14.1 所示。

❶ 小车前方的 3 个探测器分别用蓝色、黄色和绿色来表示。其中黄色是前进探测器，如果探测到道路，就向前行驶，其工作流程如图 14.2 所示。

> 注意：图中紫色代表道路，在小车前进的过程中，如果黄色的前进探测器触碰到紫色的道路，那么小车就向前移动 2 步。

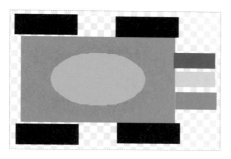

图 14.1　车辆设计原型

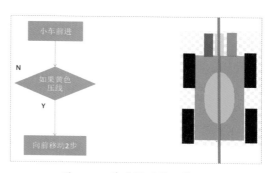

图 14.2　前进探测器工作流程

2 小车前方绿色的是右转探测器，如果绿色探测到道路，就说明车辆已经向左偏离了，需要向右转动车身进行修正，其工作流程如图 14.3 所示。

> 注意：图中左侧蓝色流程图中 Y 表示 Yes，即"是"；N 表示 No，即"否"。图中紫色同样代表道路，在小车前进的过程中，如果绿色的右转探测器触碰到紫色的道路，那么小车就需要向右转动 5 度，以修正车辆的前进方向。

3 小车前方蓝色的是左转探测器，如果蓝色探测到道路，就说明车辆已经向右偏离了，需要向左转动车身进行修正，其工作流程如图 14.4 所示。

> 注意：图中紫色同样代表道路，在小车前进的过程中，如果蓝色的左转探测器触碰到紫色的道路，那么小车就需要向左转动 5 度，以修正车辆的前进方向。

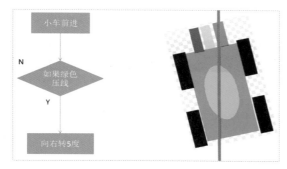

图 14.3　右转探测器工作流程

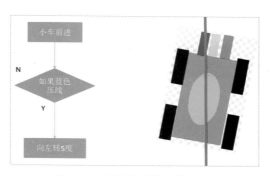

图 14.4　左转探测器工作流程

综上所述，可以画出车辆自动驾驶的整体流程，如图 14.5 所示。

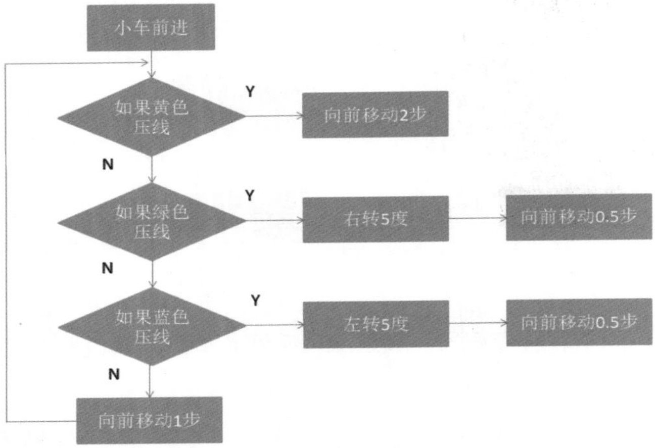

图 14.5　自动驾驶整体流程

整体流程主要包括以下 4 个部分。

🌢　小车前进，如果 3 个探测器都没有识别到道路，也就是说，前面是一块没有道路的开阔地，那么小车将按当前方向向前移动，并循环探测、循环前进。

🌢　在前进过程中，如果黄色的前进探测器触压到道路线，也就是识别出道路，那么小车将按当前方向，快速向前移动 2 步。

🌢　如果绿色的右转探测器触压到道路线，就说明车辆此时已经偏离了道路，那么就右转 5 度，并且向前移动 0.5 步，继续探测。

🌢　如果蓝色的左转探测器触压到道路线，则说明车辆此时也已经偏离了道路，那么就左转 5 度，并且向前移动 0.5 步，继续探测。

14.2　绘制最简线路图

分析了车辆自动驾驶的工作原理，接下来开始动手绘制一个最简单的线路图，让小车能沿着我们绘制的路线，自动前进。

在 Scratch 3.0 中新建一个项目，用绘图软件绘制一条线路图。

① 绘制准备。将鼠标移动到角色列表区右侧的"添加角色"按钮上，在弹出的菜单中单击"绘制"按钮，如图14.6所示。

图 14.6 绘制新角色

② 调整画笔。在绘图软件的工具区选中"画笔"，并调整画笔的粗细为"20"，如图14.7所示。

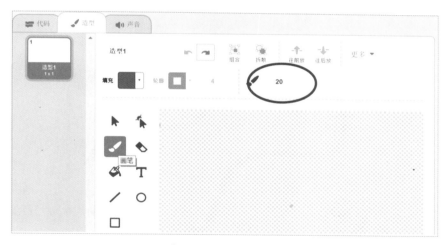

图 14.7 使用画笔工具

③ 绘制盘山路。用画笔在操作区中随机地画一条盘山公路，间隔稍微大一点，如图14.8所示。

在本案例中由于喵小咪只是观众，可以将它拖到舞台区的左下角。盘山公路在舞台区呈现的效果如图14.9所示。

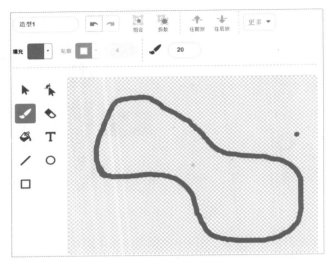

图 14.8　绘制盘山公路

图 14.9　舞台区的盘山公路

❹ 角色命名。在角色列表区中将"角色2"重命名为"盘山公路",如图14.10所示。

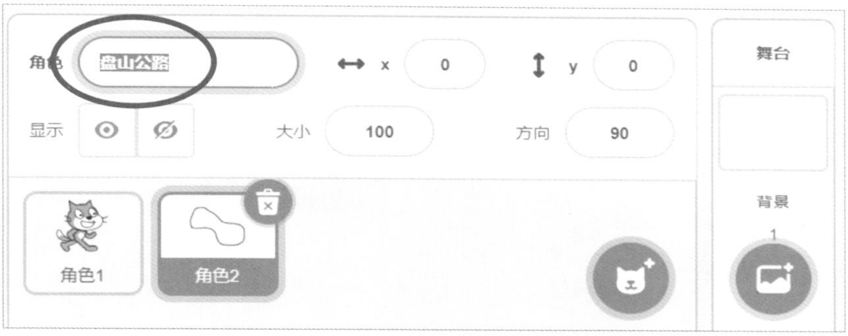

图14.10 自动驾驶整体流程

❺ 居中对齐。单击指令区顶部的"代码"标签按钮,切换到代码标签页,为盘山公路添加代码,将公路居中。拖取指令区中"事件"分类的"当绿旗被点击"积木,以及"运动"分类的"移到 x: y:"积木到盘山公路的代码标签页,并修改"移到 x: y:"为"移到 x: 0 y: 0",拼合好如图14.11所示。

图14.11 将盘山公路居中

注意:Scratch 3.0 是以图层的方式管理舞台区,为了确保盘山公路始终位于图层的最下层,方便小车探测,可以根据需要使用"指令区"中外观分类的"移到最后面"积木来指定盘山公路的图的层顺序。

14.3 绘制带探测器的小车

盘山公路已经修好。接下来,打造一辆小车。一辆具有自动驾驶功能的小车!

这辆车因其特殊性,在角色库中没有直接可用的角色,需要通过绘图软件手动来打造。接下来,自己绘制一个小车的角色吧。

移动鼠标到角色列表区右侧的"添加角色"按钮上,在弹出的菜单中单击"绘制"按钮,如图14.12所示。

在绘图软件中，使用工具区的"矩形"和"圆"，配合不同的颜色，绘制出一辆小车。可以先绘制红色的车身，再绘制 4 个黑色的轮子，最后绘制蓝、黄、绿 3 个探测器，小车如图 14.13 所示。

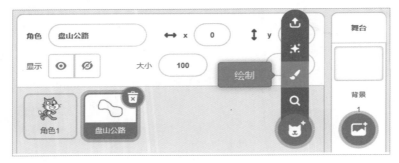

图 14.12　绘制新角色

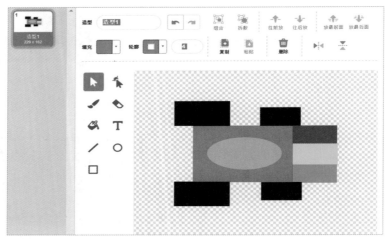

图 14.13　绘制车辆

这辆小车最重要的特点，是在车头的前方有 3 个探测器，分别是蓝色探测器、黄色探测器和绿色探测器。车辆在行驶的过程中，会根据这 3 个探测器的状态，判断自己所走的线路是否正确，是否需要左转或右转。所以，在绘制小车时，需要注意以下几点。

① 3 个探测器的颜色分别为蓝、黄、绿，要跟公路的颜色区别开。

② 车身的颜色与探测器和公路的颜色也不要重复，要有区别。

③ 车轮为黑色，注意前后轮大小的区别。

④ 小车主要由方块绘制而成，有效利用复制、粘贴功能会极大地减少工作量，提高效率。

14.4 为探测器编写代码

在角色列表区中将这辆小车命名为"探索者",如图 14.14 所示。

图 14.14 命名小车为"探索者"

拖取指令区中"事件"分类的"当绿旗被点击"积木,以及"外观"分类的"将大小设为 100"积木到探索者的代码标签页,并修改"将大小设为 100"为"将大小设为 40",设置"探索者"小车在舞台区的大小,拼合好如图 14.15 所示。

图 14.15 设置"探索者"的大小

> 注意:具体大小是设置成 40 还是 30,要根据舞台区中小车和公路的比例为准,让小车前端的 3 个探测器的宽度与公路的线条粗细大概一致即可,如图 14.16 所示。

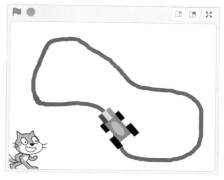

图 14.16 "探索者"与公路的大小关系

接下来,在角色列表区选中"探索者",为"探索者"编写程序。

❶ 初始化小车。设置小车的初始出发位置,以及出发时的角度。拖取指令区中"运动"分类的"面向 90 方向"和"移到 x: y:"积木,拼合好如图 14.17 所示。

❷ 添加一段前进代码,让小车可以一直向前运行,并且碰到边缘就反弹。拖取指令区中"事件"分类的"当绿旗被点击"积木,"控制"分类的"重复执行"积木,以及"运动"分类的"移

动 10 步"和"碰到边缘就反弹"积木，移动到"探索者"的代码标签页，并修改"移动 10 步"为"移动 1 步"，拼合好如图 14.18 所示。

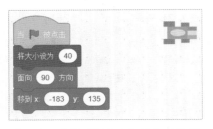

图 4.17　设置"探索者"的初始位置

图 14.18　让"探索者"持续前进

❸　在前进的过程中，小车需要根据蓝、黄、绿 3 个探测器的状态，不断调整方向。

如果黄色探测器触碰到紫色的公路，表明道路识别正确，向前移动就好。

否则，如果蓝色探测器触碰到紫色的公路，就说明车头已经向右偏了，需要左转 5 度来修正一下。

同样，如果绿色探测器触碰到紫色的公路，就说明车头的方向已经左偏了，需要右转 5 度来修正。

◆　直行判断。在 Scratch 3.0 中，要实现对黄色探测器触碰到紫色公路的判断，需要用到指令区中"控制"分类的"如果 那么"积木，"运动"分类的"移动 2 步"积木，"侦测"分类的"颜色 <> 碰到 <>？"积木，拼合后如图 14.19 所示。

其中黄色和紫色通过拾色器来拾取，在颜色圆圈上单击鼠标会弹出颜色设置菜单，如图 14.20 所示。单击颜色设置菜单底部的"拾色"按钮，就可以到舞台区中拾取需要的颜色。

图 14.19　侦测判断代码

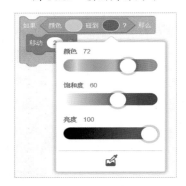

图 14.20　拾色器

注意：一定要拾取小车上正确位置的颜色，这样保证没有色差，也是游戏能够正常运行的基本要求，如图 14.21 所示。

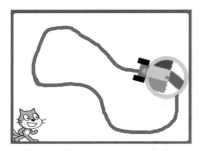

图 14.21　拾取小车上的颜色

● 左转判断。如果小车的"蓝色"探测器触碰到"紫色"的公路，就说明车头的方向发生了右偏。想让小车正常循着公路行进，就需要使用"左转5度"积木来修正。在修正方向的同时，可以让小车再向前行驶一点点，以便进一步探测。

在小车的代码标签页，拖取"指令区"中"控制"分类的"如果 那么"积木，"运动"分类的"左转5度"和"移动0.5步"积木，以及"侦测"分类的"颜色 碰到 ？"积木，拼合后使用直行判断相同的方法，通过颜色"拾色器"选取"蓝色"和"紫色"，如图14.22所示。

图14.22　探测器侦测判断

● 右转判断。如果小车的"绿色"探测器触碰到"紫色"的公路，就说明车头的方向发生了左偏。想让小车正常循着公路行进，就需要使用"右转5度"积木来修正。在修正方向的同时，可以让小车再向前行驶一点点，以便进一步探测。

在小车的代码标签页，拖取"指令区"中"控制"分类的"如果 那么"积木，"运动"分类的"右转5度"和"移动0.5步"积木，以及"侦测"分类的"颜色 碰到 ？"积木，拼合后使用直行判断相同的方法，通过颜色"拾色器"选取"蓝色"和"紫色"即可。

14.5 自动探路功能

通过上节对探测器的分析和代码编写，小车已经具备了比较智能的探测能力，能够根据所处的位置，自己调整车头的方向了。但是，如果此时单击"小绿旗"运行程序，会发现小车并不能很好的工作，这是为什么呢？

原来上节对3个探测器的判断，都是一次性的。要实现小车的持续前进和持续探测，就需要将上节的探测过程连续不断的"重复执行"。

在小车的代码标签页，拖取"指令区"中"控制"分类的"重复执行"积木，将上节中的3段"如果 那么"积木都包含在其中，拼合好如图14.23所示。

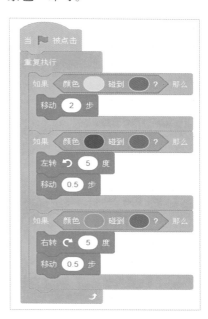

图14.23　自动探路功能

单击"舞台区"左上角的"小绿旗"运行程序，可以看到小车已经可以一边前进、一边不断的自我修正方向了，这样就初步实现了让小车自动探路、自动驾驶的目标。

14.6 完整的程序

"精彩的自动驾驶"学习的重点是角色的绘制、颜色碰撞侦测、方向与角度的应用等知识点。完整的程序分为两个部分。

第一部分是对"探索者"进行编程，重点是颜色碰撞侦测和角度的应用，程序如图14.24所示。

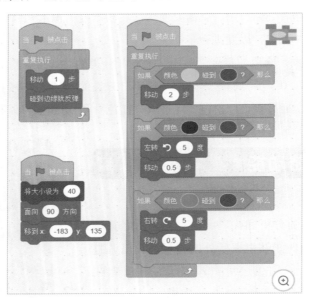

图 14.24　对"探索者"编程

第二部分是对"盘山公路"进行编程，主要是角色居中和舞台区的图层顺序调整，程序如图14.25所示。

试运行。单击舞台区顶部右侧的小绿旗按钮运行程序，可以看到"探索者"已经可以在盘山公路上自动驾驶了，如图14.26所示。

自动驾驶得是否顺畅，跟公路相关，也跟"探索者"

图 14.25　对"盘山公路"编程

自己的大小相关。总体说来，做好以下几点，"探索者"号会运行得更好。

- 缩小"探索者"的大小，让"探索者"更灵活。
- "公路"绘制时尽量平滑，不要有急转弯。
- 降低"探索者"的运行速度，减小惯性。

注意：本案例中使用的角色都是自己绘制而成，角色绘制得是否恰当直接影响到运行结果。如果程序运行不畅，或小车自动探路效果不理想，可以关注微信公众号"师高编程"，回复"自动驾驶"获取绘制过程中的注意事项。

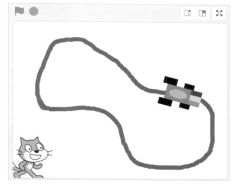

图 14.26　自动驾驶效果

14.7　进阶探索：赛车场驾驶

"探索者"不只是可以在盘山公路上自动驾驶，还可以开上赛车场，在专业的赛车场上"探索者"依然可以跑得很好。

从本书素材库中第 14 章找到"赛车场 .jpg"图片，如图 14.27 如示。

图 14.27　赛车场素材

移动鼠标到角色列表区右侧的"添加角色"按钮上，在弹出的菜单中单击"上传角色"按钮，如图 14.28 所示。

图 14.28　选择上传角色

在打开的上传窗口中，选择赛车场图片，导入后舞台区如图 14.29 所示。

图 14.29　将资源导入到舞台区

接下来给"赛车场"添加代码，让图片居中到 (0, 0) 坐标，同时移动到最下层，露出小车和喵小咪来。拖取指令区中"事件"分类的"当绿旗被点击"积木、"运动"分类的"移到 x: y: "积木，以及"外观"分类的"移到最 前面"积木，移动到赛车场的代码标签页，并修改"移到 x: y: "为"移到 x: 0 y: 0"、修改"移到最 前面"为"移到最 后面"，拼合好如图 14.30 所示。

为了让"探索者"在赛车场中自动驾驶，盘山公路需要先隐藏起来，接下来在角色列表区选中盘山公路，给盘山公路添加代码。拖取指令区中"事件"分类的"当绿旗被点击"积木，以及"外观"分类的"隐藏"积木到盘山公路的代码标签页，拼合好如图 14.31 所示。

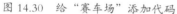

图 14.30 给"赛车场"添加代码　　　　　图 14.31 隐藏"盘山公路"

试运行。单击"小绿旗"按钮运行程序，可以看到"探索者"会漫无目的地来回跑，并不会自己找路！这是为什么呢？聪明的你有没有想到原因呢？

原来，因为盘山公路被隐藏了，紫色的公路已经看不见了，所以"探索者"也就没办法找到路，只能漫无目的地游荡！

需要修改一下"探索者"的代码，让它适应赛车场的规则，详细代码如图 14.32 所示。

程序代码主要做了以下 4 个方面的修改。

- 将"紫色"的道路，修改为"绿色"，以适应新的场地。
- 将"探索者"的初始位置，修改到"发车等待"区域。
- 修改"探索者"车头的朝向，面向到"180"度方向，准备开车。
- 修改"探索者"的大小为"20"，以适应赛车场。

> 注意：在游戏运行过程中，如果喵小咪现在的位置挡住了车道，可以调整喵小咪的大小或拖动到合适的区域。

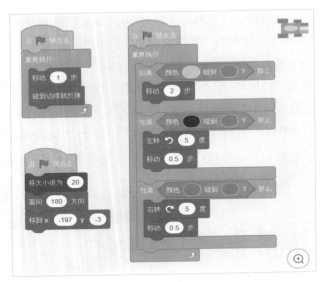

图 14.32　修改代码，以适应赛车场

试运行。经过上面的调整，再单击小绿旗按钮，可以看到"探索者"已经愉快地在赛车场自动驾驶了，如图 14.33 所示。

图 14.33　"探索者"在赛车场运行

自动驾驶是一个不断试错、不断优化的过程，如果希望"探索者"能实现更准确地寻道，更平顺地驾驶，仍然可以从以下几个方面持续优化。

❶ 缩小"探索者"的大小，由"将大小设为 20"修改为"将大小设为 15"。

❷ 降低"探索者"的运行速度，减小惯性。将"移动 1 步"修改为"移动 0.1 步"。

❸ 降低直行的速度，当黄色探测到赛道时，将"移动 2 步"修改为"移动 1 步"。优化后的代码如图 14.34 所示。

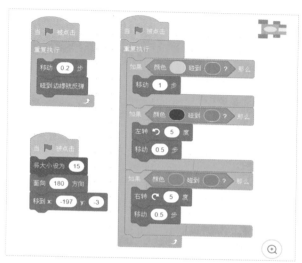

图 14.34　优化"探索者"代码

试运行。单击"小绿旗"按钮，可以看到"探索者"运行得更顺畅，效果如图 14.35 所示。

图 14.35　优化后的"探索者"

14.8 更多有趣的探索

在本例中，自动驾驶的小车和运行的线路都是可以根据自己的需要任意地绘制，只要符合前面所述的基本要求，可以绘制成任意形状。当然，也可以根据需要给游戏添加上背景音乐或音效等。

例如：小车可以画成黄色，前面的 3 个探测器颜色也可以任意定制；盘山公路也可以绘制成螺旋状，以增加游戏的乐趣，如下图 14.36 所示。

完成上述步骤，实现自己定义的"线路"方法非常简单。你可以使用 14.2 节中类似的方法，在"角色列表区"中"绘制"一个新角色，把它命名为"螺旋线路"即可，小车的巡线程序可以复用之前的代码，需要注意的只是"线路"的颜色和"小车"寻找的颜色完全一致即可，聪明的你赶快自己动手试试吧。

图 14.36 可自由绘制线路

将红色的"小车"换成黄色或其他你喜欢的颜色，只需要使用 14.3 节中介绍的绘制方法，将"探索者"的车身使用"填充"工具填充成自己喜欢的颜色即可。需要注意的是车身的颜色要区别于 3 个"探测器"的颜色，只要不同于 3 个"探测器"的颜色小车都能工作得非常好。

当然，如果你愿意把"探索者"打造成一辆会变形的小车，或者会变颜色的"警车"也是可以的，方法是给"探索者"添加不同的造型，在运行的过程中动态的切换造型就可以。

怎么样，越变越好玩吧！Scratch 3.0 编程的世界，不怕做不到、只怕想不到，快快发动你聪明的大脑，动手去实践吧！

14.9 最终程序脚本

"赛车场驾驶"学习的重点是颜色碰撞的深入理解、图层的前后调整、运动控制等知识点，完整的程序脚本包括 3 个部分。

第一部分是对"盘山公路"进行编程，将不使用的角色隐藏起来，程序如图 14.37 所示。

图 14.37 "盘山公路"脚本代码

第二部分是对"赛车场"进行编程，调整角色的图层显示顺序，程序如图 14.38 所示。

图 14.38 "赛车场"脚本代码

第三部分是对"探索者"进行编程，调整颜色碰撞侦测、运动控制等，程序如图 14.39 所示。

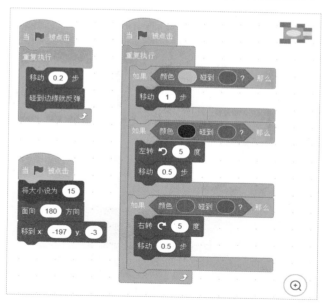

图 14.39 "探索者"脚本代码

第15章
试试键盘游戏

见识了计算机控制的自动驾驶小车后，喵小咪一下子对计算机充满了好奇：小小的计算机竟然能干那么多的事，原来只听说它能打字、能算题，没想到还能控制汽车驾驶，真是太厉害了！

喵小咪想了想，觉得自己也应该学习一些计算机知识了。

那计算机应该怎么学呢？当然是要从熟悉键盘打字开始了，键盘是跟计算机进行交流的最基础的工具。喵小咪就从学习打字开始吧！

15.1　游戏概要设计

一架小直升机从头顶飞过，每隔一会儿就从直升机上掉落一个字母，如果字母落地前，能在计算机键盘上键入相同的字母，就可以命中并击落这个字母，并且得到一分，如图15.1所示。

同时注意，需要进行键盘练习打字的都是计算机的初学者，那么不能游戏一开始就让直升机放字母，而是要先做一个简单的游戏介绍，介绍这个键盘练习的游戏怎么玩。在用户做好充分的准备后，再单击"开始"按钮进入游戏，介绍的界面如图15.2所示。

图 15.1　键盘游戏

图 15.2　键盘练习的游戏介绍界面

在这个项目中除了喵小咪外，涉及的角色还有直升机、字母和"开始"按钮。直升机循环往复地从舞台区的左侧向右侧飞行；字母从天而降，如果被用户击中就消失，否则一直落到地面；"开始"按钮用来响应用户的操作，在用户没有单击之前，一直显示游戏的介绍，用户单击以后开始游戏。

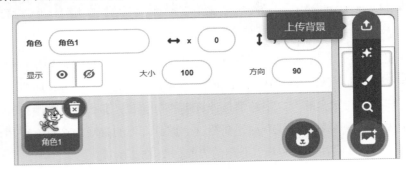

15.2 循环飞行的直升机

在 Scratch 3.0 中创建一个全新的项目，先实现直升机在公园上空盘旋。

1 导入背景。移动鼠标到角色列表区最右侧的"添加背景"按钮上，在弹出的菜单中单击"上传背景"按钮，如图 15.3 所示。

图 15.3　上传背景

在弹出的"打开"窗口中，选择本书素材库第 15 章的"公园.png"图片导入舞台区，如图 15.4 所示。

2 导入直升机。移动鼠标到角色列表区右侧的"添加角色"按钮上，在弹出的菜单上单击"上传角色"按钮，如图 15.5 所示。

图 15.4　导入公园背景

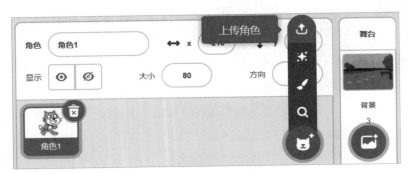

图 15.5　上传角色

在弹出的"打开"窗口中，选择本书素材库第 15 章的"直升机 .png"图片导入舞台区，如图 15.6 所示。

图 15.6 导入"直升机"

3 初始化喵小咪。在角色列表区选中"角色 1"喵小咪，初始化喵小咪的位置和大小。拖取指令区中"事件"分类的"当绿旗被点击"积木、"外观"分类的"将大小设为 100"积木，以及"运动"分类的"移到 x: y:"积木，移动到喵小咪的代码标签页，并修改"将大小设为 100"为"将大小设为 80"，修改"移到 x: y:"为"移到 x: –210 y: –170"，拼合好如图 15.7 所示。

图 15.7 初始化喵小咪

试运行。单击舞台区左上角的"小绿旗"按钮运行，可以看到喵小咪已经调小了尺寸，并移动到舞台区的左下角，如图 15.8 所示。

④ 初始化直升机。在角色列表区选中"直升机"，初始化直升机的位置。拖取指令区中"事件"分类的"当绿旗被点击"积木，以及"运动"分类的"移到 x: y:"积木到直升机的代码标签页，并修改"移到 x: y:"为"移到 x: −180 y: 140"，拼合好如图 15.9 所示。

图 15.8　喵小咪的初始位置

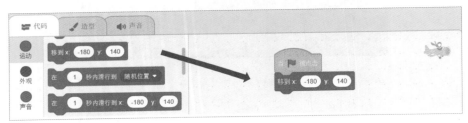

图 15.9　初始化直升机

试运行。单击"小绿旗"按钮运行，可以看到直升机已经升空，处于舞台区的左上角，随时准备飞行了，如图 15.10 所示。

在前面的章节中，学习过如何让角色往返运动，也就是让角色在舞台区来回运动，碰到边缘就反弹，如"到蒙哥家做客"案例中的小青蛇，它在舞台区的运动路线如图 15.11 所示。

图 15.10　直升机的初始位置

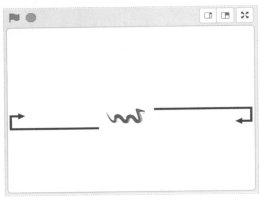

图 15.11　角色的往返运动

根据游戏设计，在这个项目中直升机不是来回地往返运动，而是做循环运动，即飞机一直保持从左向右飞，当飞出舞台区的最右侧后，再从最左侧飞入，运动路线如图 15.12 所示。

循环运动的好处是让飞行过程显得非常连贯，有利于游戏的进行，接下来通过编程实现直升机的循环飞行。

通过前面的章节可知，从左向右的水平运动，只需要改变 x 坐标值并保持 y 坐标值不变即可。要实现循环飞行，就必须要关注舞台区边缘处的 x 坐标。聪明的你想到让直升机循环飞行的办法了吗？

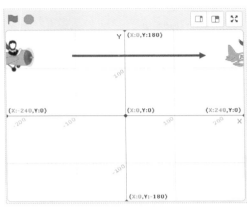

图 15.12 循环运动

5 循环飞行。拖取指令区中"控制"分类的"重复执行"和"如果 那么"积木，"运算"分类的" > 50"积木，以及"运动"分类的"将 x 坐标增加 10""x 坐标""将 x 坐标设定为"积木，移动到直升机的代码标签页，并修改"将 x 坐标增加 10"为"将 x 坐标增加 3"，修改" > 50"为" > 270"，修改"将 x 坐标设定为"为"将 x 坐标设定为 –270"，拼合好如图 15.13 所示。

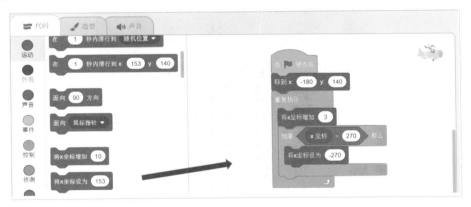

图 15.13 循环飞行

阅读这段代码："当绿旗被点击"时，移到初始位置，然后"重复执行"代码中"将 x 坐标增加 3"积木，就会一直向右移动，同时侦测"如果 x 坐标大于 270"，也就是说飞机头已经飞出了舞台区的右侧，那么马上将直升机的"x 坐标设为 –270"，也即把直升机移到舞台区的最左侧，就这样一直循环往复。

注意：舞台区最右侧 x 坐标为 x=240，程序中取 x=270，是为了让直升机多向右运行一段，让效果更逼真；同样的，舞台区最左侧 x 坐标为 x=-240，程序中取 x=-270，也会让直升机有大部分在舞台区左边缘之外，运行起来更逼真。

试运行。单击舞台区顶部左侧的"小绿旗"按钮运行程序，可以看到直升机已经可以从左向右循环飞行了。

15.3　空投字母

直升机从左向右循环飞行，是为了从空中投放字母，以供游戏玩家键击。

❶ 导入字母。在角色列表区单击"选择一个角色"按钮，从角色库的"字母"分类中选择"Block-A"选项，导入字母 A，如图 15.14 所示。

图 15.14　导入字母

观察上图可以看出，字母 A 在舞台区个头比较大，都快赶上直升机的大小了，接下来初始化角色的大小。

❷ 初始化字母。在角色列表区将字母 A 的"大小"设置为"40"，即按 40% 的尺寸显示；坐标"x"设置为"0"，"y"设置为"160"，如图 15.15 所示。

图 15.15 初始化字母

观察舞台区，可以看到字母 A 的大小已经比较合适了。接下来，编程实现字母 A 从上向下掉落的过程。

❸ 从上向下运动。拖取指令区中"事件"分类的"当绿旗被点击"积木，"控制"分类的"重复执行直到"积木，"运算"分类的"＜50"积木，以及"运动"分类的"y 坐标"和"将 y 坐标增加 10"积木，移动到字母 A 的代码标签页，并修改"将 y 坐标增加 10"为"将 y 坐标增加 −5"，修改"＜50"为"＜−160"，拼合好如图 15.16 所示。

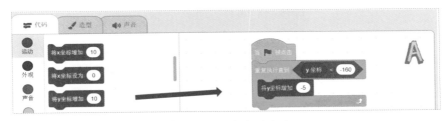

图 15.16 从上向下运动

阅读这段代码："当绿旗被点击"时，字母 A 重复执行"将 y 坐标增加 −5"，也就是向下运动，直到 y 坐标小于 −160 时停止。

注意：舞台区的直角坐标系中 y 坐标的最小值为 −180，这里取 −160 是为了确保角色在靠近舞台区的底部时就结束运动。

试运行。单击"小绿旗"按钮运行程序，可以看到字母 A 从屏幕中央缓缓落下，如图 15.17 所示。

观察运行结果可以发现：按照游戏设计，字母 A 应该是从直升机上掉落的，可是舞台区的字母 A 目前跟直升机还没有任何关联。那么，在直升机不断地飞行中，如何才能让字母 A 能够从直升机上掉落呢？

④ 从直升机上掉落。拖取指令区中"运动"分类的"移到 随机位置"积木到字母 A 的代码标签页，并单击"移到 随机位置"中的倒三角形按钮，修改为"移到 直升机"，如图 15.18 所示。

图 15.17　字母 A 缓缓落下

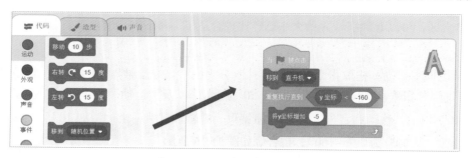

图 15.18　"移到 直升机"积木

"移到 直升机"积木的作用是把字母 A 移动到直升机所在的位置。

试运行。单击"小绿旗"按钮运行程序，可以看到：字母 A 先移动到直升机所在的位置，再从直升机所在的位置向下掉落，如图 15.19 所示。

注意：由于 Scratch 3.0 程序运行的速度非常快，如果单击"小绿旗"按钮看不出如图所示的效果，可以多次单击"小绿旗"按钮，体会"移到 直升机"积木的作用。

图 15.19　字母从直升机上掉落

只有一个字母掉落还远远不够。怎样才能做到有多个字母掉落呢？怎样才能做到每隔 2 秒就自动掉落一个字母呢？聪明的你有没有什么好办法？

5 克隆多个字母。拖取指令区中"控制"分类的"克隆 自己""当作为克隆体启动时""删除此克隆体""等待 1 秒""重复执行"5 个积木，移动到字母 A 的代码标签页，并修改"等待 1 秒"为"等待 2 秒"，分别拼合好，如图 15.20 所示。

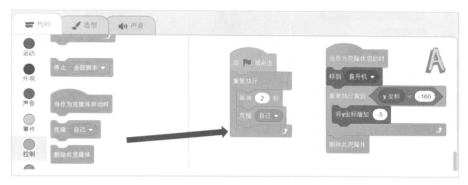

图 15.20　克隆多个字母

阅读这两段代码："当绿旗被点击"时，"重复执行"每隔 2 秒"克隆 自己"。当子字母被克隆出来以后，先"移到 直升机"所在的位置，再从这个位置开始向下掉落，直到子字母的 y 坐标小于 −160，也就是即将到达舞台区底部时，就结束下落，再"删除此克隆体"。

试运行。单击"小绿旗"按钮运行程序，可以看到每隔 2 秒就有一个字母从直升飞机上掉落，如图 15.21 所示。

观察舞台区的运行结果，可以看到总有一个字母 A 待在舞台区的底部，不会消失。这是为什么呢？聪明的你有没有什么好办法？

图 15.21　多个字母从直升机上掉落

其实，这个不会消失的字母 A 就是从角色库中导入的母字母，母字母不能通过"删除此克隆体"积木删除，所以一直会留在舞台区。接下来，用"隐藏/显示"功能处理这种情况。

❻ 隐藏/显示母角色。拖取指令区中"外观"分类的"显示"和"隐藏"积木到字母 A 的代码标签页，分别拼合好，如图 15.22 所示。

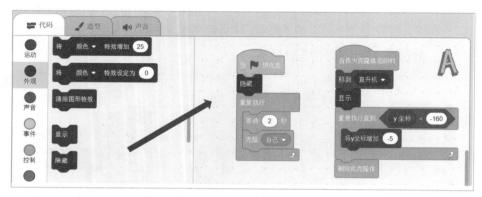

图 15.22　隐藏与显示

阅读这段新加的代码："当绿旗被点击"时，先"隐藏"母角色，再开始"克隆 自己"，此时克隆出来的每一个子角色同样都是处于隐藏状态的，"当作为克隆体启动时"，把子角色"移到直升机"，再"显示"出来，从上向下掉落。

试运行。单击"小绿旗"按钮运行程序，可以看到，这次没有积木一直待在舞台区底部了，都能正常被删除，如图 15.23 所示。

观察程序的运行结果可以发现：直升机每次空投下的都是字母 A，没有其他字母变化，这样就不能起到键盘练习的作用。怎样让字母 A 发生变化呢？聪明的你有没有想到什么好办法？

在"溶洞中的小鸟"项目中，最初画出的石钟乳，开始也只有一个方向，后来通过复制石钟乳的造型并加以变化的方法，让石钟乳变换出不同的效果。这里也可以使用类似的方法，让字母 A 变化出字母 B、字母 C 来。

图 15.23　隐藏"母"字母

❼ 变化的字母。单击指令区顶部的"造型"标签按钮，切换到字母的造型标签页，观察一下字母 A 的造型，如图 15.24 所示。

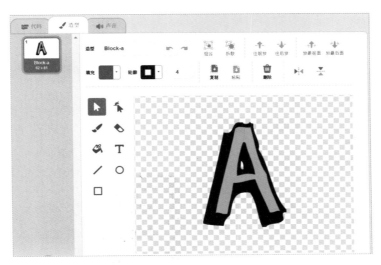

图 15.24 字母 A 的造型标签页

在字母 A 的造型列表中，只有一个造型。那么如何才能制造出多个造型呢？

添加造型。将鼠标移动到造型标签页左下角的"添加造型"按钮上，在弹出的菜单中单击"选择一个造型"按钮，如图 15.25 所示。

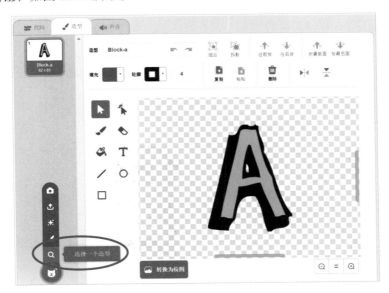

图 15.25 选择一个造型

在弹出的"选择一个造型"窗口中单击"字母"分类，选中"Block-b"，将"Block-b"导入字母 A 的造型中，这样就让字母 A 有了两个造型，如图 15.26 所示。

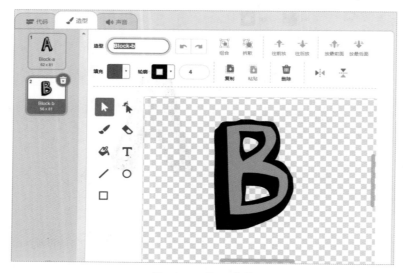

图 15.26　导入造型

用同样的方法，再导入字母 C、字母 D 和字母 E，如图 15.27 所示。

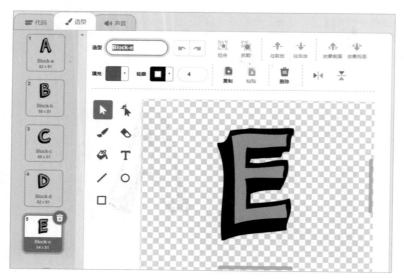

图 15.27　导入多个造型

字母 A 有了多个造型以后，接下来单击指令区顶部的"代码"标签按钮，切换回字母 A 的代码标签页。

变换造型。拖取指令区中"外观"分类的"下一个造型"积木到字母的代码标签页，并拼合到"克隆 自己"积木前面，如图 15.28 所示。

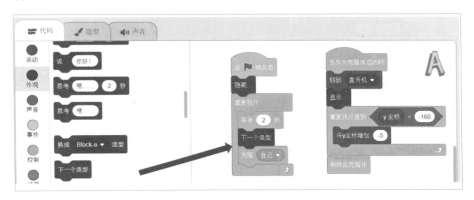

图 15.28　变换造型

试运行。单击"小绿旗"按钮运行程序，可以看到这次直升机上已经可以掉落字母 A ~ E 了，如图 15.29 所示。

通过添加造型的方法，飞机上已经可以向下掉落不同的字母了，但是仍然只会按 A、B、C、D、E 的顺序掉落，不能变换顺序，这样也不利于键盘练习。接下来修改程序，实现随机字母。

⑧ 随机字母。拖取指令区中"外观"分类的"换成 Block-a 造型"积木，以及"运算"分类的"在 1 和 10 之间取随机数"积木，移动到字母的代码标签页，并修改"在 1 和 10 之间取随机数"为"在 1 和 5 之间取随机数"，拼合好如图 15.30 所示。

图 15.29　掉落不同字母

用"换成 Block-a 造型"积木替换"下一个造型"积木，可以改变按顺序切换造型的模式，跟在"在 1 和 5 之间取随机数"组合后，就会随机地在字母 A、B、C、D、E 之间切换。

试运行。单击"小绿旗"按钮运行程序，可以看到直升机现在可以随机地往下掉字母了。

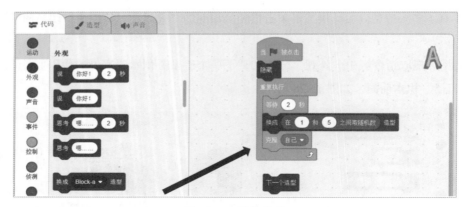

图 15.30　随机字母

15.4　键击命中

字母已经可以随机地从天而降了，接下来编程处理用户的键盘操作。

❶ 选中字母。在角色列表区中选中"字母"角色，对"字母"进行编程。

❷ 键盘处理。拖取指令区中"控制"分类的"如果 那么""删除此克隆体"积木，"侦测"分类的"按下 空格 键？"积木，移动到字母的代码标签页，并修改"按下 空格 键？"为"按下 a 键？"，然后拼合到"将 y 坐标增加 –5"积木的下方，如图 15.31 所示。

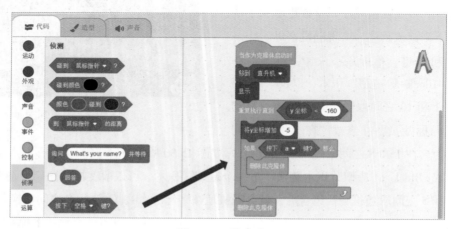

图 15.31　键盘处理

阅读这段新加的代码：在子字母向下掉落的过程中，判断用户是否"按下 a 键？"，如果按下了键盘上的 A 键，那么就"删除此克隆体"，也就是说，当用户按下 A 键时，就可命中并删除子字母。

试运行。单击"小绿旗"按钮运行程序，当字母向下掉落时，按下计算机键盘上的 A 键，可以看到字母立即消失。

通过图 15.31 所示的这段程序，就打通了从天而降的字母跟计算机键盘之间的关系。但是，观察运行结果可以发现，在键盘上按下 A 键，竟然可以击落任何一个字母，不管从直升机上掉落是 A 还是 B、C、D、E，这样就跟游戏的设计不一致了！

如何才能实现按下 A 键就只能击落 A，按下 B 键就只能击落 B 呢？

这就需要建立键盘上按下的字母同舞台区显示的字母之间的对应关系！

但问题是，舞台区显示的字母只是一幅字母的图片，并没有任何标识性。如何才能建立对应关系呢？

❸ 造型名称。在指令区的"外观"分类中，选择"造型 编号"选项，并且修改"造型 编号"为"造型 名称"，如图 15.32 所示。

造型显示牌。选择"造型名称"后，在舞台区的左上角就可以看到"字母：造型名称"的显示牌，如图 15.33 所示。

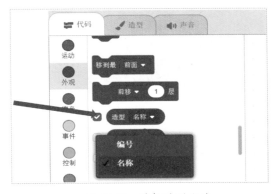

图 15.32 选择造型名称

图 15.33 造型显示牌

试运行。单击"小绿旗"按钮运行程序，可以看到直升机上掉下什么字母，造型显示牌就切换为对应字母的造型名称，如图 15.34 所示。

修改字母的造型名称。单击指令区顶部的"造型"标签按钮，将每个造型的名称修改成对应的小写字母，即 A 字母的造型名称为"a"，B 字母的造型名称为"b"，C 字母的造型名称为"c"，D 字母的造型名称为"d"，E 字母的造型名称为"e"，如图 15.35 所示。

图 15.34 显示造型名称

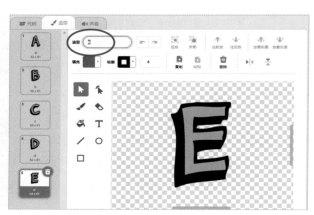

图 15.35 修改造型名称

> 注意：造型名称统一为"小写"字母，以方便后面的程序开发。

试运行。单击"小绿旗"按钮运行程序，可以看到当直升机上掉落字母 E 时，舞台区左上角的显示牌上造型名称为"e"，如图 15.36 所示。同样当掉落 A 时显示 a、掉落 B 时显示 b……

通过上面的操作，就可以把掉落的字母的图片，显示为一个字符了。有了这个字符，接下来建立跟电脑按键之间的对应关系。

图 15.36 造型名称显示为字母

4 对应关系。拖取指令区中"运算"分类的"与""＝50"积木，以及"外观"分类的"造型 编号"积木，移动到字母的代码标签页，并修改"造型 编号"为"造型 名称"，拼合好如图 15.37 所示。

"＝"是一个两头尖的六边形判断积木，用来判断"＝"的两端是否相等。

"与"是一种逻辑判断积木，用来连接两个尖头的判断积木，表达"并且"的意思。例如，"<M=0> 与 <N=0>"表示只有在"M=0"和"N=0"两个判断条件同时成立时，"<M=0> 与 <N=0>"才有效。

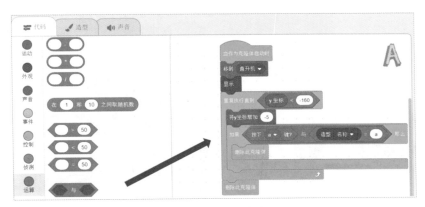

图 15.37 对应关系

注意：常见的逻辑判断积木有"与""或""不成立"等，这些积木相互组合可以做出各种有趣的逻辑判断，更多的信息可以关注微信公众号"师高编程"，输入"逻辑判断"。

阅读新加的这段代码：随机一个字母从上往下掉落，在这个过程中，如果发现用户"按下 a 键？"并且正好这个随机字母的"造型名称"也是"a"，那么表明用户"命中"了字母"a"，那就让"a"在舞台区消失。

试运行。单击"小绿旗"按钮运行程序，可以看到，这次只有从直升机上掉落字母 A 时，"按下 a 键"才可以命中；掉落其他字母时，"按下 a 键"无效。

仔细阅读图 15.37 所示的代码，发现当掉落的随机字母是 B 时，如果用户"按下 a 键"，那么就不能同时满足"与"两端的条件：即"按下 a 键？"满足了，但是此时"造型 名称"不等于"a"。不能同时满足"与"两端的条件，那么"删除此克隆体"就不会被执行，B 也就不会从舞台区消失。

那么，要让字母 B 也能被命中，需要怎样编程呢？聪明的你有没有想到什么好办法？

⑤ 复制代码。前面已经成功实现了命中字母 A，想命中字母 B 只要使用类似的方法就可以。为了简化编程，可以复制命中 a 的代码。在字母的代码标签页，选中"重复执行"积木中的"如果 那么"积木，单击鼠标右键，在弹出的菜单中选择"复制"选项，如图 15.38 所示。

选择"复制"选项以后，可以看到整个"如果 那么"积木（包括 C 型开口里的内容）已经被复制了一份，并且可以跟随鼠标移动。接着就把鼠标移动到合适的位置，单击鼠标释放积木即可，如图 15.39 所示。

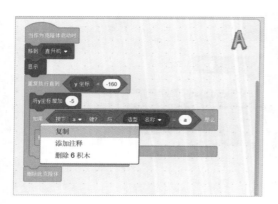

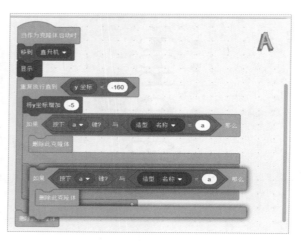

图 15.38 复制代码

图 15.39 释放积木到合适的位置

用复制代码的方法，可以更快速、更便捷地实现相似功能，接下来修改一下复制出的这段代码。修改"按下 a 键？"为"按下 b 键？"，修改"= a"为"= b"，如图 15.40 所示。

阅读一下复制的这段代码：随机字母从上向下掉落，如果发现用户"按下 b 键"，并且这个随机字母正好是 B，那么就意味着用户命中 B，就让它从舞台区消失。

试运行。单击"小绿旗"按钮运行，可以看到这次不只是字母 A 可以被命中，字母 B 也可以被命中了，如图 15.41 所示。

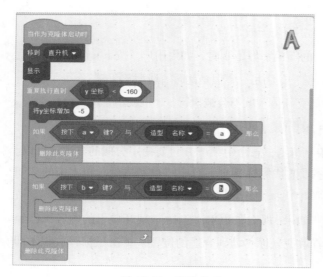

图 15.40 修改代码

图 15.41 命中字母

观察舞台区的运行结果，可以发现字母 A 和字母 B 已经可以被正常命中了，但是字母 C、D、E 仍然不能被命中。接下来，编程完善这个功能。

最直观的办法是重复上面的步骤，采用复制代码再修改的方式，将字母 C、D、E 的命中逻辑逐一实现。但是，有没有更通用、更高效一些的办法呢？聪明的你有没有想到什么好方法？

❻ 自制积木。在指令区的"自制积木"分类中，单击"制作新的积木"按钮，如图 15.42 所示。

声明新积木。在弹出的"制作新的积木"窗口中，修改"积木名称"为"是否命中"；然后单击"添加输入项 布尔值"按钮，并修改"boolean"为"按下的键"；再单击"添加输入项 数字或文本"按钮，并修改"number or text"为"落下的字母"，如图 15.43 所示。

图 15.42 制作新的积木

图 15.43 声明新积木

单击"完成"按钮以后，可以在指令区看到刚刚声明的自制积木，在代码标签页看到"是否命中"的定义，如图 15.44 所示。

阅读图 15.44 所示的代码，可以看出：自制了一个名为"是否命中"的积木，这个积木有两个输入项。一个输入项是"按下的键"，也就是侦测用户按下了哪个键；另一个输入项是"落下的字母"，确定此时舞台区正在向下落的是哪个字母。根据这两个输入项，自制积木需要判断用户"按下的键"和舞台区"落下的字母"是否一致，以确定"是否命中"。接下来，完善判断的过程。

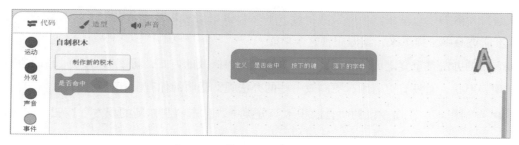

图 15.44 自制新积木"是否命中"

7 定义自制积木。在字母的代码标签页，拖动前面复制出的"如果 按下 b 键？"积木到"定义 是否命中"积木下方，并拼合好，如图 15.45 所示。

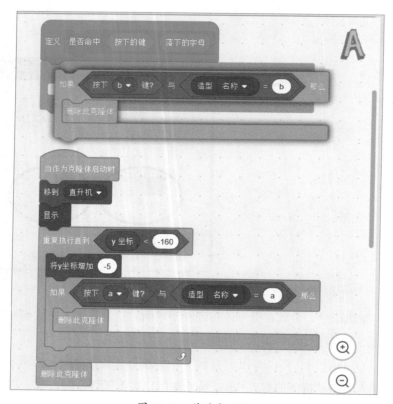

图 15.45 移动代码块

修改定义。将"定义 是否命中"积木下的"按下 b 键？"替换为"按下的键"，将"b"替换为"落下的字母"，如图 15.46 所示。

注意："按下的键"和"落下的字母"这两个积木，可以从"定义 是否命中 按下的键 落下的字母"中拖取。如图15.46中所示的拖取动作，从"定义"积木中向下拖取的"落下的字母"积木还没有完全放到"="框中。"定义"积木中的输入参数支持多次拖取。

图 15.46　修改定义

使用自制积木。拖取指令区中"自制积木"分类的"是否命中"积木，以及"侦测"分类的"按下 空格 键？"积木，移动到字母的代码标签页，并修改"按下 空格 键？"为"按下 b键？"，修改"是否命中"的第二个输入项为"b"，拼合好如图15.47所示。

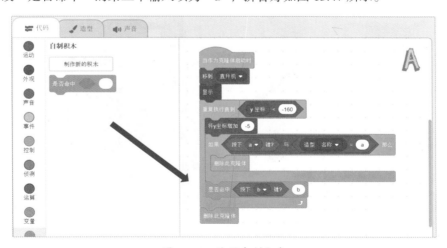

图 15.47　使用自制积木

阅读这段代码：随机字母从上向下掉落，在掉落的过程中判断用户是否"按下a键？"，同时判断掉落的字母是不是"a"，如果正好是"a"就表示击中"a"，则从舞台区删除这个字母；

否则，再用"是否命中"积木来判断用户是否"按下 b 键？"，并且掉落的字母是否"b"，如果正好是"b"，就表示击中"b"，则将"b"从舞台区删除。

试运行。单击"小绿旗"按钮运行程序，可以看到当直升机上掉落字母 A 时，如果"按下 a 键"，则字母 A 被击中，从舞台区消失；同样，当掉落字母 B 时，如果"按下 b 键"，则字母 B 被击中，从舞台区消失。

观察程序的运行结果可以看出，使用自制积木"是否命中"判断是否命中字母 B，效果跟前面复制修改代码完全一样，这说明自制积木真正起作用了！

使用自制积木还可以简化程序，接下来，重复使用"是否命中"积木把字母 C、D、E 都处理好。

8 重用自制积木。拖取指令区中"自制积木"分类的 4 个"是否命中"积木，以及"侦测"分类的 4 个"按下 空格 键？"积木，移动到字母的代码标签页；分别修改"按下 空格 键？"为"按下 a 键？""按下 c 键？""按下 d 键？""按下 e 键？"，分别修改"是否命中"的第二个输入项为"a""c""d""e"；同时删除"如果 那么"积木组，拼合好如图 15.48 所示。

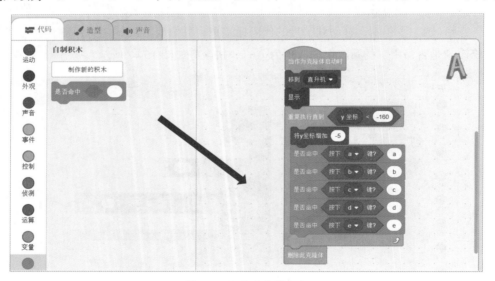

图 15.48　重用自制积木

试运行。单击"小绿旗"按钮运行程序，可以看到这次字母 A、B、C、D、E 都能被正确命中了，如图 15.49 所示。

图 15.49 A、B、C、D 和 E 都可以被正确命中

15.5 得分和音效

用户手到擒来，消灭了一个又一个字母，喵小咪也在高兴地计算成绩，数出用户一共击中了多少个字母。

1 建立变量。在指令区的"变量"分类中，单击"建立一个变量"按钮；输入新变量名"得分"，可以看到舞台区的左上角出现"得分"显示牌，如图 15.50 所示。

图 15.50 "得分"显示牌

② 初始化得分。拖取指令区中"变量"分类的"将 得分 设为 0"积木到字母的代码标签页,拼合到"隐藏"积木下方,如图 15.51 所示。

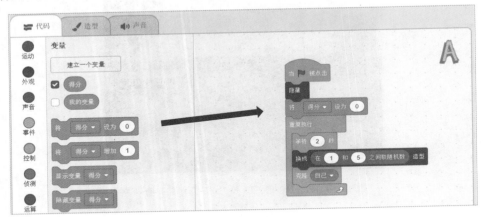

图 15.51 初始化得分

③ 获取得分。拖取指令区中"变量"分类的"将 得分 增加 1"积木到字母的代码标签页,拼合到自制积木中"删除此克隆体"积木的上方,如图 15.52 所示。

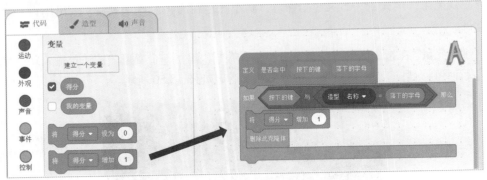

图 15.52 获取得分

阅读这段代码:当"绿旗被点击"时,将"得分"清零,每次用户命中一个字母,在字母消失前"将 得分 增加 1"。

试运行。单击"小绿旗"按钮运行程序,可以看到用户每次命中一个字母,就可以得到 1 分,如图 15.53 所示。

图 15.53 获取得分

注意：在自制积木"是否命中"中修改一次，无论命中 A、B、C、D、E 中的哪一个字母，都会加 1 分。通过自制积木，就达到了"修改一次，多处可用"的效果，增加了程序的可维护性。

❹ 背景音乐。在角色列表区的最右侧，选中"背景"；单击指令区顶部的"声音"标签按钮，从声音库中添加"可循环"分类的"Chill"音乐，如图 15.54 所示。

图 15.54 添加背景音乐

单击指令区顶部的"代码"标签按钮，返回到背景的代码标签页，添加播放代码，如图 15.55 所示。

图 15.55　播放背景音乐

试运行。单击"小绿旗"按钮运行程序，可以听到背景音乐"Chill"已经可以正常播放了。

❺　命中音效。在角色列表区选中"字母"角色；单击指令区顶部的"声音"标签按钮，从声音库中添加"效果"分类中的"Pew"声音，如图 15.56 所示。

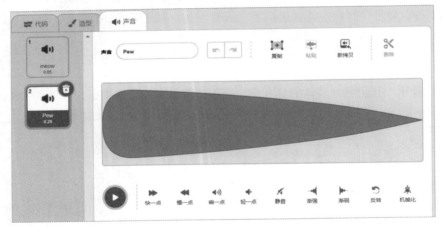

图 15.56　添加音效

单击指令区顶部的"代码"标签按钮，返回到字母的代码标签页。

播放音效。拖取指令区中"声音"分类的"播放声音 meow"积木到字母的代码标签页，并修改"播放声音 meow"为"播放声音 Pew"，拼合到"定义 是否命中"积木中，如图 15.57 所示。

试运行。单击"小绿旗"按钮运行程序，可以发现命中字母时会播放音效。

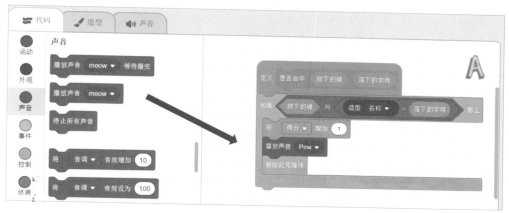

图 15.57 播放音效

6 调整显示牌。舞台区的左上角有两块显示牌，会挡住直升机的运行，可以拖动显示牌到舞台区的下部，如图 15.58 所示。

试运行。观察舞台区的运行结果，可以发现有的时候字母从上向下掉落时，比较靠近舞台区的左右两侧边缘，可能会影响到用户的识别和操作，如图 15.59 所示。

图 15.59 中的字母，因为从靠近舞台区的右侧掉落，所以用户很难识别出来。接下来调整程序，修正这个问题。

图 15.58 调整显示牌

图 15.59 字母从边缘掉落

7 边界判断。拖取指令区中"控制"分类的两个"如果 那么"积木，"运动"分类的两个

"x 坐标"和两个"将 x 坐标设为"积木，以及"运算"分类的"> 50"和"< 50"积木，移动到字母的代码标签页，并修改坐标为"220"和"–220"，拼合到"显示"之前，如图 15.60 所示。

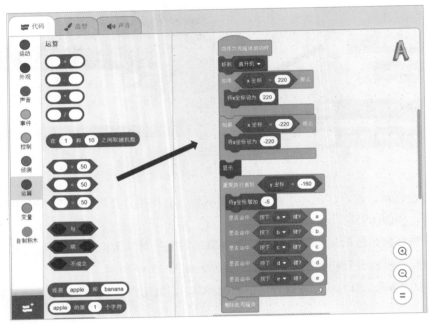

图 15.60　边界判断

　　阅读这段新加的代码：在子字母移动到直升机的位置之后，判断一下这个位置的 x 坐标，如果大于 220，也就是说太过靠近右边缘，那么就把 x 坐标设定为 220，也即最右不超过 220；同理，如果 x 坐标小于 –220，也就是说太过于靠近左边缘，就把 x 坐标设定为 –220，也即最左不超过 –220。

　　试运行。单击"小绿旗"按钮运行程序，可以看到即使直升机在舞台区右侧边缘掉落字母，字母也会自动修正到可以看清的位置落下，如图 15.61 所示。

　　简化程序。观察图 15.60 所示的程序，可以看到边界判断用了很多的积木，不太利于程序的理解和后面的维护。这里可以使用一个自制积木，来简化程序，使程序看起来更清晰。在指令区的"自制积木"分类中，单击"制作新的积木"按钮，命名为"边界调整"，将图 15.60 中的两个判断代码积木移动到"边界调整"积木的定义中，如图 15.62 所示。

图 15.61 不再从边缘掉落

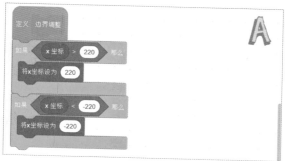

图 15.62 自制"边界调整"积木

使用自制积木。拖取指令区中"自制积木"分类的"边界调整"积木到字母的代码标签页，拼合到"显示"之前，如图 15.63 所示。

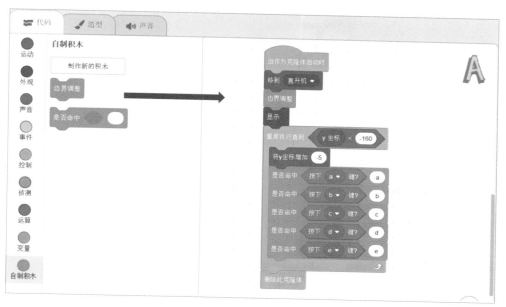

图 15.63 使用自制积木

8 运行程序。单击舞台区左上角的"小绿旗"按钮运行，可以看到"键盘游戏"程序已经比较完整了。

15.6 完整的程序

"键盘游戏"学习的重点是了解自制积木的作用和意义、角色的循环运动、逻辑运算的使用等知识点，完整的程序分为 4 个部分。

第一部分是对"直升机"进行编程，重点是角色的循环运动，程序如图 15.64 所示。

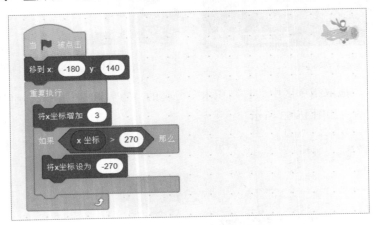

图 15.64 对"直升机"编程

第二部分是对"喵小咪"的编程，主要是进行角色位置和大小的初始化，程序如图 15.65 所示。

图 15.65 对"喵小咪"编程

第三部分是对"背景"的编程，主要是进行背景音乐的循环播放，程序如图 15.66 所示。

图 15.66　对"背景"程序

第四部分是对"字母"的编程，包括自制积木、逻辑运算、灵活的克隆应用等，其中自制积木的定义程序如图 15.67 所示。字母克隆相关逻辑及自制积木的调用部分程序如图 15.68 所示。

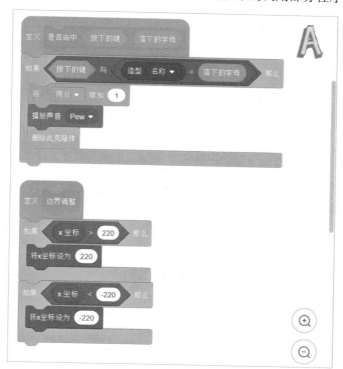

图 15.67　自制积木的定义程序

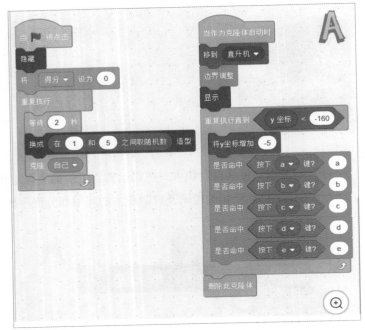

图 15.68 对"字母"编程

15.7 进阶探索：添加剧情介绍

在此之前，喵小咪经历过的多数项目，都只有一个场景，也就是只有一个背景。但是，读者在使用软件或者玩电脑游戏时，经常能看到多个场景（比如游戏封面是一个场景，进入游戏后又是一个场景），那多个场景的切换是怎样实现的呢？

接下来，编程改造"键盘游戏"，在游戏开始之前增加一个剧情介绍，先介绍"键盘游戏"的玩法，再开始游戏。

❶ 导入封面。移动鼠标到角色列表区最右侧的"添加背景"按钮上，在弹出的菜单中单击"上传背景"按钮，如图 15.69 所示。

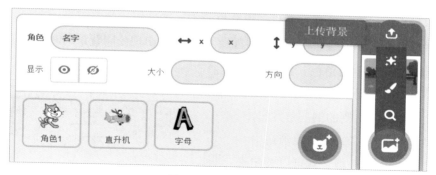

图 15.69　导入封面

从本地电脑中，选择本书素材库第 15 章的"封面"背景，如图 15.70 所示。

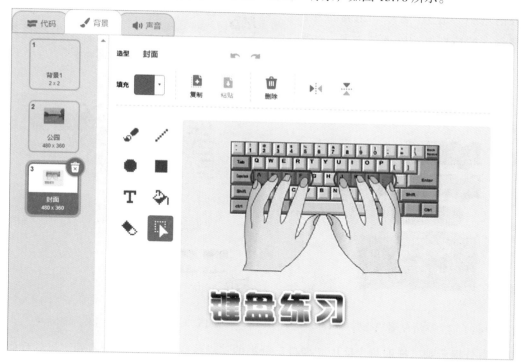

图 15.70　导入封面

在图 15.70 中可见，当前项目有 3 个背景："公园"、"封面"和默认的空白"背景 1"。选中"封面"选项，可以将舞台区切换为"封面"背景，如图 15.71 所示。

观察一下舞台区，可以看到直升机、得分提示牌、造型提示牌等都显示在列。但是根据游戏设计，这些角色都属于第二个场景（公园背景），只有在出现公园背景的时候才应该显示。

2 隐藏第二场景中的角色。在指令区的"外观"分类中找到"造型 编号"积木，首先单击"编号"右侧的倒三角按钮，将其修改为"造型 名称"，然后取消选中"造型 名称"左侧的复选框，就可以关闭舞台区右下角的造型提示牌了，如图 15.72 所示。

取消选中"造型 名称"左侧的复选框，舞台区的造型提示牌就消失了，如图 15.73 所示。

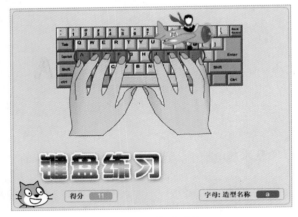

图 15.71 封面背景

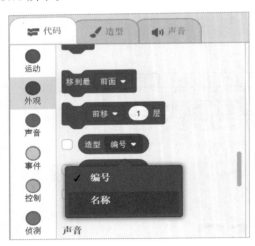

图 15.72 取消勾选"造型 名称"

图 15.73 关闭"造型 名称"提示牌

隐藏得分提示牌。拖取指令区中"变量"分类的"隐藏变量 得分"积木到字母的代码标签页，拼合到"当绿旗被点击"积木下方，如图 15.74 所示。

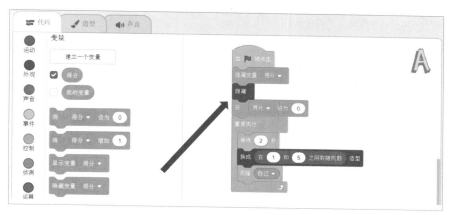

图 15.74　隐藏变量

试运行。单击"小绿旗"按钮运行程序，可以看到舞台区的得分提示牌已经被隐藏了，如图 15.75 所示。

隐藏直升机。在角色列表区选中"直升机"角色，拖取指令区中"外观"分类的"隐藏"积木到直升机的代码标签页，拼合到"当绿旗被点击"积木的下方，如图 15.76 所示。

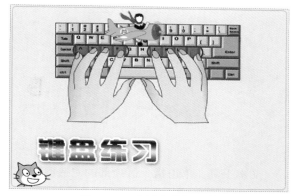

图 15.75　关闭变量提示牌

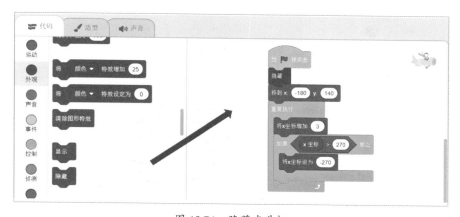

图 15.76　隐藏直升机

试运行。单击"小绿旗"按钮运行程序，可以看到直升机已经隐藏了，如图 15.77 所示。

到此，第二个场景中的角色就已经清理干净，接下来给第一个场景增加一个"开始按钮"。

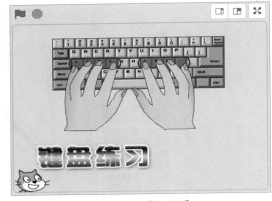

图 15.77　第一场景

3 开始按钮。单击角色列表区的"选择一个角色"按钮，从角色库中导入"Button1"角色，修改角色名称为"开始按钮"，如图 15.78 所示。

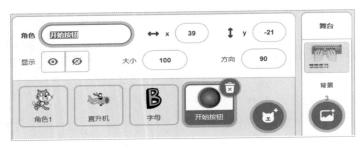

图 15.78　开始按钮

文本工具。单击指令区顶部的"造型"标签按钮，在造型标签页的绘图软件中选择"文本"工具，如图 15.79 所示。

图 15.79　文本工具

设置颜色。单击绘图软件设置区中"填充"右侧的颜色方块，在弹出的颜色选择菜单中拖动滑竿，将颜色设置为"颜色0、饱和度0、亮度100"，也即白色，如图15.80所示。

设置字体。单击设置区右侧的"Sans Serif"按钮，在弹出的菜单中选择"中文"选项，如图15.81所示。

添加文字。单击操作区，光标变成竖条后输入"开始"两个汉字，如图15.82所示。

图15.80 设置颜色

图15.81 设置字体

图15.82 添加文字

注意：如果文字的位置没有在按钮的正中央，可以在输入完成以后，再单击工具区的"选择"箭头工具，拖动文字，直到位置合适为止。

调整位置。在舞台区拖动"开始按钮"的位置，放置到舞台区的左下角空白处，如图 15.83 所示。

在角色列表区选中"开始按钮"，单击指令区顶部"代码"标签按钮，对"开始按钮"进行编程。

④ 添加说明。拖取指令区中"事件"分类的"当绿旗被点击"积木，以及"外观"分类的两个"说 你好！ 2 秒"和"说 你好！"积木，移动到"开始按钮"的代码标签页，并修改 3 个"你好！"分别为"要想打字速度快，需要注意指法！""每个手指负责对应的键位！""点我开始练习！"，拼合好如图 15.84 所示。

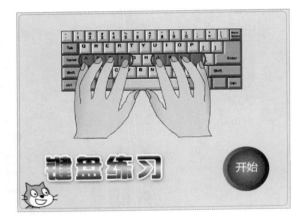

图 15.83　调整按钮位置

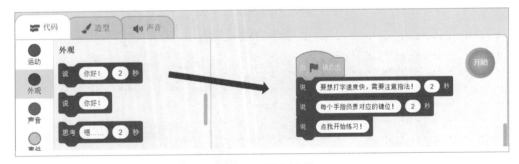

图 15.84　添加说明

试运行。单击"小绿旗"按钮运行程序。可以看到"开始按钮"上已经能够自动显示游戏的操作说明了，如图 15.85 所示。当然聪明的你如果有更好的文字描述，也可以自行修改。

观察舞台区的运行结果，可以看到还存在以下 3 个问题。

● 用鼠标单击"开始按钮",并不能开始练习。

● 单击"小绿旗"按钮运行,在第一个场景中,天上竟然会掉字母。

● 背景音乐应该在进入练习后再播放。

接下来,编程解决这几个问题。

5 点击事件。拖取指令区中"事件"分类的"当角色被点击"和"广播 消息 1"积木,以及"外观"分类的"显示"和"隐藏"积木到开始按钮的代码标签页,拼合好如图 15.86 所示。

"当角色被点击"是一个事件处理积木,当"开始按钮"被单击时,这组积木会被执行。

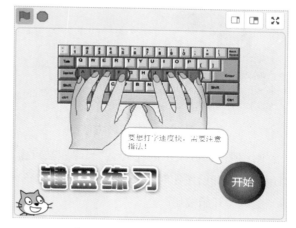

图 15.85 键盘游戏的剧情介绍

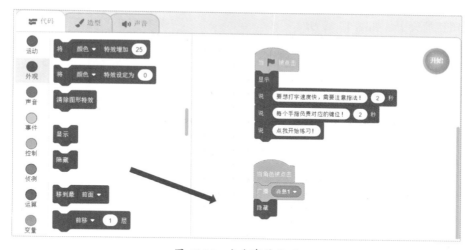

图 15.86 点击事件处理

"广播 消息 1"积木会给项目中的所有角色和背景发送"广播",通知"消息 1"。单击"消息 1"右侧的倒三角按钮,在弹出的菜单中选择"新消息"选项,如图 15.87 所示。

命名新消息的名称为"开始练习",如图 15.88 所示。

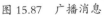

图 15.87　广播消息

图 15.88　命名新消息

　　阅读图 15.86 所示的代码："当绿旗被点击"时，开始按钮"显示"出来，并播放操作说明，当用户单击开始按钮时，向项目中的所有角色和背景"广播"一个名为"开始练习"的消息，然后"隐藏"开始按钮。

　　试运行。单击"小绿旗"按钮运行程序，可以看到当用户单击"开始"按钮后，"开始"按钮就消失了，如图 15.89 所示。

　　观察舞台区的运行结果可以看到，当用户单击"开始"按钮进入练习以后，背景图片仍然是"封面"，而没有切换到"公园"，这与游戏设计是不符的，那么怎么样才能做到单击"开始"按钮马上就切换场景呢？

　　在角色列表区的最右侧，选中"背景"，对"背景"进行编程。

图 15.89　单击"开始"按钮

　　⑥ 背景响应广播。拖取指令区中"事件"分类的"当接收到 开始练习"积木，以及"外观"分类的两个"换成 背景 1 背景"积木，移动到背景的代码标签页，并分别修改为"换成 封面 背景"和"换成 公园 背景"，拼合好如图 15.90 所示。

　　"当接收到 开始练习"是一个事件处理积木，当开始按钮发出"开始练习"广播后，项目中的所有角色和背景都可以使用"当接收到 开始练习"积木来接收这个消息，并做出相应的操作。

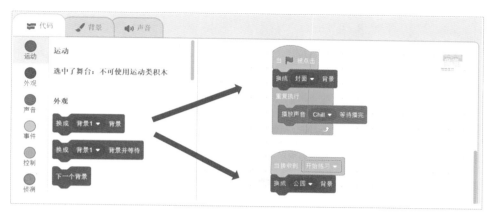

图 15.90 背景切换

"换成 公园 背景"积木用来切换舞台区的背景，即把舞台区的背景换成"公园"背景。

试运行。单击"小绿旗"按钮运行程序，可以看到开始时舞台区的背景为封面，当用户单击"开始按钮"后，背景切换为公园，如图 15.91 所示。

场景已经切换成功，接下来编程处理字母掉落的时机问题。在角色列表区选中"字母"角色，对"字母"进行编程。

❼ 字母响应广播。拖取指令区中"事件"分类的"当接收到 开始练习"积木到字母的代码标签页，整体移动"当绿旗开始执行"积木块中的"重复执行"到"当接收到 开始练习"下方，拼合好如图 15.92 所示。

图 15.91 切换成公园背景

阅读修改的这段代码："当绿旗被点击"时，先将字母"隐藏"起来，当用户单击"开始"按钮后广播消息，场景切换到公园，在字母"接收到 开始练习"时再克隆子字母，开始向下掉落。

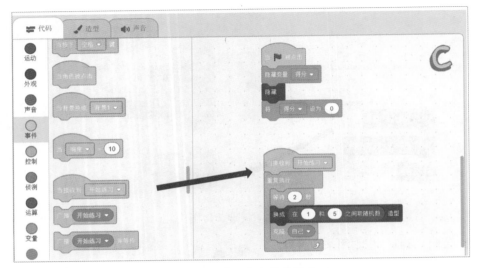

图 15.92　字母角色接收消息

试运行。单击"小绿旗"按钮运行程序，可以看到在第一个场景中不再有字母掉落，当用户单击"开始"按钮，进入第二个场景后，再开始掉落字母，如图 15.93 所示。

观察舞台区的运行结果，可以发现还存在以下两个问题。

- 直升机没有出现。

- 用户按下键盘，命中字母后，得分显示牌没有正常显示。

首先来调整得分显示牌。拖取指令区中"变量"分类的"显示变量　得分"积木到字母的代码标签页，并拼合到"当接收到　开始练习"积木的下方，如图 15.94 所示。

图 15.93　字母角色响应广播消息

阅读图 15.94 的代码："当绿旗被点击"时，先"隐藏变量　得分"；"当接收到　开始练习"时，再"显示变量　得分"。

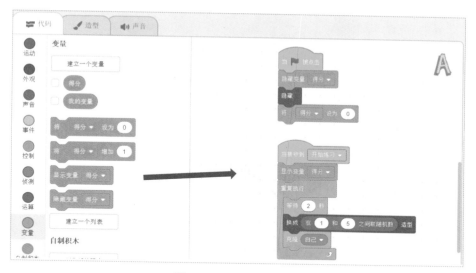

图 15.94 显示变量得分

试运行。单击"小绿旗"图标运行程序，可以看到进入第二场景后得分显示牌已经可以正常显示出来了，如图 15.95 所示。

接下来调整程序，让直升机能及时出现。在角色列表区选中"直升机"角色，对"直升机"进行编程。

8 直升机响应广播。拖取指令区中"事件"分类的"当接收到 开始练习"积木，以及"外观"分类的"显示"积木到直升机的代码标签页；将"重复执行"积木块移动到"当接收到 开始练习"积木下面，同时插入"显示"积木，拼合好如图 15.96 所示。

图 15.95 "得分"显示牌

阅读修改后的这段代码："当绿旗被点击"时，先把直升机"隐藏"起来；"当接收到 开始练习"消息后，再"显示"出来，做循环飞行。

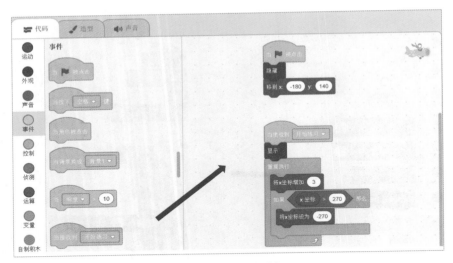

图 15.96　显示直升机

　　试运行。单击"小绿旗"按钮运行程序，可以看到当用户单击"开始"按钮后，在第二个场景中直升机已经可以正常飞行了，如图 15.97 所示。

　　观察舞台区的运行结果，可以看到场景切换和字母命中都能工作正常。但是背景音乐的播放有些问题：从单击"小绿旗"按钮开始，音乐就一直播放。其实，在第一个介绍游戏的场景中，应该是静默、没有音乐的，只有用户开始练习以后，才需要播放背景音乐。

图 15.97　直升机响应广播消息

　　接下来，在角色列表区选中"背景"，对背景进行编程。

　　播放背景音乐。在背景的代码标签页，将"重复执行"积木块移动到"换成 公园 背景"积木的下方，如图 15.98 所示。

　　阅读调整过的代码："当绿旗被点击"时，只是"换成 封面 背景"；当用户单击"开始"按钮，背景"当接收到 开始练习"广播后，"换成 公园 背景"，再循环播放"Chill"音乐。

运行程序。单击舞台区左上角的"小绿旗"按钮运行，可以发现带剧情介绍的、两个场景可切换的"键盘游戏"已经比较完整了，如图15.99所示。

图15.98 音乐播放响应广播消息

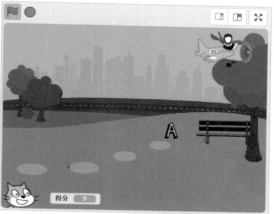

图15.99 顺利切换到第二个场景的键盘游戏

15.8 最终程序脚本

两个场景的"键盘游戏"项目主要学习了广播消息的应用：广播之前需要对第二场景中的角色进行各种隐藏，通过广播在各个角色和背景之间实现同步，主要程序分为4个部分。

第一部分是对"开始按钮"的编程，重点是发送广播，程序如图15.100所示。

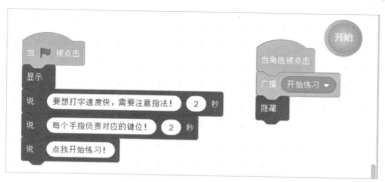

图15.100 对"开始按钮"编程

第二部分是对"直升机"的编程，主要处理广播同步事件和角色的隐藏与显示，程序如图15.101 所示。

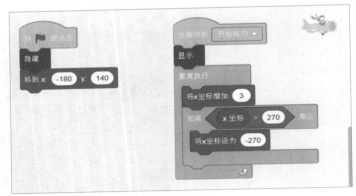

图 15.101　对"直升机"编程

第三部分是对"背景"进行编程，主要处理广播同步事件和背景的切换，程序如图 15.102 所示。

第四部分是对"字母"进行编程，主要是处理广播同步事件和角色的隐藏与显示，自制积木和克隆体运动没有变化。处理广播同步事件部分程序如图 15.103 所示。

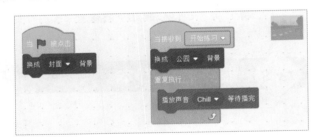

图 15.102　对"背景"编程

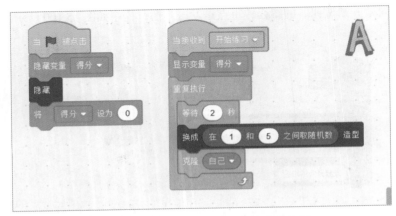

图 15.103　对"字母"进行广播响应编程

自制积木的定义程序部分，如图15.104所示。

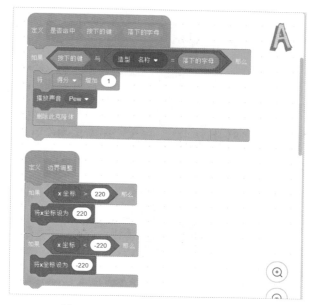

图 15.104　自制积木的定义部分程序

克隆体从上向下掉落程序部分，如图15.105所示。

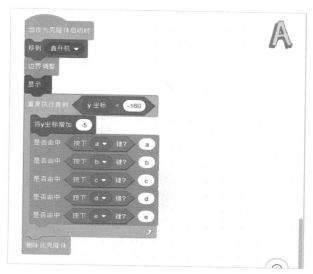

图 15.105　克隆字母掉落部分程序

第16章

喵小咪回家去

在外面玩了一整天，真开心呀！太阳缓缓地沉入地平线，阳光一丝一缕地消失，天空和云彩被染成了橘红色，喵小咪准备回家去了。

这一路上喵小咪走走停停，离家有点远了吧？要翻越好几道山冈才能到家。一想到妈妈肯定在家里准备了好吃的晚餐，喵小咪立刻有些饿了，回家的脚步也越来越快了。

16.1 项目概要设计

喵小咪回家需要翻越好几道山冈，如何才能表现出路途的遥远呢？

可以画几道连绵起伏的山冈，让喵小咪从舞台区的一端跑到另一端。但是，在一个场景中画不下太多的山冈，不容易表现出路途的遥远。

想一想在生活中玩过的一些电脑游戏，它们是如何让人感觉到场景很宽阔，地理面积很大的呢？对，是使用大幅的地图！在那些游戏中，角色可以在一幅连贯的大地图中左右穿梭，给人以场景非常大的感觉。

在 Scratch 3.0 中能不能实现一个可以连贯穿梭的大地图呢？这样就可以让喵小咪从一端穿梭到另一端，给人路途遥远的感觉了。

当然可以！在 Scratch 3.0 中可以把多个全屏幕的场景拼合到一起，来实现一个更大的场景。

通常，Scratch 3.0 的场景是一个宽 480 像素、高 360 像素的长方形，如图 16.1 所示。

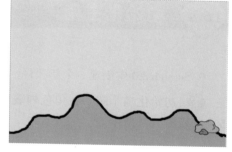

图 16.1　一个场景

如果只是这样一个场景，要表现路途遥远，让喵小咪从左侧跑到右侧，很难达到效果。所以，可以再增加一个或多个场景，拼合起来，如图 16.2 所示。这样喵小咪从左跑到右就更符合项目设定了。

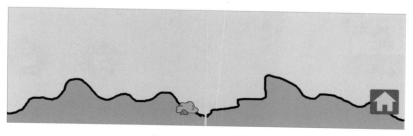

图 16.2　多个场景拼合

但是，Scratch 3.0 中并不支持背景图的移动，要实现这个效果，需要用角色的移动来代替背景的移动。

要实现让喵小咪从左向右跑步，并且动作看起来真实，其实有两种方法：一种方法是移动喵小咪（背景不动），让喵小咪从左往右移动；还有另外一种方法，就是移动背景（喵小咪不动），让带有山丘的场景从右往左移动。这就是物理学上物体的相对运动原理，两种方法都可以让跑步的动作形象逼真。

> 注意：绝对运动和相对运动在游戏设计中应用非常普遍，更多资料可以关注微信公众号"师高编程"，输入"相对运动"获取。

根据 Scratch 3.0 的特点，本例使用第二种方法，通过多个场景的拼合连续移动，来实现喵小咪翻越崇山峻岭的效果。

16.2 初始化主角

在 Scratch 3.0 中创建一个新项目，开始全新地编程"喵小咪回家去"。

1 初始化喵小咪。在角色列表区中把"角色"的命名修改为"喵小咪"，"大小"修改为"50"，如图 16.3 所示。

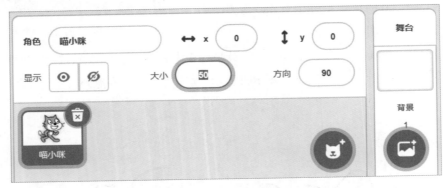

图 16.3　初始化喵小咪

2 给喵小咪编程。拖取指令区中"事件"分类的"当绿旗被点击"积木,"运动"分类的"移到 x: y:"积木,"控制"分类的"重复执行"和"等待 1 秒"积木,以及"外观"分类的"下一个造型"积木,移动到喵小咪的代码标签页,并修改"移到 x: y:"为"移到 x: –160 y: –100",修改"等待 1 秒"为"等待 0.2 秒",拼合好如图 16.4 所示。

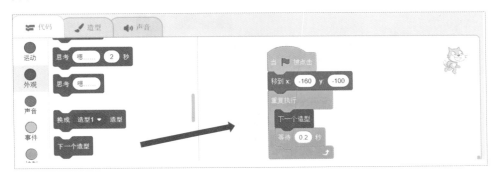

图 16.4 造型动画

阅读这段代码:"当绿旗被点击"时,先初始化喵小咪的位置,把它移动到固定点,再"重复执行"切换为"下一个造型",也就是让喵小咪产生造型动画。

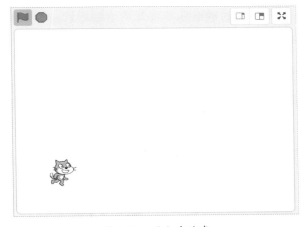

图 16.5 喵小咪跑步

3 试运行。单击舞台区左上角的"小绿旗"按钮运行,可以看到喵小咪已经位于舞台区的左下方,并开始跑步,如图 16.5 所示。

喵小咪现在只是在原地做跑步的动作,接下来为喵小咪绘制一个背景,让它真正可以跑起来。

16.3 绘制场景

1 绘制场景。把鼠标移动到角色列表区的"添加角色"按钮上,在弹出的菜单中单击"绘制"按钮，如图 16.6 所示。

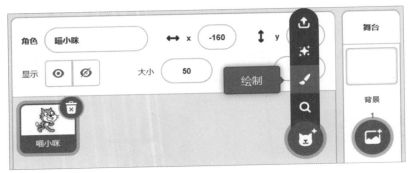

图 16.6　绘制角色

注意：此处是绘制角色，不是绘制背景。

在角色的造型标签页开始绘制场景。首先单击"转换为位图"按钮，在位图模式中进行绘制。

❷ 画地面。在绘图软件的工具区选中"矩形"工具，如图 16.7 所示。

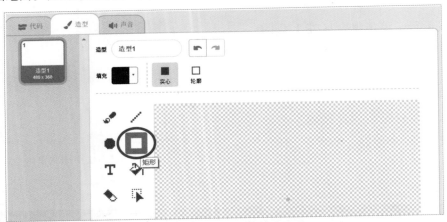

图 16.7　选中"矩形"

单击设置区中"填充"右侧的颜色框，在弹出的颜色选择菜单中拖动滑竿，将颜色设置为"颜色 10、饱和度 100、亮度 40"，如图 16.8 所示。

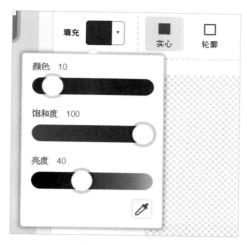

图 16.8　选择颜色

在操作区的底部，画一个细长的矩形，用褐色表示地面，如图 16.9 所示。

图 16.9　画长方形

拖动矩形左右两端和底部的调节点，让长条完全覆盖操作区的底部，与操作区同宽，如图
16.10 所示。

图 16.10　画地面

③ 画天空。在绘图软件的工具区选中"填充"工具，如图 16.11 所示。

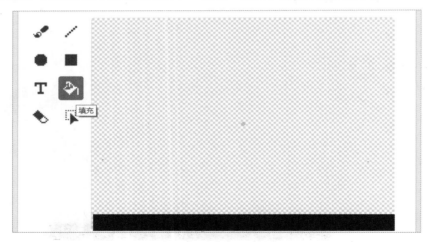

图 16.11　选中"填充"

单击设置区中"填充"按钮右侧的颜色框，在弹出的颜色选择菜单中拖动滑块，将颜色设置为"颜色 50、饱和度 40、亮度 100"，如图 16.12 所示。

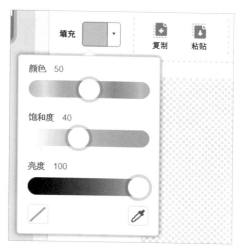

图 16.12　设置填充颜色

用鼠标单击操作区中褐色地面上部的空白区域，将空白区域填充为"蓝天"，如图 16.13 所示。

图 16.13　画蓝天

❹　复制角色。在画好天空和地面的"造型 1"上单击鼠标右键，选择"复制"选项，如图 16.14 所示。

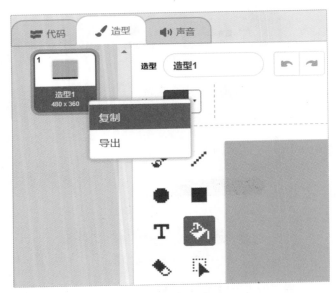

图 16.14 复制造型

复制出一个完全相同的造型"造型 2",如图 16.15 所示。

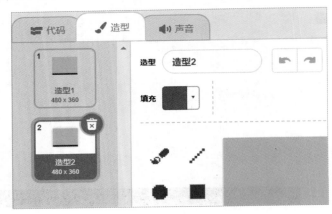

图 16.15 复制出"造型 2"

单击选中"造型 2"造型,接下来对"造型 2"继续绘图。

5 画山丘轮廓。在绘图软件的工具区选中"画笔"工具,如图 16.16 所示。

单击设置区中"填充"按钮右侧的颜色框,在弹出的颜色选择菜单中拖动滑竿,将颜色设置为"颜色 50、饱和度 40、亮度 0",如图 16.17 所示。

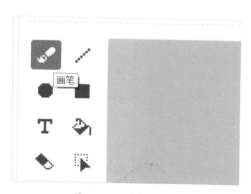

图 16.16 选择"画笔"

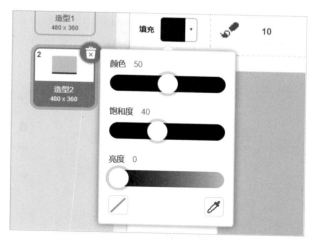

图 16.17 设置画笔的颜色

在操作区底部画一条连续的曲线，表示山丘。注意曲线的起点和终点要跟褐色的地面等高重合，且与操作区的左右两端之间不要留下空隙，如图 16.18 所示。

注意：曲线的形状可以任意画，但是两端一定要与地面等高，且画到操作区的边缘处，不留空隙。

6 填充山丘。在绘图软件的工具区选中"填充"工具，如图 16.19 所示。

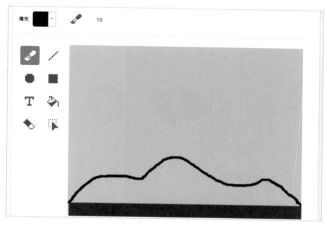

图 16.18 画山丘轮廓

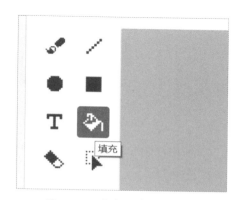

图 16.19 选中"填充"工具

单击设置区中"填充"按钮右侧的颜色框，在弹出的颜色选择菜单中拖动滑竿，将颜色设置为"颜色 40、饱和度 100、亮度 80"，如图 16.20 所示。

在操作区中山丘轮廓的下方，单击鼠标，将山丘填充为绿色，如图 16.21 所示。

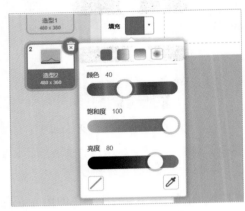

图 16.20　设置填充颜色

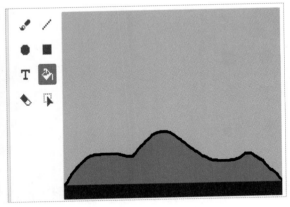

图 16.21　填充山丘

这样，第一段山丘就画好了。接下来画第二段山丘。

7 画第二段山丘。在角色列表区中选中"角色1"，单击鼠标右键，在弹出的菜单中选择"复制"选项，如图 16.22 所示。

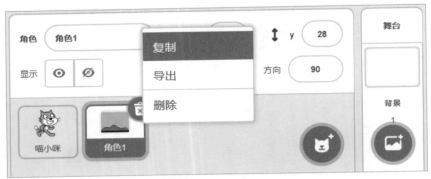

图 16.22　复制角色

复制出一个完全相同的角色"角色 2"，如图 16.23 所示。

图 16.23 复制出 "角色 2"

单击指令区顶部的 "造型" 标签按钮，可以看到 "角色 2" 中同样有两个造型，右击其中的 "造型 2" 造型，在弹出的菜单中选择 "删除" 选项，如图 16.24 所示。

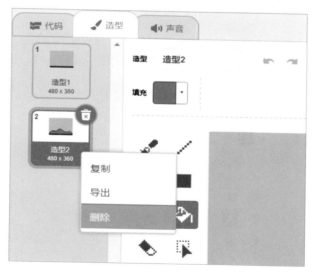

图 16.24 删除 "角色 2" 的 "造型 2"

再单击 "造型 1"，在 "造型 1" 中开始绘制。

在 "造型 1" 中重复上述的第 5 步和第 6 步的操作，绘制出一段轮廓不相同的山丘来，可以是比较高耸的一段，如图 16.25 所示。

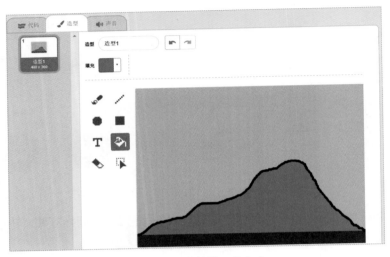

图 16.25 绘制第二段山丘

8 画第三段山丘。重复第 7 步的操作，通过复制"角色 1"，产生"角色 3"；在"角色 3"的"造型 1"中绘制出第三段轮廓不同的山丘，可以是比较平缓的一段，如图 16.26 所示。

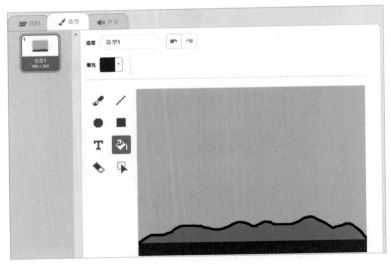

图 16.26 绘制第三段山丘

这样，三段完全不同的山丘就画好了，在角色列表区将它们分别命名为"第一屏"、"第二屏"和"第三屏"，如图 16.27 所示。

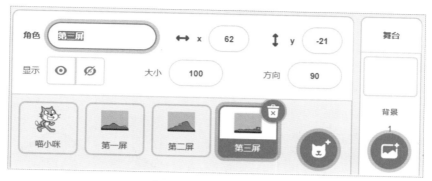

图 16.27　重命名三段山丘

从效果上看，三段山丘各不相同："第一屏"都是中等高度的连环山丘，"第二屏"是一个高耸的大山丘，"第三屏"是低矮的小山丘。

那为什么要这样绘制场景呢？因为使用以上方法绘制出的三段场景，可以做到首尾相连，形成一个更大的"地图"，如图 16.28 所示。

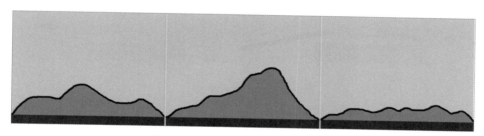

图 16.28　可以首尾相连的三段场景

在这个大"地图"中，喵小咪将从"第一屏"出发，走过"第二屏"和"第三屏"的层层山丘，回到家中。

16.4　角色移动

绘制好了 3 个场景后，单击舞台区顶部的"小绿旗"按钮运行程序，可以看到舞台区如图 16.29 所示。

观察舞台区的显示效果，可以发现以下两个问题。

- 3 个场景在舞台区都没有很好的对齐。
- 喵小咪为什么不见了。

接下来编程解决这些问题。

1 第一屏对齐。在角色列表区选中"第一屏"角色；拖取指令区中"事件"分类的"当绿旗被点击"积木，以及"运动"分类的"移到 x: y:"积木到第一屏的代码标签页，并修改"移到 x: y:"为"移到 x:0 y:0"，拼合好如图 16.30 所示。

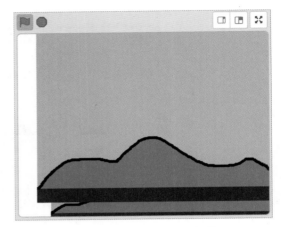

图 16.29　舞台区的三段场景

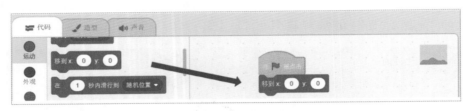

图 16.30　居中对齐

试运行。单击舞台区左上角的"小绿旗"按钮运行，可以看到第一屏已经居中对齐、正常显示了，如图 16.31 所示。

2 显示喵小咪。在角色列表区选中"喵小咪"角色；拖取指令区中"外观"分类的"移到最 前面"积木到喵小咪的代码标签页，拼合到"当绿旗被点击"下方，并修改"移到 x: –160 y: –100"为"移到 x: –160 y: –125"，如图 16.32 所示。

Scratch 3.0 的舞台区是将多个图层叠放在一起来完成显示效果的。"移到最 前面"积木用于把当前角色移到图层的最前面。

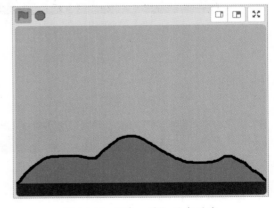

图 16.31　"第一屏"居中对齐

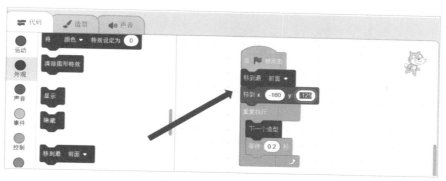

图 16.32 调整图层顺序

原来，喵小咪没有在舞台区显示出来，是因为绘制的场景把它给挡住了，也就是说喵小咪被挡在了场景的底下。

试运行。单击"小绿旗"按钮运行程序，可以看到喵小咪已经可以显示出来了，如图 16.33 所示。

注意：图 16.32 中调整"移到 x: y:"的参数，是为了让喵小咪落到褐色的地面上，具体的 y 值可以根据你绘制的效果而定。

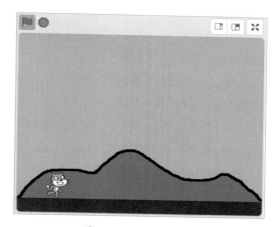

图 16.33 显示喵小咪

❸ 第二、三屏对齐。使用前面第 1 步中相同的方法，通过"移到 x:0 y:0"积木也可以将第二屏和第三屏对齐。单击"小绿旗"按钮的时候可能看不出来，也是由于图层的叠放顺序所导致的，不影响后面程序的运行。

观察舞台区的运行结果，可以看到喵小咪一直是原地跑步，这当然不符合游戏设计的需要。接下来编程实现场景移动，让带有山丘的场景从右往左移动，可以让原地跑步的喵小咪看起来是快步地往前跑。

❹ 第一屏移动。在角色列表区选中"第一屏"角色；拖取指令区中"控制"分类的"重复执行"积木，以及"运动"分类的"将 x 坐标增加 10"积木到第一屏的代码标签页；并修改"将 x 坐标增加 10"为"将 x 坐标增加 –5"，拼合好如图 16.34 所示。

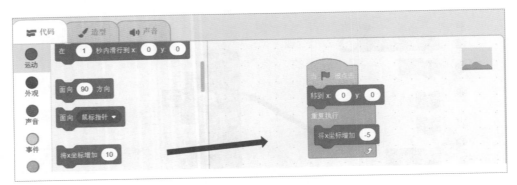

图 16.34　角色移动

　　阅读这段代码:"当绿旗被点击"时,先把场景"第一屏"对齐到舞台区的中心,再重复执行"将 x 坐标增加 −5",也就是让角色"第一屏"的 x 坐标越变越小,看起来就是"第一屏"会逐渐向左运动。

　　试运行。单击"小绿旗"按钮运行程序,可以看到在喵小咪跑步的同时,"第一屏"缓缓地向左侧运动,如图 16.35 所示。

　　通过舞台区的运行结果,可以看出喵小咪虽然只是一直在做原地跑步的动作,由于场景移动了,看起来喵小咪就像是不断往前跑一样。

　　但是也能发现一些问题,比如在"第一屏"从右往左移动的过程中,原本在下层的"第三屏"露出来了,在"第一屏"和"第三屏"的交界处,画面显得非常不协调,如图 16.36 所示。

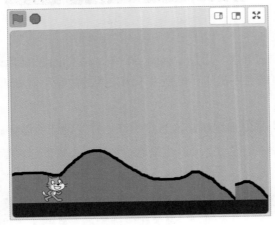

图 16.35　"第一屏"移动

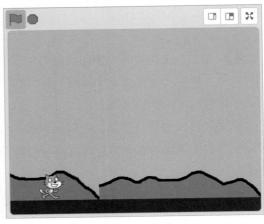

图 16.36　"第三屏"露了出来

理想的情况应该是什么样子呢？理想的情况是"第一屏"在向左移动的过程中，"第二屏"能紧跟着"第一屏"，"第三屏"跟着"第二屏"，这样看起来就是一个连贯的整体，如图 16.37 所示。

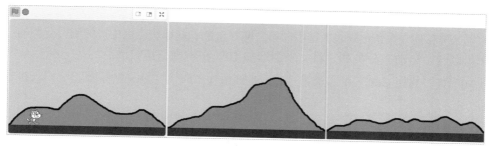

图 16.37　连贯移动的三段场景

要让 3 个场景能连贯成一个整体移动，需要做好两件事：先把 3 个场景的初始位置设定好，即先排好队；再让它们按照相同的步调移动，即移动速度相同。

接下来，先给它们排好队。

舞台区的（x=0，y=0）点为中心点，最右侧 x=240。将角色"第一屏"用积木"移到 x:0 y:0"对齐，也就是让"第一屏"的图片中心跟舞台区的中心点相对齐。

要让"第二屏"连接上"第一屏"，就需要向右拓展 x 坐标。当把"第二屏"的中心位置设置为 x=480 时，"第二屏"就正好连接在"第一屏"右边，如图 16.38 所示。

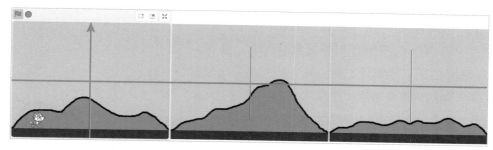

图 16.38　三屏的坐标示意图

通过上图可以看出，向右延长 x 坐标，把"第二屏"和"第三屏"放置在恰当的 x 位置上，可以让 3 个场景无缝地连接在一起。当"第二屏"的 x 坐标设置为 x=480 时，它跟"第一屏"正好相连。同理，当"第三屏"的 x 坐标设置为 x=960 时，它跟"第二屏"完全相连。

注意：关于坐标定位和延长，可以关注微信公众号"师高编程"，输入"多屏坐标"获取拓展资料。

⑤ 第二屏移动。在角色列表区选中"第二屏"角色；拖取指令区中"控制"分类的"重复执行"积木，以及"运动"分类的"将 x 坐标增加 10"积木到"第二屏"的代码标签页，并修改"移到 x:0 y:0"为"移到 x:480 y:0"，修改"将 x 坐标增加 10"为"将 x 坐标增加 –5"，拼合好如图 16.39 所示。

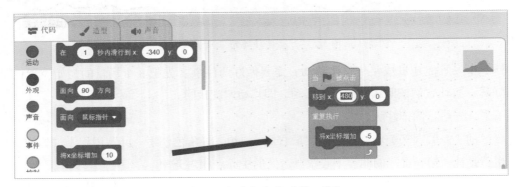

图 16.39　重新定位"第二屏"

阅读这段代码："当绿旗被点击"时，将"第二屏"移动到 x=480，y=0 处，也就是紧接在"第一屏"的右侧；再重复执行"将 x 坐标增加 –5"，也即让"第二屏"以跟"第一屏"相同的速度不断向左移动。

试运行。单击"小绿旗"按钮运行程序，可以看到"第二屏"紧连着"第一屏"，连贯地从右向左运动，如图 16.40 所示，明显能看出"第一屏"后连接着"第二屏"中的大山丘。

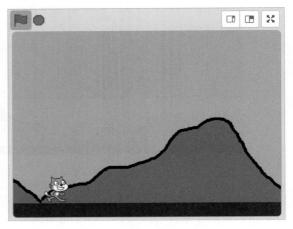

图 16.40　两屏相连，同步移动

注意：如果读者自己操作时，"第二屏"没有正常显示出来，有可能是图层顺序的问题，也即"第三屏"处于"第二屏"的上面，挡住了"第二屏"的显示。解决办法是拖取指令区中"外观"分类的"前移1层"积木到"第二屏"的代码标签页，并拼合在"重复执行"积木之前，如图16.41所示。

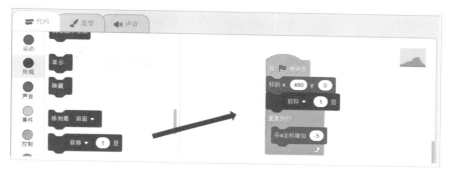

图 16.41　调整图层顺序

同时，"前移1层"积木在每次单击"小绿旗"按钮时都会被执行一次，容易扰乱图层的顺序。因此，不建议在本项目中一直使用。如果"第二屏"正常显示，请手工删除"前移1层"积木，以免影响到后面的程序开发。

❻ "第三屏"移动。在角色列表区选中"第三屏"角色；拖取指令区中"控制"分类的"重复执行"积木，以及"运动"分类的"将x坐标增加10"积木，移动到"第三屏"的代码标签页；并修改"移到x:0 y:0"为"移到x:960 y:0"，修改"将x坐标增加10"为"将x坐标增加 −5"，拼合好如图16.42所示。

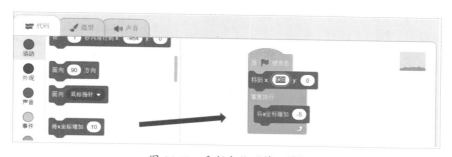

图 16.42　重新定位"第三屏"

试运行。单击"小绿旗"按钮运行程序，舞台区的效果如图 16.43 所示。

观察程序的运行结果，会发现 3 个场景并没有如预期那样连接得非常紧密，反而存在不少问题，明显的有以下 4 个。

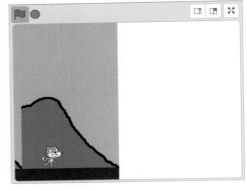

- "第一屏"移动到舞台区的最左侧以后，不会完全消失，而是会留下一个窄竖条，如图 16.43 所示。

- "第三屏"并没有跟在"第二屏"后面显示。

- "第二屏"后面没有内容了，出现白底，如图 16.43 所示。

图 16.43　舞台区运行结果

- 喵小咪的前进不受玩家控制。

这就说明，现在编程所使用的方法并不是一个通用的方法，在有两个场景的情况下运行良好，但在有 3 个场景时不能很好地工作。下一节，将编程解决这些问题。

16.5　场景连贯循环

上一节中，图 16.38 描述了通过 x 坐标向右拓展来定位 3 个场景。但是，在具体编程来实现场景连续移动的过程中，发现了一些问题。

其实，从根本上来说，上一节的问题是使用"将 x 坐标增加 –5"积木的局限性导致的，这一节将使用"将 x 坐标设为"积木来代替。

❶ 选中"第一屏"。在角色列表区中选中"第一屏"角色，调整"第一屏"的代码。

❷ 新建变量。在指令区的"变量"分类中单击"建立一个变量"按钮，命名为"第1屏中心"，如图 16.44 所示。

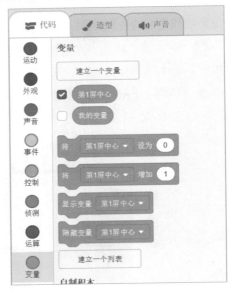

图 16.44　新建变量

3 循环设定 x 坐标。拖取指令区中"运动"分类的"将 x 坐标设为"积木，以及"变量"分类的"第1屏中心""将 第1屏中心 设为0""将 第1屏中心 增加1"3个积木，移动到"第一屏"的代码标签页，并修改"将 第1屏中心 增加1"为"将 第1屏中心 增加 -5"，拼合好如图 16.45 所示。

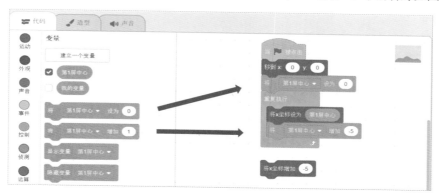

图 16.45　替换"第一屏"的"运动"积木

阅读这段代码："当绿旗被点击"时，先将变量"第1屏中心"设为0，再重复执行"将 x 坐标设为 第1屏中心"，每执行一次"第1屏中心"变量增加"-5"，也就是说"第1屏中心"变量会越来越小，角色的 x 坐标也跟着被设置得越来越小，效果上就是角色不断向左移动。

试运行。单击"小绿旗"按钮运行程序，可以看到运行结果跟前一次几乎一样："第一屏"从右向左缓缓移动。这就说明替换是成功的。

4 第二屏移动。用同样的方法，先建立新变量"第2屏中心"，再修改"第二屏"的程序，所不同的是需要修改"将 第1屏中心 设为0"为"将 第2屏中心 设为480"，如图 16.46 所示。

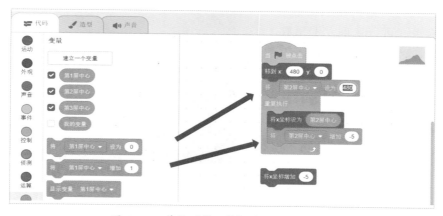

图 16.46　替换"第二屏"的"运动"积木

试运行。单击"小绿旗"按钮运行程序，可以看到"第一屏"与"第二屏"连接得很好。

5 第三屏移动。再用相同的方法，先建立新变量"第3屏中心"，再修改"第三屏"的程序，同样修改"将 第1屏中心 设为0"为"将 第3屏中心 设为960"，如图 16.47 所示。

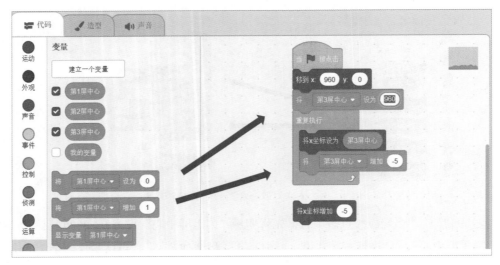

图 16.47　替换"第三屏"的"运动"积木

试运行。单击"小绿旗"按钮运行程序，这次可以看到3个场景已经能够连接在一起连贯地运行了，如图 16.48 所示。

观察舞台区，可以发现左上角有3个变量显示牌，但是这3个变量的具体值在程序的运行过程中，并没有什么显示的意义，可以去掉。

6 隐藏显示牌。在指令区的"变量"分类中，单击变量左侧的复选框，取消选中状态，如图 16.49 所示。

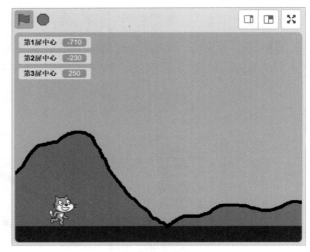

图 16.48　3 个场景连贯移动

试运行。单击"小绿旗"按钮运行程序，可
以看到变量显示牌已经隐藏。3 个场景连贯运行
得非常好，但是当这 3 个场景整体移过之后，就
出现了空白。

如何能做到 3 个场景的循环运行、舞台区不
出现空白呢？聪明的你有没有想到什么好办法？

接下来在角色列表区选中"第一屏"角色，
让"第一屏"能实现循环移动。

❼ 第一屏循环移动。拖取指令区中"控
制"分类的"如果 那么"积木，"运算"分类的
" = 50"积木，以及"变量"分类的"第 1 屏中
心"和"将 第 1 屏中心 设为 0"积木，移动
到"第一屏"的代码标签页，并修改" = 50"为
" = –480"，修改"将 第1屏中心 设为0"为"将
第 1 屏中心 设为 960"，拼合好如图 16.50 所示。

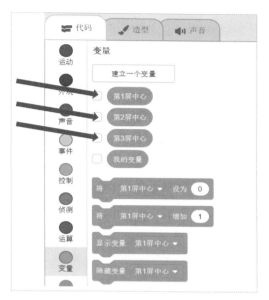

图 16.49　取消勾选

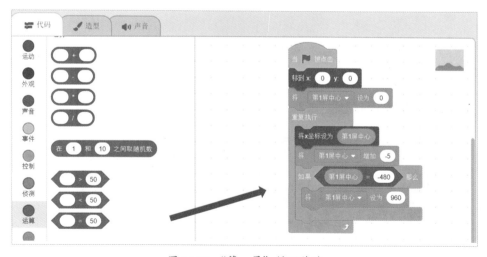

图 16.50　"第一屏"循环移动

阅读新加的这段代码：在"重复执行"让"第一屏"向左移动的过程中，"第1屏中心"这个变量持续减小，如果减小到"x=-480"，就意味着"第一屏"已经完全移出了舞台区的显示范围，这时就将"第1屏中心"设置为"x=960"，也就是让"第一屏"移动到"第三屏"的后面，跟"第三屏"连接在一起。这样就实现了循环显示。

试运行。单击"小绿旗"按钮运行程序，可以看到当三屏连贯地移动，在"第三屏"小山丘的后面，接着出现了"第一屏"的中等山丘，如图 16.51 所示。

图 16.51 "第一屏"又连到"第三屏"后面

⑧ 后两屏循环移动。用修改"第一屏"程序相同的方法来修改"第二屏"的程序，添加循环移动代码，如图 16.52 所示。

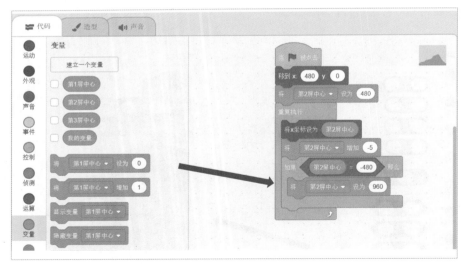

图 16.52 "第二屏"循环移动

同样，修改"第三屏"的程序，添加循环移动代码，如图 16.53 所示。

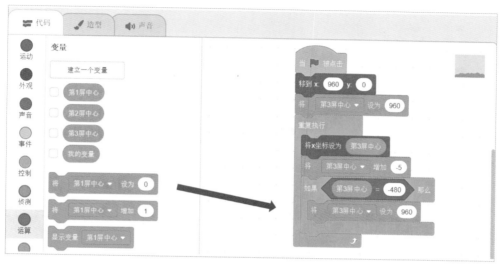

图 16.53 "第三屏"循环移动

⑨ 试运行。单击"小绿旗"按钮运行程序，可以看到 3 个场景已经可以循环移动了。然而到目前为止，喵小咪都是在"当绿旗被点击"时就开始跑步，跟用户没有任何关联，接下来编程实现用电脑键盘控制喵小咪跑步。

16.6 进阶探索：动作控制

① 选中喵小咪。在角色列表区选中"喵小咪"角色，对"喵小咪"进行编程。

② 喵小咪跳起。拖取指令区中"事件"分类的"当绿旗被点击"积木，"控制"分类的"重复执行"和"如果 那么"积木，"侦测"分类的"按下 空格 键？"积木，以及"运动"分类的"将 y 坐标增加 10"积木到喵小咪的代码标签页，并修改"将 y 坐标增加 10"为"将 y 坐标增加 20"，拼合好如图 16.54 所示。

阅读这段代码："当绿旗被点击"时，重复执行"如果"发现用户"按下 空格 键？"，那么就将喵小咪的"y 坐标增加 20"，也就是让喵小咪升高。

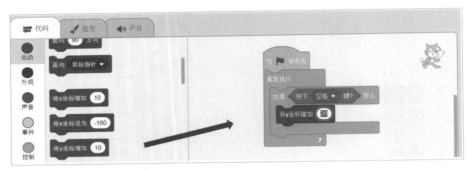

图 16.54　处理空格被按下事件

试运行。单击"小绿旗"按钮运行程序。可以看到每按一次电脑上的空格键，喵小咪就向上跳起，如图 16.55 所示。

观察舞台区的运行结果，发现存在一个问题，就是喵小咪一旦跳上去了，就没有办法下来，只能越跳越高，这显然不符合常识。生物在地球上生活，由于重力的作用，跳起来之后，都会马上落下。接下来编程实现重力作用。

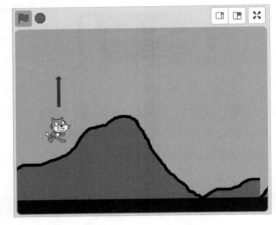

图 16.55　喵小咪跳起

③　重力作用。拖取指令区中"事件"分类的"当绿旗被点击"积木，"控制"分类的"重复执行"和"如果 那么"积木，"运算"分类的"> 50"积木，以及"运动"分类的"y 坐标"和"将 y 坐标增加 10"积木，移动到喵小咪的代码标签页，并修改"> 50"为"> –125"，修改"将 y 坐标增加 10"为"将 y 坐标增加 –5"，拼合好如图 16.56 所示。

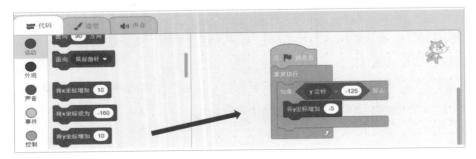

图 16.56　模拟重力作用

阅读这段代码："当绿旗被点击"时，重复执行"如果"发现喵小咪的"y坐标大于 –125"，即喵小咪的位置高于地面，那么就"将 y 坐标增加 –5"，也就是让喵小咪向下降。

试运行。单击"小绿旗"按钮运行程序，可以看到当用户单击空格键时，喵小咪会跳起，跳起后马上又落下，如图 16.57 所示。

观察舞台区的运行结果，可以看到喵小咪跳起和落下都非常流畅，但有一个问题，就是没有办法让喵小咪停止跑步。

由于喵小咪跑步的效果是通过场景的移动来实现的，要让喵小咪停止跑步，也就是要在喵小咪的动作和场景的移动之间建立关联，用喵小咪的动作来指挥场景的移动。接下来编程实现这两者之间的关联。

❹ 步长变量。在指令区的"变量"分类中单击"建立一个变量"按钮，命名为"步长"，表示喵小咪每走一步的长度，如图 16.58 所示。

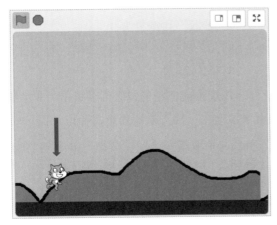

图 16.57　喵小咪会自动落到地面

图 16.58　建立"步长"变量

单击"步长"左侧的复选框，取消选中状态，关闭步长显示牌在舞台区的显示。

❺ 步长赋值。拖取指令区中"控制"分类的"如果 那么"积木，"侦测"分类的"按下 空

格 键？"积木，以及"变量"分类的 3 个"将 步长 设为 0"积木，移动到喵小咪的代码标签页，并修改"按下 空格 键？"为"按下 → 键？"，修改一个"将 步长 设为 0"为"将 步长 设为 −5"，拼合好如图 16.59 所示。

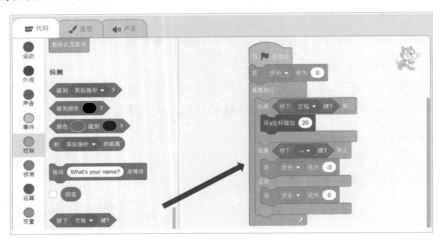

图 16.59　给"步长"赋值

阅读新加的这段代码："当绿旗被点击"时，先将喵小咪的"步长"设为 0，表示喵小咪并不往前走；在"重复执行"中如果发现用户按下了"→"方向键，那么就将"步长"设为 −5，表示喵小咪要向右走 −5 步，用户停止按下"→"键，就将"步长"再恢复为 0。

试运行。单击"小绿旗"按钮运行程序，发现喵小咪并没有受"→"键的控制，而是自顾自地往前跑，这是为什么呢？

原来，这里只是设置了一个名为"步长"的变量，并且让这个变量的值可以根据用户的操作而改变。但是这个"步长"变量还没有跟场景的变化关联起来，接下来编程让两者相关联。

❻ 关联控制。在角色列表区选中"第一屏"角色，拖取指令区中"变量"分类的"步长"积木到"第一屏"的代码标签页，并修改"将 第 1 屏中心 增加 −5"为"将 第 1 屏中心 增加 步长"，如图 16.60 所示。

阅读新修改的这段代码："当绿旗被点击"时，原来每次都"将 第 1 屏中心 增加 −5"，也就是让"第一屏"每次向左移动 −5；修改为"将 第 1 屏中心 增加 步长"后，只有当"步长 = −5"时，才会向左移动 −5，其他时候只能"将 第 1 屏中心 增加 0"，也就是待在原地，并不向左移动。这样就实现了让"第一屏"按照"步长"的指挥来运动。

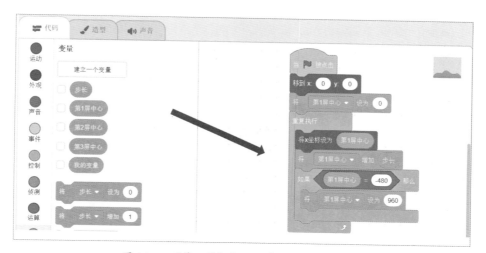

图 16.60 "第一屏"按照"步长"的指挥运动

用同样的方法，修改"第二屏"的代码，让"第二屏"也按照"步长"的指挥来运动，如图 16.61 所示。

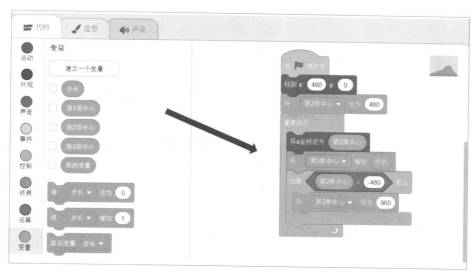

图 16.61 "第二屏"按照"步长"的指挥运动

同理，修改"第三屏"的代码，让"第三屏"同样按照"步长"的指挥来运动，如图 16.62 所示。

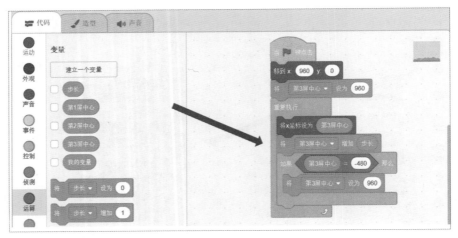

图 16.62 "第三屏"按照"步长"的指挥运动

试运行。单击"小绿旗"按钮运行程序，可以看到喵小咪只有在用户按下"→"键的时候才会向右移动，用户不按该键则停止运动，如图 16.63 所示。

到目前为止，程序已经可以通过键盘来控制喵小咪跑步和跳起了。但是跑了这么久，为什么还没有到家呢？接下来编程实现。

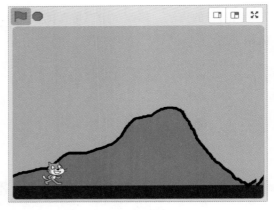

图 16.63 用向右方向键控制喵小咪跑步

16.7 碰撞侦测

❶ 添加造型。在角色列表区选中"第三屏"角色；单击指令区顶部的"造型"标签按钮，切换到造型标签页；在造型标签页的左下角单击"选择一个造型"按钮，从角色库中导入"Home Button"，如图 16.64 所示。

❷ 复制造型。在绘图软件的工具区，选中"选择"工具；在操作区拖动鼠标，圈选住整个"Home Button"图，如图 16.65 所示。

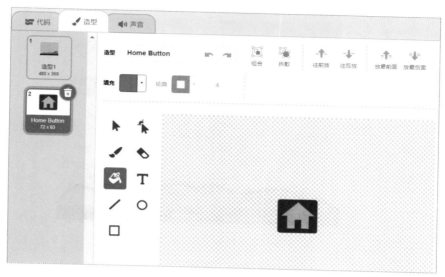

图 16.64　添加造型

图 16.65　圈选整个"Home Button"图

　　当选中"Home Button"时，按"Ctrl + C"快捷键进行复制，然后切换到"造型 1"的操作区，按"Ctrl + V"快捷键进行粘贴，如图 16.66 所示。

图 16.66 复制粘贴 "Home Button"

注意：在 Mac OS 中，请使用 "Command + C" 快捷键和 "Command + V" 快捷键分别进行复制和粘贴，执行效果一样。

在 "造型 1" 的操作区，单击鼠标拖动 "Home Button" 图标到一个合适的位置，作为喵小咪的家，如图 16.67 所示。

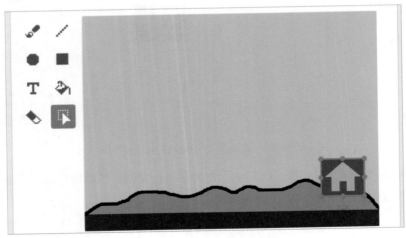

图 16.67 拖动到合适的位置

试运行。单击"小绿旗"按钮运行程序，按下键盘的向右键，经过第一屏、第二屏以后，已经可以在第三屏看到喵小咪的家了，如图 16.68 所示。

有了家，接下来在路上添加一些石头，如果喵小咪撞到石头上，游戏就将结束。

❸ 给第一屏添加石头。用类似上文第 1 步、第 2 步的方法，在"第一屏"中添加一个造型"Rocks"，如图 16.69 所示。

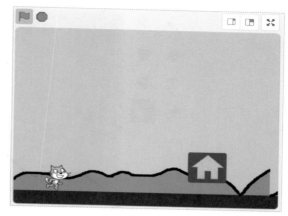

图 16.68　喵小咪的家

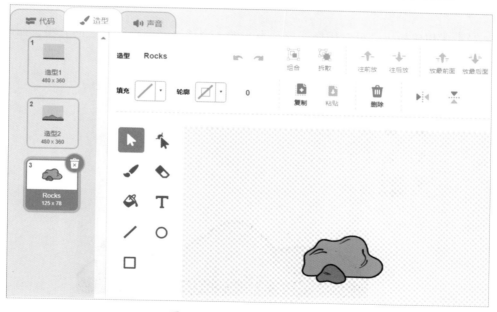

图 16.69　添加"Rocks"造型

使用"Ctrl + C"快捷键复制和使用"Ctrl + V"快捷键粘贴的方法，将石头复制到"造型 2"中，如图 16.70 所示。

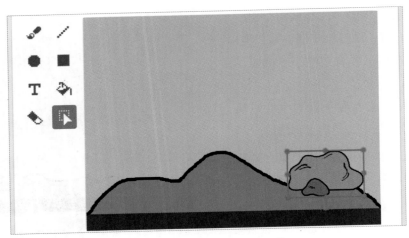

图 16.70　复制粘贴"Rocks"

由于石头体积比较大，可以用鼠标拖动石头的 4 个顶点，调整到合适的大小，如图 16.71 所示。

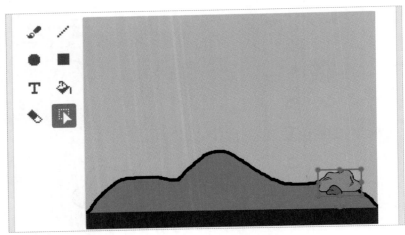

图 16.71　调整"Rocks"大小

❹ 给第二屏添加石头。用同样的方法，给"第二屏"添加石头"Rocks"，如图 16.72 所示。

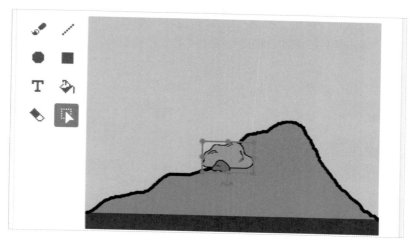

图 16.72 给"第二屏"添加"Rocks"

试运行。单击"小绿旗"按钮运行程序，可以看到在喵小咪回家的路上多了些石头了，如图 16.73 所示。

接下来编程，让喵小咪避让这些石头，如果撞上石头，游戏就结束。在角色列表区选中"喵小咪"角色，对"喵小咪"进行编程。

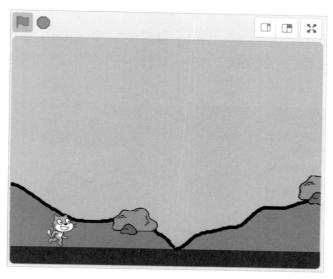

图 16.73 回家路上的石头

⑤ 石头碰撞。拖取指令区中"控制"分类的"如果 那么"和"停止 全部脚本"积木，以及"侦测"分类的"碰到颜色"积木，移动到喵小咪的代码标签页，并拼合好如图 16.74 所示。

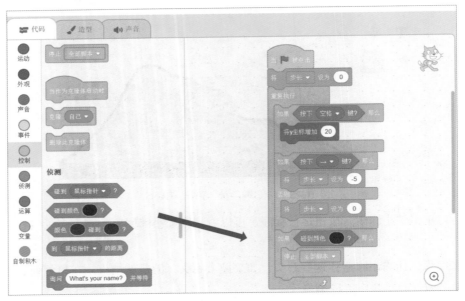

图 16.74　碰撞判断

拾取颜色。在喵小咪的代码标签页中单击"碰到颜色"积木中的"颜色圈"按钮，在弹出的颜色设置菜单中单击底部的"拾取颜色"按钮，在舞台区中单击石头的灰色部分以拾取颜色，如图 16.75 所示。

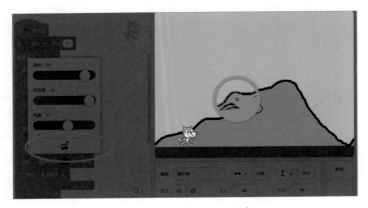

图 16.75　拾取石头的颜色

单击石头上的灰色部分拾取颜色后，代码如图 16.76 所示。

图 16.76　判断是否碰到石头

阅读新加的这段代码：在喵小咪前进的过程中，如果"碰到"石头的"颜色"，就意味着喵小咪撞到了石头，那么"停止　全部脚本"。

试运行。单击"小绿旗"按钮运行程序，可以发现喵小咪在前进的过程中，如果碰到石头，游戏就结束，只有通过按下空格键，跳过石头才能继续前进，如图 16.77 所示。

碰到石头终止程序后，再次单击"小绿旗"按钮运行，会发现喵小咪不再继续前进了，而是一直卡在石头上，被石头困住了，这是为什么呢？

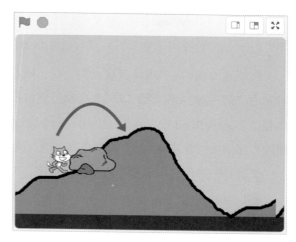

图 16.77　跳过石头

　　原来是因为"当绿旗被点击"时，喵小咪的程序中发现它"碰到"到石头，就将程序全部停止了，接下来修改一下喵小咪的程序。

　　等待 0.1 秒。拖取指令区中"控制"分类的"等待 1 秒"积木到喵小咪的代码标签页，并修改"等待 1 秒"为"等待 0.1 秒"，拼合到"当绿旗被点击"积木下方，如图 16.78 所示。

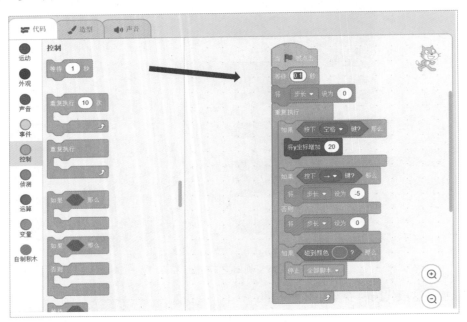

图 16.78　等待 0.1 秒

　　阅读这段代码："当绿旗被点击"时，喵小咪的程序先"等待 0.1 秒"，在这个等待 0.1 秒的时间内，"第一屏"（和"第二屏"）会执行它自己的"移到 x: y:"命令，这样就先把石头移开了（具体程序参见图 16.60 中"移到 x:0 y:0"命令，以及图 16.61 中的"移到 x:480 y:0"命令）；在喵小咪的程序结束"等待 0.1 秒"再往下运行时，便不会再被石头卡住。

　　试运行。单击"小绿旗"按钮运行程序，可以看这次喵小咪再也不会被石头困住了。

　　❻　到家侦测。拖取指令区中"控制"分类的"如果 那么"积木，"侦测"分类的"碰到颜色"积木，"变量"分类的"将 步长 设为 0"积木，以及"外观"分类的"说 你好！"积木，移动到喵小咪的代码标签页；并单击"碰到颜色"积木中的颜色，选择"第三屏"的"Home Button"中的蓝色，修改"说 你好！"为"说 到家啦！"，拼合好如图 16.79 所示。

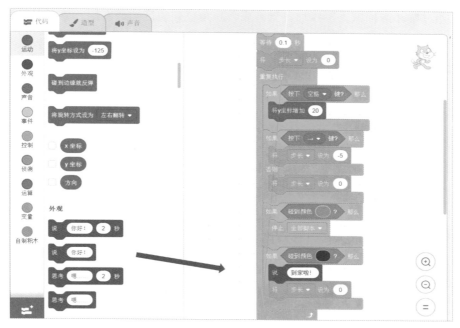

图 16.79 判断是否到家

注意：如果舞台区没有出现"Home Button"，可以先运行程序，在"第三屏"出现时停止运行。这样就可以让舞台区出现"Home Button"，以便拾取颜色了。

阅读这段代码：在喵小咪前进的过程中，如果"碰到"了"Home Button"的颜色，那么就"说 到家啦！"，并且将"步长"设为0，喵小咪停止前进。

试运行。单击"小绿旗"按钮运行程序，可以看到喵小咪已经可以顺利回家了，如图 16.80 所示。

图 16.80 喵小咪到家

接下来给"喵小咪回家去"添加背景音乐，在角色列表区的最右侧，单击白色的"背景"，添加背景音乐。

⑦ 背景音乐。单击指令区顶部的"声音"标签按钮，切换到声音标签页，从声音库中选择"可循环"分类的"Drum"选项，如图 16.81 所示。

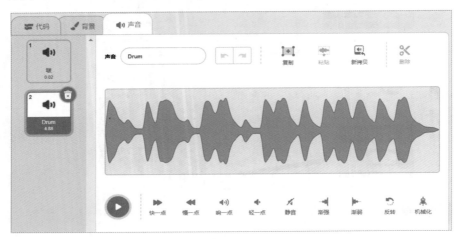

图 16.81　背景音乐

播放音乐。单击指令区顶部的"代码"标签按钮，切换到背景的代码标签页；拖取指令区中"事件"分类的"当绿旗被点击"积木，"控制"分类的"重复执行"积木，以及"声音"分类的"播放声音 啵 等待播完"积木，移动到背景的代码标签页；并修改"播放声音 啵 等待播完"为"播放声音 Drum 等待播完"，拼合好如图 16.82 所示。

图 16.82　播放音乐

⑧ 运行程序。单击舞台区左上角的"小绿旗"按钮运行，可以看到带音效的"喵小咪回家去"已经比较完整了。当然读者还可以自己加一些音效或计分，让游戏更完善。

16.8 最终程序脚本

"喵小咪回家去"学习的重点是多场景连续运动和循环、直角坐标拓展、变量的深入使用等知识点，同时通过碰撞检测来增加游戏的趣味性。完整的程序分为5个部分。

第一部分是对"喵小咪"进行编程，重点是重力模拟与变量控制，其中重力模拟相关的程序如图 16.83 所示。

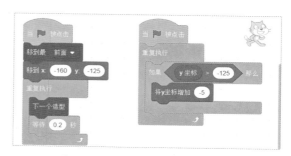

图 16.83 "喵小咪"重力模拟程序

对于"喵小咪"的变量控制相关的程序，如图 16.84 所示。

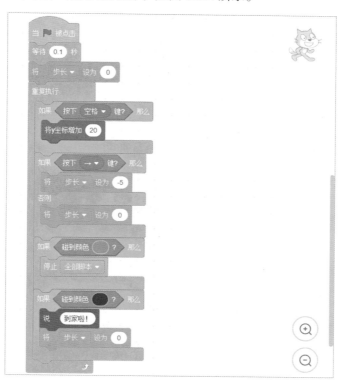

图 16.84 "喵小咪"变量控制相关程序

第二部分是对"背景"进行编程，主要进行背景音乐的播放，程序如图 16.85 所示。

第三部分是对"第一屏"进行编程，重点是对场景的运动和循环进行精确操控，程序如图 16.86 所示。

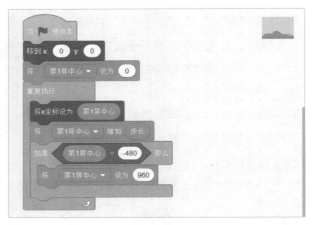

图 16.85　对"背景"编程　　　　　　　　　图 16.86　对"第一屏"编程

第四部分是对"第二屏"进行编程，重点是通过直角坐标拓展操控场景的运动和循环，程序如图 16.87 所示。

第五部分是对"第三屏"进行编程，重点同样是通过直角坐标拓展操控场景的运动和循环，程序如图 16.88 所示。

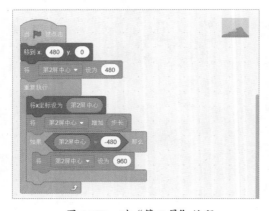

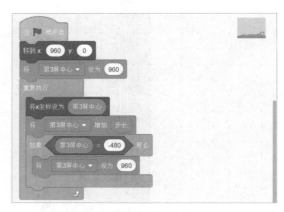

图 16.87　对"第二屏"编程　　　　　　　　　图 16.88　对"第三屏"编程

第17章
跟猫妈妈一起盘点见闻

在外面疯玩了一天，喵小咪终于回到了家中。猫妈妈已经做好了晚餐，正笑盈盈地等着喵小咪回来。喵小咪狼吞虎咽地吃完晚饭，之后和妈妈一起来到阳台乘凉。

猫妈妈问道："小咪，今天都去哪里玩了呀？开不开心呢？"

"超开心！去了很多地方呢！先去了……"喵小咪迫不及待地想要跟妈妈分享这一天的见闻和感受啦！

"别着急、别着急，小咪你一个一个慢慢讲给妈妈听吧！"猫妈妈说道。

"好的！"

17.1　项目概要设计

场景是在阳台上，喵小咪回忆这一天的经历，给妈妈讲述了一整天的见闻和感受。

回忆就像一个个的小泡泡，随着喵小咪的讲述缓缓地从地面升起，直到升上半空……

盘点一下喵小咪这一天，共经历了"喵小咪出门玩""蝴蝶飞满天""跟蜻蜓交朋友""路遇动物狂欢节""看飞行表演""激烈的赛跑""飞船发射""到蒙哥家做客""猴子的盛宴""遇见潜水员""大象头顶球""溶洞中的小鸟""精彩的自动驾驶""试试键盘游戏""喵小咪回家去"等 15 个项目。

为了更好地表现回忆的效果，可以将这 15 个项目中的主角放置在泡泡当中，再配上文字说明，让喵小咪一一解释给妈妈听，如图 17.1 所示。

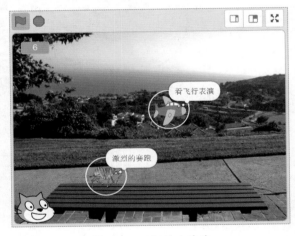

图 17.1　回忆的小泡泡

17.2　场景创建

在 Scratch 3.0 中新建一个项目，开始创建全新的"跟猫妈妈一起盘点见闻"项目。

1 导入背景。移动鼠标到角色列表区最右侧的"添加背景"按钮上，在弹出的菜单中单击"选择一个背景"按钮，从背景库的"户外"分类中导入"Bench With View"背景，如图 17.2 所示。

图 17.2　导入背景

2 初始化角色。在角色列表区选中"喵小咪"角色，并将角色名称由"角色 1"改为"喵小咪"，然后在舞台区将喵小咪用鼠标拖到左下角，如图 17.3 所示。

图 17.3　初始化喵小咪

❸ 绘制泡泡。移动鼠标到角色列表区的"添加角色"按钮上，在弹出的菜单中单击"绘制"按钮，如图 17.4 所示。

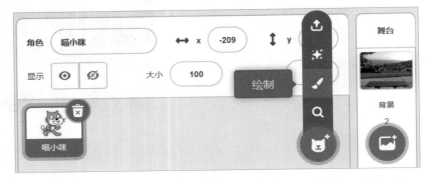

图 17.4　绘制角色

画圆工具。在造型标签页中，选择绘图软件工具区的"圆"工具，如图 17.5 所示。

选择颜色。在绘图软件的设置区中，单击"填充"按钮右侧的颜色框，在弹出的颜色选择菜单中，单击左下角的红色对角线按钮，即设置透明色，表示画出的圆圈不用颜色填充，保持透明，如图 17.6 所示。

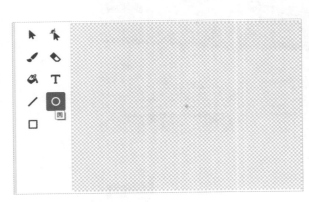

图 17.5　选择"圆"工具

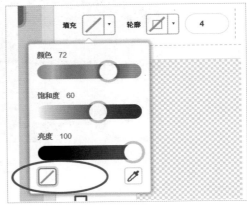

图 17.6　不用颜色填充

再单击"轮廓"右侧的按钮，在弹出的颜色选择菜单中拖动滑竿，设置颜色为"颜色 0、饱和度 0、亮度 100"的白色，如图 17.7 所示。

轮廓粗细。然后将"轮廓"右侧的数值修改为"8"，表示画圆圈时轮廓的粗细为 8，如图 17.8 所示。

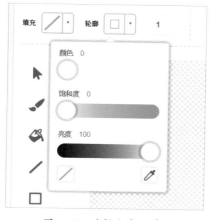

图 17.7　选择白色轮廓

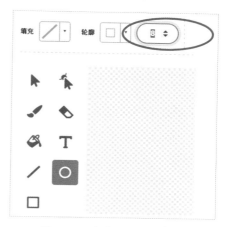

图 17.8　设置画圆的轮廓粗细

绘制圆圈。按住键盘上的"Shift"键不放，同时在操作区的中心位置绘制一个圆圈，如图17.9所示。

注意：操作区的中心位置有个圆点标识，画的时候让圆圈的中心点尽量落在这个标识上。如果画偏了，可以重新画，或者画完后使用键盘的上、下、左、右方向键（"↑""↓""←""→"）进行微调。

圆圈绘制好以后，在舞台区看到的效果如图17.10所示。

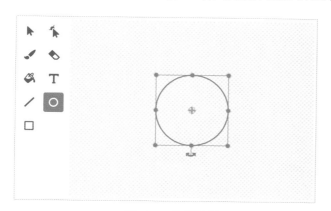

图 17.9　绘制圆圈

图 17.10　舞台区的圆圈

创建好了场景中的泡泡以后，编程让泡泡一个一个从底部向上浮起、升高、消失。

1 在角色列表区选中绘制好的泡泡，并将角色名称修改为"泡泡"，如图 17.11 所示。

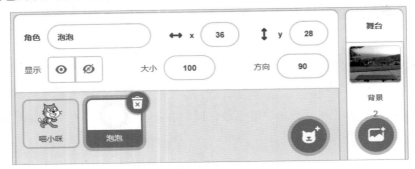

图 17.11　给角色命名

2 泡泡上升。拖取指令区中"事件"分类的"当绿旗被点击"积木，"外观"分类的"将大小设为 100"积木，"控制"分类的"重复执行直到"积木，"运动"分类的"移到 x: y:""y 坐标""将 y 坐标增加 10"积木，以及"运算"分类的"＞50"积木，移动到泡泡的代码标签页，并修改"将大小设为 100"为"将大小设为 50"，修改"移到 x: y:"为"移到 x:0 y: –200"，修改"＞50"为"＞100"，修改"将 y 坐标增加 10"为"将 y 坐标增加 2"，拼合好如图 17.12 所示。

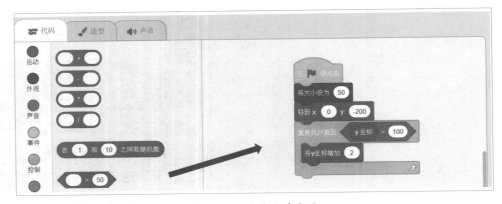

图 17.12　泡泡上升代码

阅读这段代码："当绿旗被点击"时，先将泡泡按 50% 大小显示，再移动到 x=0、y=−200 的位置，也就是舞台区的底部，然后重复执行"将 y 坐标增加 2"，也即不断让泡泡升高，直到"y 坐标"大于 100 才停下来。

试运行。单击舞台区左上角的"小绿旗"按钮运行，可以看到泡泡从屏幕的中间位置缓缓地向上升起，如图 17.13 所示。

图 17.13　泡泡缓缓升起

观察舞台区的运行结果，发现只有一个泡泡在上升，未免有些孤单。如何才能制造出更多的泡泡呢？聪明的你有没有想到什么好办法？

❸ 克隆更多的泡泡。拖取指令区中"控制"分类的"重复执行""等待 1 秒""克隆 自己""当作为克隆体启动时""删除此克隆体" 积木到泡泡的代码标签页，并修改"等待 1 秒"为"等待 2 秒"，调整拼合好，如图 17.14 所示。

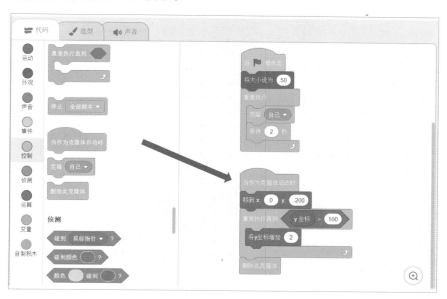

图 17.14　泡泡克隆

阅读这段代码："当绿旗被点击"时，每隔 2 秒"克隆 自己"，"当作为克隆体启动时"移动到舞台区下方，缓缓上升，直到"y 坐标"小于 100，就"删除此克隆体"。

试运行。单击"小绿旗"按钮运行程序，可以看到泡泡源源不断地被克隆出来，如图 17.15 所示。

观察舞台区的运行结果，发现有两个问题。

- 空中总有一个泡泡浮在那里不动。
- 所有的泡泡都只从底部的一个地方飘出来，应该能从多个地方出来。

聪明的你有没有想到什么好办法，解决以上两个问题呢？

④ 随机泡泡。拖取指令区中"外观"分

图 17.15 克隆出更多泡泡

类的"显示"和"隐藏"积木，以及"运算"分类的"在 1 和 10 之间取随机数"积木，移动到泡泡的代码标签页，并修改"在 1 和 10 之间取随机数"为"在 −160 和 160 之间取随机数"，分别拼合好，如图 17.16 所示。

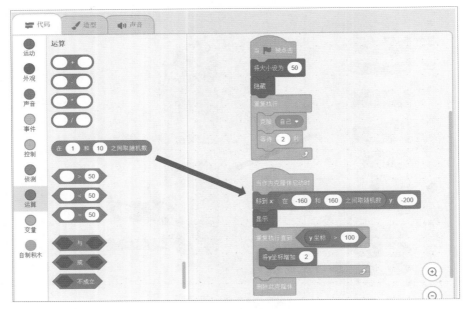

图 17.16 随机位置

阅读新加的这段代码："当绿旗被点击"时先把母泡泡隐藏起来（这样就不会有一个待着不动的泡泡了），"当作为克隆体启动时"再把子泡泡显示出来，移动到y=–200及x为–160到160之间的随机位置上（这样就不会只从一个点冒出了）。

试运行。单击"小绿旗"按钮运行程序，可以看到泡泡能够从不同的地点冒出来，并且不再有固定不动的泡泡，结果如图17.17所示。

按照游戏设计，每一个泡泡要代表一个不同的见闻。那么如何才能让每个泡泡产生不同的外观，代表不同的见闻呢？

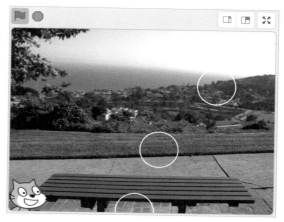

图 17.17　泡泡自由飘飞

17.4　列表存储

要让克隆出的泡泡有不同的外观，就需要泡泡有不同的造型，接下来给泡泡定义不同的造型。

例如，第一个项目"喵小咪出门玩"带读者认识了背景、声音与最基础的运动，主角就是喵小咪。那么就可以将喵小咪的头像放置到泡泡当中。接下来，单击指令区顶部的"造型"标签按钮，切换到泡泡的造型标签页，添加第一个项目的主角。

❶　绘制"喵小咪出门玩"造型。移动鼠标到泡泡造型标签页左下角的"添加造型"按钮上，在弹出的菜单中单击"选择一个造型"按钮，从造型库的"动物"分类中选择"Cat–a"造型，如图17.18所示。

单击绘图软件工具区的"选择"工具，如图17.19所示。

使用"选择"工具，单击选中操作区中"喵小咪"的头部，如图17.20所示。

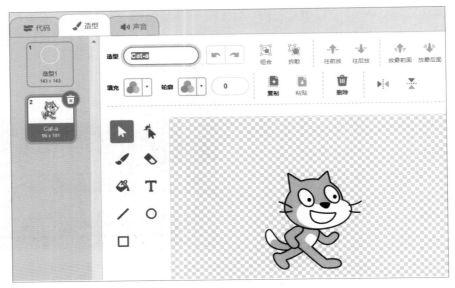

图 17.18　添加"Cat-a"造型

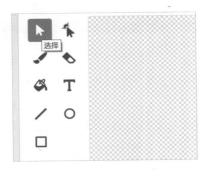

图 17.19　单击"选择"工具

图 17.20　选中"喵小咪"的头部

在键盘上按"Ctrl + C"快捷键，复制喵小咪的头部，再切换到"造型1"界面后，按"Ctrl + V"快捷键，粘贴到圆圈中，如图 17.21 所示。

拖动喵小咪头部四周的调节点，可以调整图像的大小和位置，调整好后如图 17.22 所示。

> 注意：在按住"Shift"键的同时，拖动鼠标调整图像的大小，大多数情况下可以保持图像的长宽比，避免图像变形。

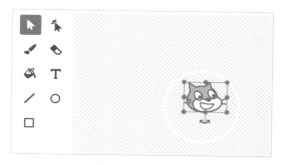

图 17.21　复制粘贴

图 17.22　调整图像大小和位置

　　试运行。单击"小绿旗"按钮运行程序，可以看到现在泡泡中有了"喵小咪出门玩"项目主角的图像，让回忆更形象了，如图 17.23 所示。

　　绘制好"喵小咪出门玩"的造型以后，用来参考的"Cat-a"造型就不需要了。用鼠标右击造型标签页中的"Cat-a"造型，在弹出的菜单中选择"删除"选项，如图 17.24 所示。

　　最后，复制"造型 1"，准备绘制下一个造型。用鼠标右击造型标签页中的"造型 1"造型，在弹出的菜单中选择"复制"选项，如图 17.25 所示，从而复制出一个"造型 2"。

图 17.23　泡泡中有了主角图像

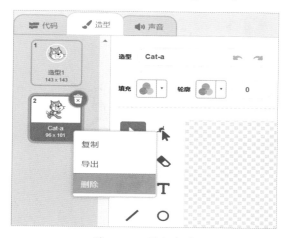

图 17.24　删除造型

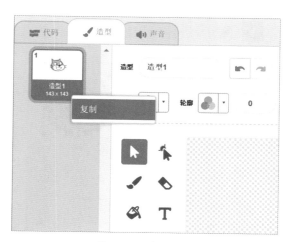

图 17.25　复制造型

2 绘制"蝴蝶飞满天"造型。移动鼠标到"造型"窗口左下角的"添加造型"按钮上，在弹出的菜单中单击"选择一个造型"按钮，从造型库的"动物"分类中选择"Butterfly1-a"造型，如图 17.26 所示。

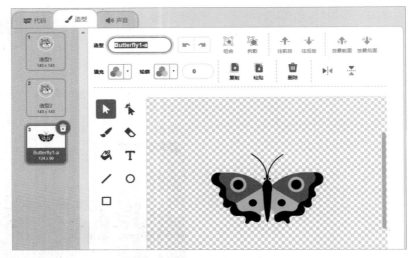

图 17.26　添加"Butterfly 1-a"造型

使用"选择"工具，框选操作区中的整个蝴蝶，如图 17.27 所示。

在键盘上按"Ctrl + C"快捷键，复制蝴蝶；再切换到"造型 2"界面后，按"Ctrl + V"快捷键，粘贴到操作区中，如图 17.28 所示。

图 17.27　选中整个蝴蝶

图 17.28　复制粘贴蝴蝶

选中圆圈中"喵小咪的头部"，并按"Delete"键将其删除，移动"蝴蝶"进入圆圈，并调整到合适的大小，如图 17.29 所示。

　　试运行。单击"小绿旗"按钮运行程序，可以看到现在泡泡中有了"蝴蝶飞满天"项目主角的图像，让回忆更具体了，如图 17.30 所示。

图 17.29　将蝴蝶移入圈中

图 17.30　泡泡中的蝴蝶

③ 绘制"跟蜻蜓交朋友"造型。用相同的方法，添加带蜻蜓的"造型 3"，如图 17.31 所示。

　　试运行。单击"小绿旗"按钮运行程序，可以看到现在泡泡中有了"跟蜻蜓交朋友"项目主角的图像，让回忆更生动了，如图 17.32 所示。

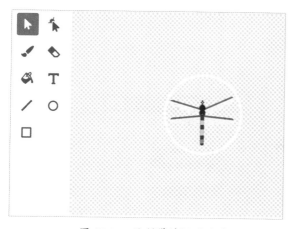

图 17.31　绘制带蜻蜓的泡泡

图 17.32　带蜻蜓的泡泡

　　本书出于篇幅，只描述这 3 个项目的造型绘制，读者可以用同样的方法绘制完 15 个项目的造型，如图 17.33 所示。

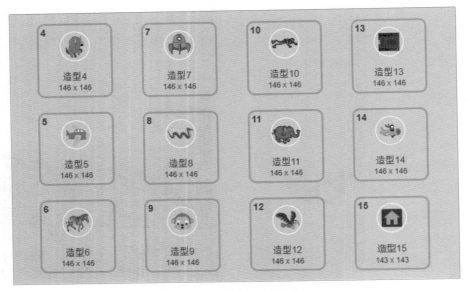

图 17.33　绘制 15 个泡泡

回忆的泡泡一个一个向上升，头像看起来都非常熟悉，但是有些项目却叫不上名字了，怎么办呢？这里需要给每个泡泡再增加一个标题。

④ 添加标题。拖取指令区中"外观"分类的"思考 嗯……"积木到泡泡的代码标签页，并修改"思考 嗯……"为"思考 跟蜻蜓交朋友"，拼合到"显示"积木下方，如图 17.34 所示。

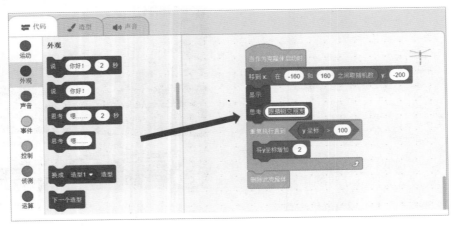

图 17.34　添加标题

试运行。单击"小绿旗"按钮运行程序，可以看到飞出的泡泡已经有了标题，如图 17.35 所示。

观察舞台区的运行结果，发现只有一个带蜻蜓的泡泡浮出，那么如何让其他带蝴蝶的、带喵小咪的泡泡也能浮出呢？聪明的你有没有想到什么好办法？

⑤ 动态造型。拖取指令区中"外观"分类的"下一个造型"积木到泡泡的代码标签页，并拼合到"克隆 自己"积木下方，如图 17.36 所示。

图 17.35　带标题的泡泡

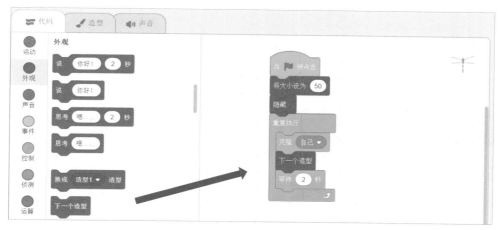

图 17.36　下一个造型

试运行。单击"小绿旗"按钮运行程序，可以看到通过在每一次克隆后切换为"下一个造型"，可以让泡泡的图标交替显示了，如图 17.37 所示。

观察舞台区的运行结果，可以发现泡泡图标已经显示得很好了，但是标题却没有随之变化，都是"跟蜻蜓交朋友"。那么，怎样才能让每个图标都配上不同的标题呢？

⑥ 创建列表。在指令区的"变量"分类中，单击"建立一个列表"按钮，如图 17.38 所示。

图 17.37　不同泡泡交替出现

图 17.38　建立一个列表

在弹出的命名窗口中，将这个列表命名为"见闻"，如图 17.39 所示。

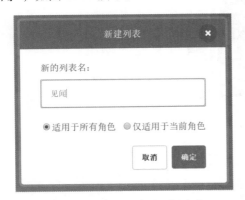

图 17.39　命名列表为"见闻"

单击"确定"按钮后，在指令区的"变量"分类中可以看到新产生的跟"见闻列表"相关的积木，如图 17.40 所示。

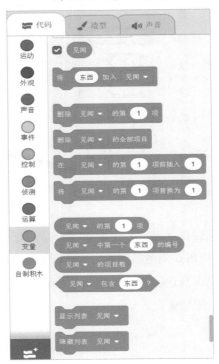

图 17.40　跟"见闻列表"相关的积木

同时，在舞台区也可以看到"见闻列表"的显示牌，如图17.41所示。

"列表"跟"变量"类似，里面可以存放内容。不同的是"变量"里面只能存放一个内容；而"列表"则如同一个篮子，里面可以存放很多个内容。

由于喵小咪一天中参与的项目有许多个，没有办法存放在"变量"中，所以这里新建一个"列表"，把所有的见闻名称都存放在"见闻列表"中。

接下来，在角色列表区选中"喵小咪"角色，对"喵小咪"进行编程，让它把一天的见闻都存储到"列表"中。

图17.41 "见闻列表"显示牌

❼ 向列表中添加内容。拖取指令区中"事件"分类的"当绿旗被点击"积木，以及"变量"分类的"删除见闻的全部项目"积木和3个"将东西 加入见闻"积木，移动到喵小咪的代码标签页，并分别修改为"将 喵小咪出门玩 加入见闻""将 蝴蝶飞满天 加入见闻""将 跟蜻蜓交朋友 加入见闻"，拼合好如图17.42所示。

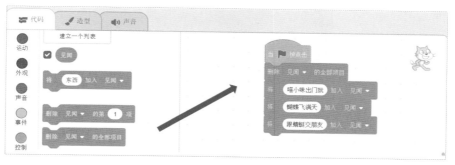

图17.42 向列表中添加内容

阅读这段代码："当绿旗被点击"时，先使用"删除见闻的全部项目"清空"见闻列表"中的内容，再分别将3个标题（喵小咪出门玩、蝴蝶飞满天、跟蜻蜓交朋友）加入到"见闻列表"中。

试运行。单击"小绿旗"按钮运行程序，可以看到舞台区的"见闻列表"中已经被加入了3个标题，如图17.43所示。

> 注意：本书由于篇幅所限，只加入3个标题，跟前面的3个造型相对应。读者也可以自己补充完整，将15个见闻都加入到"见闻列表"中，如图17.44所示。

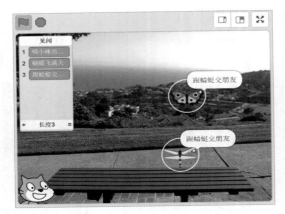

图 17.43　列表显示牌中的标题

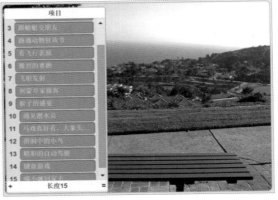

图 17.44　添加全部 15 个项目的标题

这 3 个"见闻标题"分别对应着泡泡的 3 个"造型"，那么如何建立两者之间的联系呢？观察舞台区的"见闻列表"，可以看到每一条内容都有编号，而泡泡的"造型"也有编号，利用好这两个编号就可以建立它们之间的联系了。

接下来，编程建立 3 个"见闻标题"同 3 个"造型"之间的对应关系。

⑧　见闻编号。在"指令区"的"变量"分类中，用鼠标右击"我的变量"按钮，在弹出的菜单中选择"修改变量名"选项，如图 17.45 所示。

在弹出的窗口中，修改变量名为"见闻编号"，如图 17.46 所示。

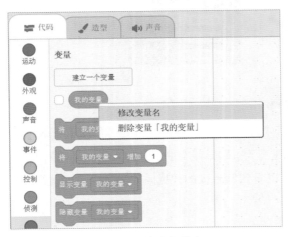

图 17.45　修改变量名

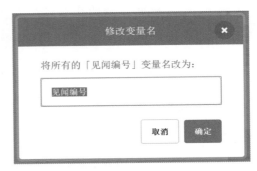

图 17.46　重新命名变量名

单击"确定"按钮以后，可以在指令区的"变量"分类中看到相应的变化，如图 17.47 所示。

注意：这里演示的是修改变量功能。读者也可以用之前学过的"建立一个变量"的方法，新建一个名为"见闻编号"的变量，效果一样。

在指令区中"变量"分类中选中"见闻编号"，如图 17.48 所示左侧的复选框，可以在舞台区看到"见闻编号"的显示牌。

图 17.47 变量"见闻编号"

图 17.48 选中"见闻编号"

接下来通过"见闻编号"变量，编程建立"见闻标题"和泡泡"造型"两者之间的关联。

9 修改下一个造型。拖取指令区中"变量"分类的"见闻编号"、"将 见闻编号 设为0"和"将 见闻编号 增加1"积木，以及"外观"分类的"换成 造型1 造型"积木，移动到泡泡的代码标签页，并删除"下一个造型"积木，修改"换成 造型1 造型"为"换成 见闻编号 造型"，拼合好如图 17.49 所示。

阅读修改的这段代码："当绿旗被点击"时，"将 见闻编号 设为0"，开始"克隆 自己"，每克隆一次就"将 见闻编号 增加1"，以使每个子克隆体的"见闻编号"都不同；当子克隆体启动时，换成编号为"见闻编号"的造型，以使每个子克隆体的造型都各不相同。

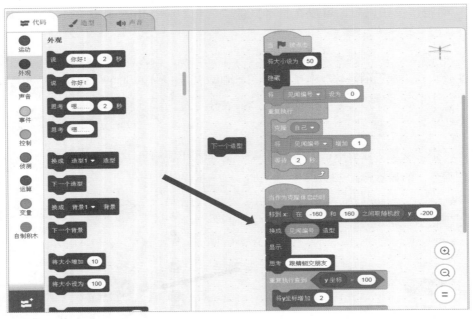

图 17.49 替换"下一个造型"

试运行。单击"小绿旗"按钮运行程序，可以发现将"下一个造型"改造成按"见闻编号"更换造型以后，舞台区的运行结果基本没有变化，如图 17.50 所示。

⑩ 建立跟标题的关联。拖取指令区中"变量"分类的"见闻编程"积木和"见闻 的第 1 项"积木到蜻蜓的代码标签页，并拼合好，如图 17.51 所示。

"见闻 的第 1 项"积木会取出"见闻列表"中的第 1 项，也就是编号为 1 的内容（"喵小咪出门玩"）。

图 17.50 按"见闻编号"更换造型

阅读这段新加的代码：当子克隆体启动时，如果"见闻编号 =1"，切换成第"见闻编号"个造型，也就是切换为第 1 个造型；同时"思考"的内容换成"见闻 的第 1 项"的内容（"喵小咪出门玩"）。

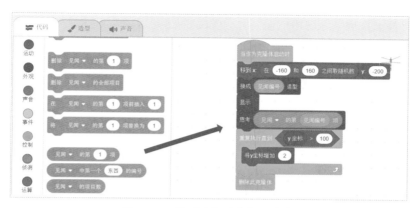

图 17.51 取"见闻列表"的内容

如果子克隆体启动时,"见闻编号 =2",则切换成第 2 个造型,"思考"的内容换成成"见闻的第 2 项"中的内容(蝴蝶满天飞)。后面的依次类推。

试运行。单击"小绿旗"按钮运行程序,可以看到泡泡浮出时图标与标题已经可以对应上了,如图 17.52 所示。

观察舞台区的运行结果,可以看到当"见闻编号"大于 3,泡泡的标题就没有了,如图 17.53 所示。

图 17.52 泡泡图标跟标题相对应

图 17.53 部分泡泡没有标题

标题消失的原因,是因为当"见闻编号"大于 3,无法从"见闻列表"中取出内容,也就是无法取出"第 4 项"和"第 5 项"等等。接下来,编程控制"见闻编号"的数值。

⑪ 边界判断。拖取指令区中"控制"分类的"如果 那么"积木,"运算"分类的" = 50"积木,以及"变量"分类的"见闻编号"和"将 见闻编号 设为0"积木,移动到泡泡的代码标签页,并拼合好,如图17.54所示。

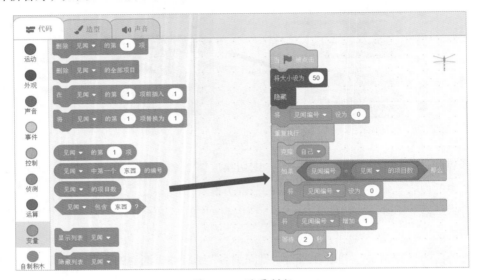

图 17.54 边界判断

"见闻 的项目数"积木可以得到"见闻列表"中的项目个数,在本例中,一共向"见闻列表"中添加了3个标题,那么取到的项目数就为3。如果读者往"见闻列表"中添加了15个标题,那么取到的项目数就会是15。

阅读新加的这段代码:在重复执行"克隆 自己"的过程中,每次都会"将 见闻编号 增加1",但是如果发现"见闻编号"达到了"见闻 的项目数",也就是达到3,就将"见闻编号"再设回到0,从头开始。

试运行。单击"小绿旗"按钮运行程序,可以发现在浮出第3项见闻以后,接下来浮出第1项见闻,依次循环出现,如图17.55所示。

图 17.55 列表中的见闻循环出现

舞台区的"见闻列表"和"见闻编号"都是编程时所需要的工具，对于界面效果显示没有什么作用，接下来调整它们的显示，并添加音效。

⑫ 关闭显示牌。在指令区的"变量"分类中，单击"见闻"左侧的复选框，取消选中，如图17.56所示。

图17.56　取消勾选

取消选中后，在舞台区可以看到"见闻列表"显示牌已经消失。

调整见闻编号显示牌。用鼠标右击舞台区的"见闻编号"显示牌，在弹出的菜单中选择"大字显示"选项，如图17.57所示。

"大字显示"状态会去掉显示牌上的提示词，用更大的字体来显示。把调整后的显示牌拖动到舞台区的左上角，如图17.58所示。

图17.57　大字显示

图17.58　调整显示牌的位置

⑬ 添加声音。从声音库的"可循环"分类中添加"Medieval1"声音，如图17.59所示。

再切换到背景的代码标签页，播放声音。拖取指令区中"事件"分类的"当绿旗被点击"积木，"控制"分类的"重复执行"积木，以及"声音"分类的"播放声音 啵 等待播完"积木，并修改"播放声音 啵 等待播完"为"播放声音 Medieval1 等待播完"，拼合好如图17.60所示。

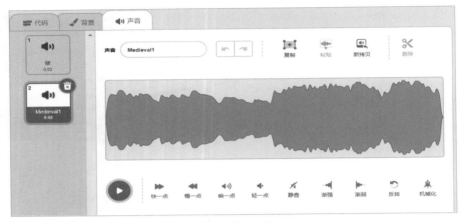

图 17.59　添加声音

图 17.60　播放声音

运行程序。单击舞台区左上角的"小绿旗"按钮运行，可以看到"跟猫妈妈一起盘点见闻"程序已经比较完整了，如图 17.61 所示。

伴着悠扬的音乐，喵小咪缓缓地给猫妈妈讲述一个又一个见闻：碰到了蝴蝶，遇到了蜻蜓，看了恐龙跳舞，观看了飞机表演，参与了动物赛跑，参加了飞船发射，去了蒙哥家，享受了猴子的盛宴，巧遇潜水员，观看了大象头顶球的表演，欣赏了溶洞中的小鸟，体验了精彩的自动驾驶，学会了玩键盘游戏……

图 17.61　跟猫妈妈一起盘点见闻

17.5 完整的程序

"跟猫妈妈一起盘点见闻"学习的重点是列表的理解和应用、复习了克隆中的多造型的应用、变量的应用等知识点。完整的程序分为 3 个部分。

第一部分是对"喵小咪"进行编程，重点是列表的追加，程序如图 17.62 所示。

第二部分是对"背景"进行编程，主要进行背景音乐的播放，程序如图 17.63 所示。

图 17.62 对"喵小咪"编程

图 17.63 对"背景"编程

第三部分是对"泡泡"进行编程，重点是学习克隆中的多造型、列表的取值等操作，其中跟克隆相关的程序如图 17.64 所示。

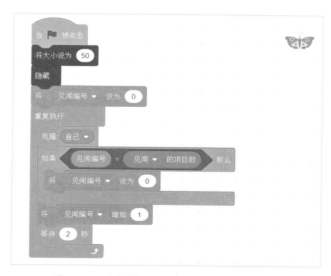

图 17.64 "泡泡"编程中跟克隆相关的程序

其中跟列表取值相关的程序如图 17.65 所示。

图 17.65 "泡泡"编程中跟列表取值相关的程序

17.6 期待明天

"多么美好的一天呀！"喵小咪躺在妈妈怀中，不禁感慨。明天一定又是一个好天气，明天出门还会碰到什么更有趣的乐事呢？或许能自己录制有声绘本、能进入迷宫探险、能探索宇宙黑洞、还能下水参加游艇比赛……让我们一起期待喵小咪的下一本游玩笔记吧！